"十三五"应用型人才培养规划教材

供配电技术

◎ 李润生 孙振龙 张祥军 编著

清华大学出版社
北京

<h1 align="center">内 容 简 介</h1>

本书系统论述了企业供配电技术的整体功能和相关技术知识,重点介绍了供配电系统的组成和结构、相关计算与系统的设计以及系统的运行和管理。本书注重理论联系实际,理论力求全面、系统和通俗易懂,并重点介绍与反映现代供配电技术的新设备和新技术。全书共 13 章,分别介绍了电力系统概论;电力负荷及其计算;短路电流及其计算;企业变配电所及一次系统;电气设备的选择;企业电力线路;供配电系统的继电保护;供电系统的二次回路和自动装置;电气安全、防雷与接地;电气照明;节约用电;供配电课程设计;实验与实训。每章节前有知识点提示,每章后有小结和习题,对提高学生实践能力和知识掌握能力起到积极作用。

本书可作为应用型本科电气工程及其自动化、电气工程等相关专业的教材,也可供高职高专电力系统自动化技术、电气自动化技术等相关专业的学生使用。另外,还可供从事供配电运行、管理和工程技术人员参考。

图书在版编目(CIP)数据

供配电技术/李润生,孙振龙,张祥军编著. —北京:清华大学出版社,2017 (2021.7 重印)
("十三五"应用型人才培养规划教材)
ISBN 978-7-302-46315-3

Ⅰ. ①供… Ⅱ. ①李… ②孙… ③张… Ⅲ. ①供电系统-高等学校-教材 ②配电系统-高等学校-教材 Ⅳ. ①TM72

中国版本图书馆 CIP 数据核字(2017)第 021358 号

责任编辑:王剑乔
封面设计:刘 键
责任校对:袁 芳
责任印制:丛怀宇

出版发行:清华大学出版社
      网　　　址:http://www.tup.com.cn,http://www.wqbook.com
      地　　　址:北京清华大学学研大厦 A 座　　　　邮　　编:100084
      社 总 机:010-62770175　　　　　　　　　　邮　　购:010-62786544
      投稿与读者服务:010-62776969,c-service@tup.tsinghua.edu.cn
      质量反馈:010-62772015,zhiliang@tup.tsinghua.edu.cn
      课件下载:http://www.tup.com.cn,010-62770175-4278
印 装 者:三河市龙大印装有限公司
经　　销:全国新华书店
开　　本:185mm×260mm　　　印　　张:20　　　字　　数:460 千字
版　　次:2017 年 4 月第 1 版　　　印　　次:2021 年 7 月第 5 次印刷
定　　价:59.00 元

产品编号:073072-03

前言
FOREWORD

　　本书从应用型本科学生的实际需求出发,在保证知识体系完整的前提下,简化理论性较强的内容,详细介绍供配电技术的基本概念、基本理论和基本方法。

　　本书强调理论知识的实际应用,突出基本概念的理解和掌握,简化公式推导过程,前后知识衔接紧密,表述深入浅出,通俗易懂,易于教学和自学。在实践性较强的章节中,尽量穿插图片和视图,帮助学生理解和掌握相关知识。此外,本书简化课程内容,增加了新设备、新技术的内容,精简例题和习题,每章后有"本章小结",使教材易学、易懂,便于自学。

　　本书最后几章安排了课程设计和实验与实训内容。课程设计帮助学生从整体上认识和掌握供配电涉及的几大问题,使其基本了解企业供配电这门课程在企业和电气工程相关专业中的位置,从而更有针对性地进行学习。书中的实验与实训内容只列出提纲,各学校可根据提纲和本校实际情况编写适合的实验指导书或任务书。

　　本书由辽宁科技学院副教授李润生、工程师孙振龙和成都工业学院教授张祥军编写。李润生负责全书统稿,并编写第1章、第2章、第3章、第5章、第10章和附录;孙振龙编写第4章、第6章、第9章、第11章、第12章和第13章;张祥军编写第7章和第8章。

　　本书在编写的过程中,参考了许多文献和资料,在此向相关的作者表示诚挚的感谢!同时,由于编者水平有限,书中难免存在不妥和疏漏之处,恳请广大读者批评和指正。

编　者

2017 年 1 月

目录
CONTENTS

第1章　电力系统概论 ……………………………………………………………… 1

1.1　电力系统的基本概念 ……………………………………………………… 1

1.1.1　发电厂简介 ……………………………………………………… 1

1.1.2　电力系统简介 ……………………………………………………… 2

1.1.3　供配电系统概况 …………………………………………………… 3

1.1.4　对电力系统的基本要求 …………………………………………… 4

1.2　电力系统的电压 …………………………………………………………… 4

1.3　电力系统的中性点运行方式 ……………………………………………… 6

1.3.1　中性点不接地的电力系统 ………………………………………… 6

1.3.2　中性点经消弧线圈接地的电力系统 ……………………………… 8

1.3.3　中性点直接接地的电力系统 ……………………………………… 9

本章小结 ……………………………………………………………………… 9

习题 …………………………………………………………………………… 10

第2章　电力负荷及其计算 ……………………………………………………… 11

2.1　电力负荷与负荷曲线 ……………………………………………………… 11

2.1.1　电力负荷 ………………………………………………………… 11

2.1.2　负荷曲线 ………………………………………………………… 12

2.2　用电设备的设备容量 ……………………………………………………… 15

2.3　计算负荷及其确定方法 …………………………………………………… 16

2.3.1　按需要系数法确定计算负荷 ……………………………………… 16

2.3.2　按利用系数法确定计算负荷 ……………………………………… 19

2.3.3　单相用电设备计算负荷的确定 …………………………………… 21

2.4　电网的功率损耗 …………………………………………………………… 21

2.4.1　线路的功率损耗 …………………………………………………… 21

2.4.2　变压器的功率损耗 ………………………………………………… 22

2.5　工厂的计算负荷 ··· 23

2.6　功率因数和无功功率补偿 ··· 24

　　2.6.1　功率因数的计算 ··· 24

　　2.6.2　功率因数的人工补偿 ·· 24

2.7　尖峰电流计算 ··· 26

本章小结 ··· 27

习题 ··· 28

第3章　短路电流及其计算 ·· 30

3.1　短路的基本知识 ··· 30

　　3.1.1　短路的原因 ··· 30

　　3.1.2　短路的危害 ··· 30

　　3.1.3　短路的形式 ··· 31

3.2　无限大容量电力系统的三相短路 ·· 32

　　3.2.1　无限大容量电力系统的概念 ····································· 32

　　3.2.2　无限大容量供电系统三相短路电流的变化过程 ············ 32

　　3.2.3　有关短路的物理量 ·· 33

3.3　短路电流的计算 ··· 35

　　3.3.1　概述 ·· 35

　　3.3.2　采用有名值进行短路计算 ··· 35

　　3.3.3　采用标幺值法进行短路计算 ····································· 39

　　3.3.4　两相和单相短路电流的计算 ····································· 41

3.4　短路电流的效应和稳定度校验 ··· 43

　　3.4.1　概述 ·· 43

　　3.4.2　短路电流的电动效应和动稳定度 ································ 43

　　3.4.3　短路电流的热效应和热稳定度 ·································· 46

本章小结 ··· 48

习题 ··· 48

第4章　企业变配电所及一次系统 ·· 50

4.1　概述 ··· 50

4.2　电气设备中的电弧问题 ·· 51

4.3　电力变压器 ··· 54

　　4.3.1　变压器的分类与型号 ·· 54

　　4.3.2　变压器的构成及主要技术参数 ·································· 56

　　4.3.3　变压器运行中的检查与维护 ····································· 59

4.4　企业常用的高、低压电气设备 ··· 61

　　4.4.1　高压熔断器 ··· 61

4.4.2 高压隔离开关 ································ 62

4.4.3 高压负荷开关 ································ 63

4.4.4 高压断路器 ···································· 64

4.4.5 互感器 ··· 67

4.4.6 低压电气设备 ································ 71

4.5 新设备简介 ·· 75

4.5.1 新型熔断器 ···································· 75

4.5.2 新型断路器 ···································· 75

4.5.3 智能型断路器 ································ 76

4.5.4 成套配电装置 ································ 76

4.6 变配电所的作用与类型 ······················ 77

4.6.1 变配电所的作用 ···························· 77

4.6.2 变配电所的类型 ···························· 77

4.7 企业变配电所的主接线 ······················ 78

4.7.1 企业常见主接线 ···························· 78

4.7.2 主接线实例 ···································· 81

4.8 企业变电所的位置、布局和结构 ·········· 83

4.8.1 变配电所所址选择的一般原则 ········ 83

4.8.2 各级变配电所布置设计要求 ············ 85

4.8.3 各级变配电所配电装置安全净距的确定及校验方法 ·········· 86

4.9 电气设备的运行与维护 ······················ 90

4.9.1 断路器的正常巡视、检查 ··············· 91

4.9.2 隔离开关在运行中的监视及检查 ····· 92

4.9.3 熔断器的巡视检查 ························· 93

本章小结 ··· 93

习题 ··· 93

第5章 电气设备的选择 ································· 95

5.1 常用电气设备选择和校验的条件 ·········· 95

5.1.1 电气设备选择的一般原则 ··············· 95

5.1.2 技术条件 ······································· 95

5.1.3 环境条件 ······································· 97

5.1.4 环境保护 ······································· 97

5.2 电力变压器的选择 ······························ 98

5.2.1 变压器选择条件 ···························· 98

5.2.2 10kV 及以下变电所变压器的选择 ····· 98

5.2.3 35～110kV 变电所主变压器的选择 ··· 99

5.2.4 变压器阻抗和电压调整方式的选择 ··· 100

5.3　互感器的选择和校验 ……………………………………………………… 101

　　5.3.1　电流互感器选择 ……………………………………………………… 101

　　5.3.2　电压互感器选择 ……………………………………………………… 102

5.4　高压开关设备的选择和校验 ……………………………………………… 103

　　5.4.1　高压断路器 …………………………………………………………… 103

　　5.4.2　高压隔离开关 ………………………………………………………… 105

　　5.4.3　高压负荷开关 ………………………………………………………… 106

　　5.4.4　高压熔断器 …………………………………………………………… 106

　　5.4.5　高压负荷开关—熔断器组合电器 …………………………………… 107

　　5.4.6　中性点设备选择 ……………………………………………………… 108

　　5.4.7　高压电瓷选择 ………………………………………………………… 113

5.5　低压开关设备的选择和校验 ……………………………………………… 115

　　5.5.1　低压配电电器选择要求 ……………………………………………… 115

　　5.5.2　开关电器和隔离电器的选择 ………………………………………… 116

5.6　低压保护电器的选择和校验 ……………………………………………… 117

　　5.6.1　短路保护和保护电器选择 …………………………………………… 117

　　5.6.2　过负载保护和保护电器选择 ………………………………………… 119

　　5.6.3　按接地故障保护要求选择保护电器 ………………………………… 120

　　5.6.4　按设备起动时不误动作要求选择保护电器 ………………………… 121

5.7　限流电抗器的选择和校验 ………………………………………………… 123

本章小结 ……………………………………………………………………… 125

习题 …………………………………………………………………………… 125

第6章　企业电力线路 ………………………………………………………… 126

6.1　电力线路的接线方式 ……………………………………………………… 126

　　6.1.1　高压配电线路的接线方式 …………………………………………… 126

　　6.1.2　低压配电线路的接线方式 …………………………………………… 127

6.2　电力线路的结构和技术要求 ……………………………………………… 127

6.3　导线和电缆截面的选择 …………………………………………………… 135

　　6.3.1　导线和电缆形式的选择 ……………………………………………… 135

　　6.3.2　导线和电缆截面选择的条件 ………………………………………… 136

　　6.3.3　按发热条件选择导线和电缆的截面 ………………………………… 136

　　6.3.4　按经济电流密度选择导线和电缆的截面 …………………………… 138

　　6.3.5　线路电压损耗的计算 ………………………………………………… 139

6.4　电力线路的运行与维护 …………………………………………………… 143

　　6.4.1　架空线路的运行维护 ………………………………………………… 143

　　6.4.2　电缆线路的运行维护 ………………………………………………… 143

　　6.4.3　车间配电线路的运行维护 …………………………………………… 144

6.4.4 线路运行中突然停电的处理 …………………………………… 144

本章小结 …………………………………………………………………… 145

习题 ………………………………………………………………………… 145

第7章 供配电系统的继电保护 …………………………………… 147

7.1 继电保护基本知识 …………………………………………………… 147

7.1.1 保护装置的作用 ………………………………………………… 147

7.1.2 对保护装置的要求 ……………………………………………… 148

7.2 常用的保护继电器 …………………………………………………… 148

7.2.1 电磁式电流继电器 ……………………………………………… 148

7.2.2 电磁式时间继电器 ……………………………………………… 149

7.2.3 电磁式中间继电器 ……………………………………………… 150

7.2.4 电磁式信号继电器 ……………………………………………… 151

7.2.5 感应式电流继电器 ……………………………………………… 151

7.3 高压电力线路继电保护 ……………………………………………… 154

7.3.1 过电流保护 ……………………………………………………… 154

7.3.2 电流速断保护 …………………………………………………… 158

7.4 变压器继电保护 ……………………………………………………… 160

7.4.1 变压器故障类型 ………………………………………………… 160

7.4.2 变压器保护配置 ………………………………………………… 161

7.4.3 瓦斯保护 ………………………………………………………… 161

7.4.4 差动保护 ………………………………………………………… 163

7.4.5 过电流保护、电流速断保护和过负荷保护 …………………… 164

7.5 低压配电系统保护 …………………………………………………… 165

7.5.1 熔断器保护 ……………………………………………………… 165

7.5.2 自动开关保护 …………………………………………………… 166

本章小结 …………………………………………………………………… 167

习题 ………………………………………………………………………… 167

第8章 供电系统的二次回路和自动装置 ………………………… 170

8.1 概述 …………………………………………………………………… 170

8.1.1 二次回路及其分类 ……………………………………………… 170

8.1.2 操作电源及其分类 ……………………………………………… 170

8.1.3 高压断路器的控制和信号回路 ………………………………… 171

8.1.4 供电系统的自动装置 …………………………………………… 171

8.2 操作电源 ……………………………………………………………… 172

8.2.1 由蓄电池组供电的直流操作电源 ……………………………… 172

8.2.2 由整流装置供电的直流操作电源 ……………………………… 173

8.2.3　交流操作电源 ························ 174
8.3　高压断路器的控制和信号回路 ·············· 174
8.3.1　手动操作的断路器控制和信号回路 ········· 174
8.3.2　电磁操作的断路器控制和信号回路 ········· 176
8.3.3　弹簧操作机构的断路器控制和信号回路 ······ 177
8.4　自动装置简介 ························· 178
8.4.1　电力线路的自动重合闸装置(ARD) ········ 178
8.4.2　备用电源自动投入装置(APD) ·········· 181
8.5　变电站综合自动化系统 ·················· 183
8.5.1　变电站综合自动化系统概述 ············· 183
8.5.2　变电站综合自动化系统的基本功能 ········· 183
8.5.3　变电站综合自动化系统的结构 ············ 184
8.5.4　变电站综合自动化系统实例 ············· 186
本章小结 ····························· 189
习题 ······························· 190

第9章　电气安全、防雷与接地 ··············· 191
9.1　电气安全 ··························· 191
9.1.1　电气安全的有关概念 ················ 191
9.1.2　触电的急救处理 ·················· 193
9.1.3　安全用电的一般措施 ················ 194
9.2　过电压与防雷 ························ 195
9.2.1　过电压的形式 ··················· 195
9.2.2　雷电的基本知识 ·················· 195
9.2.3　防雷设备 ····················· 198
9.2.4　防雷措施 ····················· 203
9.3　电气装置的接地 ······················ 206
9.3.1　接地的有关概念 ·················· 206
9.3.2　电气设备的接地 ·················· 206
9.3.3　接地电阻和接地装置的装设 ············· 211
9.3.4　低压配电系统的漏电保护和等电位连接 ······· 213
本章小结 ····························· 215
习题 ······························· 216

第10章　电气照明 ······················ 217
10.1　电气照明概述 ······················· 217
10.1.1　照明技术的有关概念 ················ 217
10.1.2　照明方式和照明种类 ················ 219

10.2 常用电光源和灯具 ……………………………………… 220
    10.2.1 电光源的分类 ……………………………………… 220
    10.2.2 常用电光源、适用场所及技术特性 ……………… 220
    10.2.3 工厂常用电光源类型的选择 ……………………… 224
    10.2.4 工厂常用灯具的类型及其选择与布置 ………… 226
10.3 照度标准与计算 …………………………………………… 231
    10.3.1 照度标准 …………………………………………… 231
    10.3.2 照度计算 …………………………………………… 231
10.4 照明供电系统 ……………………………………………… 234
    10.4.1 照明线路的一般要求 …………………………… 234
    10.4.2 常用照明供电系统 ……………………………… 234
    10.4.3 照明供电系统组成及接线方式 ………………… 236
本章小结 ……………………………………………………… 237
习题 …………………………………………………………… 237

第 11 章 节约用电 ……………………………………………… 239
11.1 节约用电的意义和措施 ………………………………… 239
    11.1.1 节约用电的意义 ………………………………… 239
    11.1.2 节约用电的措施 ………………………………… 239
11.2 电动机与变压器的节能 ………………………………… 240
    11.2.1 电动机的节能 …………………………………… 240
    11.2.2 变压器的节能 …………………………………… 241
11.3 照明工程节能标准与措施 ……………………………… 243
    11.3.1 照明节能的原则措施 …………………………… 243
    11.3.2 应用高效光源的节能效益和经济效应 ………… 243
    11.3.3 照明节能的技术措施 …………………………… 244
本章小结 ……………………………………………………… 246
习题 …………………………………………………………… 246

第 12 章 供配电课程设计 …………………………………… 247
12.1 设计任务书 ………………………………………………… 247
12.2 设计说明书 ………………………………………………… 249
12.3 设计图样 …………………………………………………… 266

第 13 章 实验与实训 ………………………………………… 271
13.1 供配电系统常用继电器特性实验 ……………………… 271
13.2 供电线路的定时限过电流保护实验 …………………… 272
13.3 供电线路的反时限过电流保护实验 …………………… 273

13.4 电力变压器定时限过电流保护实验 …………………………… 273

13.5 断路器控制及二次回路实验 …………………………………… 274

13.6 6～35kV 系统的绝缘监视实验 ………………………………… 274

13.7 供配电系统一次重合闸实验 …………………………………… 275

13.8 备用电源自动投入实验 ………………………………………… 275

13.9 供配电系统的倒闸操作实训 …………………………………… 276

13.10 电气主接线图认知实训………………………………………… 276

附录 ………………………………………………………………………… 278

参考文献 …………………………………………………………………… 308

电力系统概论

知识点

1. 电力系统的基本概念及基本要求。

2. 电力系统的电压。

3. 电力系统的中性点运行方式。

1.1 电力系统的基本概念

电能是当今人们生产和生活的重要能源,很容易由其他形式的能源转换而来。电能的输送和分配既简单、经济,又便于控制、调节和测量,有利于实现生产过程自动化。因此,电能在工业、农业、国防、军事、科技、交通以及人们生活等领域被广泛应用。

电能的生产、输送、分配和使用的全过程,是在同一瞬间实现的。为了保证企业供电的安全与可靠,首先要了解发电厂和电力系统的一些基本概念。

1.1.1 发电厂简介

发电厂是将自然界蕴藏的各种一次能源转换为电能(二次能源)的工厂,常见的有水力发电厂、火力发电厂、核能发电厂、风力发电厂、地热发电厂和太阳能发电厂等。其中,兼供热能的火电厂通常称为热电厂。表 1-1 列出了几种常见的发电厂类型及其主要特征。

表 1-1　几种常见的发电厂类型及其主要特征

类　型	能量来源	工作原理	能量转换过程	优　点	缺　点
水力发电厂	水流的上下水位差(落差),即水流的位能	当控制水流的闸门打开时,水流沿进水管进入水轮机蜗壳室,冲动水轮机,带动发电机发电	水流位能→机械能→电能	清洁、环保,发电效率高,成本低,综合价值高	建设初期投资大,建设周期长

续表

类 型	能量来源	工作原理	能量转换过程	优 点	缺 点
火力发电厂	燃料燃烧产生的化学能	将锅炉内的水烧成高温、高压的蒸汽,推动汽轮机转动,使与它连轴的发电机旋转发电	燃料的化学能→热能→机械能→电能	建设周期短,工程造价低,投资回收快	发电成本高,污染环境
核能发电厂	原子核的裂变能	与火电厂基本相同,只是以核反应堆代替燃煤锅炉,以少量的核燃料代替大量的煤炭	核裂变能→热能→机械能→电能	安全、清洁、经济,燃料费用所占的比例较低	投资成本大,会产生放射性废料,不适宜做尖峰、离峰随载运转
风力发电厂	风力的动能	利用风力带动风车叶片旋转,再通过增速机将旋转的速度提升,促使发电机发电	风力的动能→机械能→电能	清洁、廉价,可再生,取之不尽	需有蓄电装置,造价高
地热发电厂	地球内部蕴藏的大量地热能	与火力发电的原理基本一样。不同的是利用的能源是地热能(天然蒸汽和热水)	地下热能→机械能→电能	无须消耗燃料,运行费用低	热效率不高,需要对所排热水环保处理
太阳能发电厂	太阳光能或太阳热能	通过太阳能电池板等,直接将太阳的辐射能转换为电能	太阳的辐射能→电能	安全、经济、环保,取之不尽	效率低,成本高,稳定性差

1.1.2 电力系统简介

由发电厂、电力网和电能用户组成的一个发电、输电、变电、配电和用电的整体,称为电力系统,如图 1-1 所示。图 1-2 所示为大型电力系统示意图。

图 1-1 电力系统从发电厂到用户的发、输、变、配、用电过程

在电力系统中,各级电压的电力线路及其联系的变电所,称为电力网或电网。习惯上,电网或系统以电压等级来区分,如 10kV 电网或 10kV 系统,110kV 电网或 110kV 系统等。这里所说的电网或系统,实际上指某一电压等级的相互联系的整体电力线路。

电力系统加上发电厂的动力部分及其热能系统的热能用户,称为动力系统。

现在各国建立的电力系统越来越大,甚至建立跨国的电力系统或联合电网。我国规划到 2020 年,要在水电、火电、核电和新能源合理利用和开发的基础上,加强风能和太阳

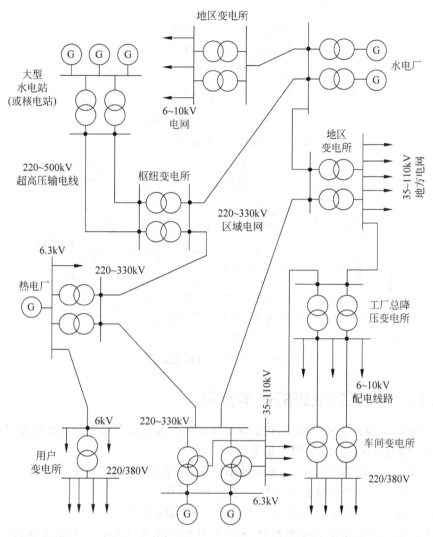

图 1-2　大型电力系统示意图

能的开发和建设,并形成全国联合电网,实现电力资源在全国范围内的合理配置和可持续发展。

1.1.3　供配电系统概况

　　企业内部供电系统由高压和低压配电线路、变电所(或配电所)以及用电设备构成。它通常由电力系统或企业自备发电厂供电。

　　一般中型企业的电源进线电压为 6~10kV。电能先经高压配电所集中,再由高压配电线路将电能分送到各车间变电所,或由高压配电线路直接供给高压用电设备。车间变电所内装设有配电变压器,将 6~10kV 的电压降为低压用电设备所需的电压(如 220/380V),然后由低压配电线路将电能分送给各用电设备使用。图 1-3 所示为典型的中型企业供电系统。

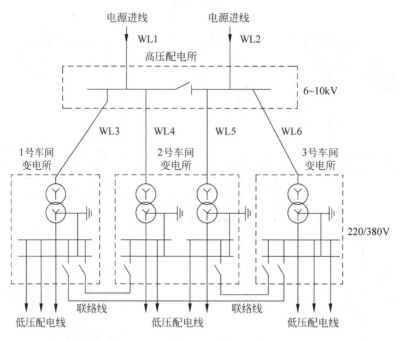

图 1-3　中型企业供电系统

1.1.4　对电力系统的基本要求

为了很好地为企业生产服务,切实保证企业生产和人民群众生活用电的需要,并做好节能工作,电力系统必须达到以下基本要求。

（1）安全。在电能的供应、分配和使用中,不应发生人身事故和设备事故。

（2）可靠。应满足电能用户对供电可靠性的要求。

（3）优质。应满足电能用户对电压和频率等质量的要求。

（4）经济。供电系统的投资要少,运行费用要低,并尽可能地节约电能和减少有色金属消耗量。

1.2　电力系统的电压

电力系统中的所有电气设备都是在一定的电压下工作的。能够使电气设备正常工作的电压就是它的额定电压。各种电气设备在额定电压下运行时,其技术性能和经济效果最佳。我国一般交流电力设备的额定频率为50Hz,通称为工频。电压和频率是衡量电能质量的两个重要指标。

按照国家标准的规定,我国三相交流电网和电力设备的额定电压如表 1-2 所示。表 1-2 中所示变压器一、二次绕组额定电压是依据我国生产的电力变压器标准产品规格确定的。

表 1-2　我国三相交流电网和电力设备的额定电压

分类	电网和用电设备额定电压/kV	发电机额定电压/kV	电力变压器额定电压/kV	
			一次绕组	二次绕组
低压	0.38	0.40	0.38	0.40
	0.66	0.69	0.66	0.69
高压	3	3.15	3 及 3.15	3.15 及 3.3
	6	6.3	6 及 6.3	6.3 及 6.6
	10	10.5	10 及 10.5	10.5 及 11
	—	13.8,15.75,18,20,22,24,26	13.8,15.75,18,20,22,24,26	—
	35	—	35	38.5
	66	—	66	72.6
	110	—	110	121
	220	—	220	242
	330	—	330	363
	500	—	500	550
	750	—	750	825(800)
	1000	—	1000	1000

1. 电网(线路)的额定电压

由于线路运行(有电流通过)时要产生电压降,所以线路上各点的电压略有不同,如图 1-4 中虚线所示。线路始端比末端电压高,因此供电线路的额定电压采用始端电压和末端电压的算术平均值来计量。这个电压就是电力网的额定电压。

电网的额定电压是国家根据国民经济发展的需要和电力工业的水平,经过全面的技术与经济分析后确定的。它是确定各类电力设备额定电压的基本依据。

2. 用电设备的额定电压

对于成批生产的用电设备,其额定电压不可能按使用处线路的实际电压来制造,只能按线路首端与末端的平均电压,即电网的额定电压 U_N 来制造。因此,规定用电设备的额定电压与同级电网的额定电压相同。

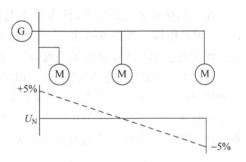

图 1-4　用电设备和发电机的额定电压说明

3. 发电机的额定电压

由于电力线路允许的电压偏差一般为±5%,即整个线路允许有 10% 的电压损耗值,因此为了将线路的平均电压维持在额定值,线路首端(电源端)电压可较线路额定电压高 5%,线路末端电压较线路额定电压低 5%,如图 1-4 所示。所以,规定发电机额定电压高于同级电网额定电压 5%。

4. 电力变压器的额定电压

1）电力变压器一次绕组的额定电压

当变压器直接与发电机相连时，如图 1-5 中的变压器 T_1，其一次绕组额定电压应与发电机额定电压相同，即高于同级电网额定电压 5%。

图 1-5　电力变压器的额定电压说明

当变压器不与发电机相连，而是连接在线路上时，如图 1-5 中的变压器 T_2，可看作是线路的用电设备，其一次绕组额定电压应与电网额定电压相同。

2）电力变压器二次绕组的额定电压

变压器二次侧供电线路较长（如为较大的高压电网）时，如图 1-5 中的变压器 T_1，其二次绕组额定电压应比相连电网额定电压高 10%，其中有 5% 用于补偿变压器满负荷运行时绕组内部约 5% 的电压降。变压器二次绕组的额定电压是指变压器一次绕组加上额定电压时二次绕组开路的电压。此外，变压器满负荷时输出的二次电压要高于所连电网额定电压 5%，以补偿线路上的电压降。

变压器二次侧供电线路不长（如为低压电网，或直接供电给高低压用电设备）时，如图 1-5 中的变压器 T_2，其二次绕组额定电压只需高于所连电网额定电压 5%，仅考虑补偿变压器满负荷运行时绕组内部 5% 的电压降。

1.3　电力系统的中性点运行方式

在三相交流电力系统中，作为供电电源的发电机和变压器的中性点，有三种运行方式：一种是电源中性点不接地；另一种是中性点经阻抗接地；还有一种是中性点直接接地。前两种合称为小接地电流系统，后一种称为大接地电流系统。

我国 3～66kV 系统，特别是 3～10kV 系统，一般采用中性点不接地的运行方式。若单相接地电流大于一定数值（3～10kV 系统中，接地电流大于 30A；20kV 及以上系统中，接地电流大于 10A），应采用中性点经消弧线圈接地的运行方式。我国 110kV 及以上的系统都采用中性点直接接地的运行方式。

1.3.1　中性点不接地的电力系统

图 1-6 所示是电源中性点不接地的电力系统在正常运行时的电路图和相量图。

为了简化起见，假设图 1-6(a) 所示三相系统的电源电压和线路参数（指其 R、L、C）都是对称的，而且将相与地之间存在的分布电容用一个集中电容 C 来表示。由于相间存在的电容对所讨论的问题无影响，故略去。

系统正常运行时，三个相的相电压 $\dot{U}_A$、$\dot{U}_B$ 和 $\dot{U}_C$ 是对称的，三个相的对地电容电流 $\dot{I}_{C0}$ 是平衡的，因此三个相的电容电流的相量和为零，没有电流在地中流动。各相对地的

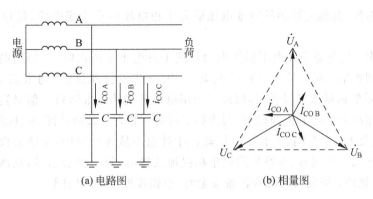

(a) 电路图   (b) 相量图

图 1-6 正常运行时的中性点不接地电力系统

电压就等于各相的相电压。

系统发生单相接地时,例如 C 相接地,如图 1-7(a)所示,C 相对地电压为零,A 相对地电压 $\dot{U}'_A = \dot{U}_A + (-\dot{U}_C) = \dot{U}_{AC}$,B 相对地电压 $\dot{U}'_B = \dot{U}_B + (-\dot{U}_C) = \dot{U}_{BC}$;如图 1-7(b)相量图所示,C 相接地时,完好的 A、B 两相对地电压都由原来的相电压升高到线电压,即升高为原对地电压的 $\sqrt{3}$ 倍。

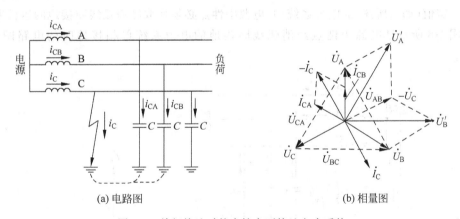

(a) 电路图   (b) 相量图

图 1-7 单相接地时的中性点不接地电力系统

C 相接地时,系统的接地电流(电容电流)$\dot{I}_C$ 应为 A、B 两相对地电容电流之和。由于一般习惯将从电源到负荷的方向及从相线到大地的方向取为电流的正方向,因此

$$\dot{I}_C = -(\dot{I}_{CA} + \dot{I}_{CB}) \tag{1-1}$$

由图 1-7(b)所示相量图可知,$\dot{I}_C$ 在相位上正好超前 $\dot{U}_C$ 90°;在量值上,由于 $I_C = \sqrt{3} I_{CA}$,而 $I_{CA} = \dfrac{U'_A}{X_C} = \dfrac{\sqrt{3} U_A}{X_C} = \sqrt{3} I_{CO}$,因此

$$I_C = 3 I_{CO} \tag{1-2}$$

即一相接地的电容电流为正常运行时每相对地电容电流的 3 倍。

I_C 通常采用经验公式来确定,需要时可查阅有关资料,这里不赘述。

当系统发生不完全接地(即经过一些接触电阻接地)时,故障相的对地电压值将大于零而小于相电压,其他完好相的对地电压值大于相电压而小于线电压,接地电容电流 I_C 值略小。

必须指出:当电源中性点不接地电力系统中发生单相接地时,三相用电设备的正常工作并未受到影响,因为对于线路的线电压,无论其相位和量值,均未发生变化,这从图 1-7(b) 所示的相量图可以看出,因此三相用电设备仍能照常运行。但是这种线路不允许在单相接地故障情况下长期运行,因为如果再有一相发生接地故障,就形成两相接地短路,短路电流很大,这是不能允许的。因此在中性点不接地系统中,应该装设专门的单相接地保护或绝缘监视装置,在系统发生单相接地故障时,发出报警信号,提醒供电值班人员注意,及时处理;当危及人身和设备安全时,单相接地保护应跳闸。

1.3.2 中性点经消弧线圈接地的电力系统

在上述中性点不接地电力系统中,有一种情况是比较危险的,即发生单相接地时,如果接地电流较大,将出现断续电弧,可能使线路发生电压谐振现象。由于电力线路中既有电阻和电感,又有电容,因此在线路发生单相弧光接地时,可形成一个 RLC 串联谐振电路,使线路上出现危险的过电压(可达相电压的 2.5~3 倍),导致线路上绝缘薄弱地点的绝缘击穿。为了防止单相接地时接地点出现断续电弧,引起过电压,在单相接地电容电流大于一定值(如前所述)的电力系统中,电源中性点必须采取经消弧线圈接地的运行方式。

图 1-8 所示是电源中性点经消弧线圈接地的电力系统单相接地时的电路图和相量图。

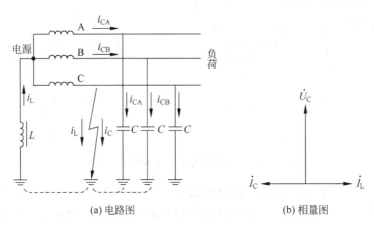

(a) 电路图　　　　　　　　　　　(b) 相量图

图 1-8　中性点经消弧线圈接地的电力系统

消弧线圈实际上就是铁心线圈,其电阻很小,感抗很大。当系统发生单相接地时,流过接地点的电流是接地电容电流 $\dot{I}_C$ 与流过消弧线圈的电感电流 $\dot{I}_L$ 之和。由于 $\dot{I}_C$ 超前 $\dot{U}_C$ 90°,而 $\dot{I}_L$ 滞后 $\dot{U}_C$ 90°,所以 $\dot{I}_L$ 与 $\dot{I}_C$ 在接地点互相补偿。当 $\dot{I}_L$ 与 $\dot{I}_C$ 的量值差小于发生电弧的最小电流(称为最小起弧电流)时,电弧不会发生,也就不会出现谐振过电压现象。

在电源中性点经消弧线圈接地的三相系统中,与中性点不接地的系统一样,允许在发生单相接地故障时短时(一般规定为 2 小时)继续运行。在此时间内,应积极查找故障;若暂时无法消除故障,应设法将负荷转移到备用线路;若发生单相接地,危及人身和设备安全,应跳闸。

对于中性点经消弧线圈接地的电力系统,在单相接地时,其他两相对地电压也要升高到线电压,即升高为原对地电压的$\sqrt{3}$倍。

1.3.3 中性点直接接地的电力系统

图 1-9 所示为电源中性点直接接地的电力系统发生单相接地的电路图。这种系统的单相接地,即通过接地中性点形成单相短路,用符号 $k^{(1)}$ 表示。单相短路电流 $I_k^{(1)}$ 比线路的正常负荷电流大得多,因此在系统发生单相短路时,保护装置应跳闸,切除短路故障,使系统的其他部分恢复正常运行。

中性点直接接地的系统发生单相接地时,其他两个完好相的对地电压不会升高。这与上述中性点不直接接地的系统不同。因此,对于中性点直接接地系统中供用电设备的绝缘,只需按相电压考虑,无需按线电压考虑。这对110kV 及以上的超高压系统是很有经济技术价值的。因为高压电器,特别是超高压电器,其绝缘问题是影响电气设计和制造的关键问题。电器绝缘要求降低,直接降低了电器造价,同时改善了电器性能。因此,我国 110kV 及以上的高

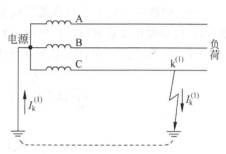

图 1-9 中性点直接接地的电力系统在发生单相接地时的电路

压、超高压系统的电源中性点通常采取直接接地的运行方式。在低压配电系统中,均为中性点直接接地系统,在发生单相接地故障时,一般能使保护装置迅速动作,切除故障部分,比较安全。例如,加装漏电保护器,对人身安全有更好的保障。

本章小结

电力系统是由发电厂、电力网和电能用户组成的一个发电、输电、变电、配电和用电的整体。供电研究的是电能的供给和分配问题。对电力系统的基本要求是:安全、可靠、优质和经济。

电能质量的主要指标是电压和频率。额定电压是指用电设备处于最佳运行状态的电压。我国规定了电力系统中电网和用电设备的额定电压,发电机的额定电压及电力变压器的额定电压。

电力系统中性点通常采用不接地、经消弧线圈接地和直接接地三种接地方式。前两种系统发生单相接地时,线电压不变,但会使未接地相对地电压升高,因此规定运行时间不能超过 2h。中性点直接接地系统发生单相接地时,构成单相对地短路,使相应的保护装置动作,切除接地故障。

习题

1-1 什么是发电厂？目前在我国应用最广泛的发电厂是哪几种？

1-2 什么叫电力系统和电力网？什么叫动力系统？

1-3 对电力系统的基本要求是什么？

1-4 电力变压器的额定一次电压，为什么规定有的要高于相应的电网额定电压5%，有的可等于相应的电网额定电压？对于其额定二次电压，为什么规定有的要高于相应的电网额定电压10%，有的只高于相应的电网额定电压5%？

1-5 三相交流电力系统的电源中性点有哪些运行方式？对于中性点不直接接地的电力系统与中性点直接接地的电力系统，在发生单相接地时，各有什么不同特点？

1-6 中性点不接地电力系统在发生一相接地时有什么危险？中性点经消弧线圈接地后，如何消除单相接地故障点的电弧？

1-7 试确定图 1-10 所示供电系统中，变压器 T_1 和线路 WL1、WL2 的额定电压。

图 1-10 习题 1-7 图

1-8 试确定图 1-11 所示供电系统中发电机和所有变压器的额定电压。

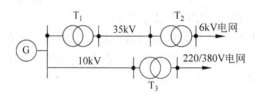

图 1-11 习题 1-8 图

电力负荷及其计算

知识点

1. 企业电力负荷和负荷曲线。

2. 设备容量计算。

3. 企业电力负荷及其计算。

4. 需要系数和利用系数的概念。

5. 电网的功率损耗。

6. 功率因数和无功补偿方法。

7. 尖峰电流及其计算等。

2.1 电力负荷与负荷曲线

2.1.1 电力负荷

电力负荷又称电力负载。它有两种含义：一种是指耗用电能的用电设备或用电单位，如重要负荷、不重要负荷、动力负荷、照明负荷等；另一种是指用电设备或用电单位耗用的电功率或电流大小，如轻负荷、重负荷、空负荷、满负荷等。电力负荷的具体含义视情况而定。

1. 企业电力负荷的分级

对于企业的电力负荷，按 GB 50052—1995 的规定，根据其对供电可靠性的要求及中断供电造成的损失或影响的程度分为以下三级。

（1）一级负荷：中断供电将造成人身伤亡者；中断供电将在政治、经济上造成重大损失者；中断供电将影响有重大政治、经济意义的用电单位正常工作者。例如，重大设备损坏；大量产品报废；生产过程紊乱，需要长时间才能恢复等。

（2）二级负荷：中断供电将在政治、经济上造成较大损失者；中断供电将影响重要用电单位正常工作者。例如,主要设备损坏;大量原材料报废;生产过程被打乱,需较长时间才能恢复;重点企业大量减产等。

（3）三级负荷:三级负荷为一般电力负荷,所有不属于上述一、二级负荷者均属三级负荷。

2. 各级电力负荷对供电电源的要求

（1）一级负荷对供电电源的要求:由于一级负荷属重要负荷,如果突然中断供电,后果将十分严重,因此不允许停电,且由两路独立电源(即两个毫无联系的电源)供电。当其中一路电源发生故障时,由另一路电源继续供电。

（2）二级负荷对供电电源的要求:二级负荷也属重要负荷,允许短时间(2h 以内)停电,且要求由两条回路供电,或由两台变压器供电,但两台变压器不一定在同一个变电所中。当其中一条回路或一台变压器发生故障时,二级负荷由另一路电源继续供电。

（3）三级负荷对供电电源的要求:由于三级负荷为不重要的一般负荷,允许长时间停电,因此对供电电源无特殊要求。

2.1.2 负荷曲线

一个企业的电力负荷随用电设备工作时负载的变化总是经常变动的。表示电力负荷随时间变化的曲线称为负荷曲线。负荷曲线可以是有功功率日负荷曲线、无功功率日负荷曲线、有功功率年负荷曲线等。根据不同需要,负荷曲线可以绘制成全厂的,也可以绘制成某一性质用电设备组的。

1. 负荷曲线类型

1）日有功负荷曲线

日有功及无功负荷曲线如图 2-1 所示。为了便于在运行中制定负荷曲线,负荷曲线常绘成阶梯形,如图 2-2 所示。

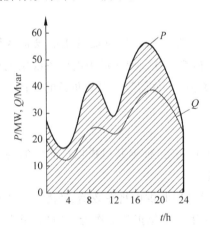

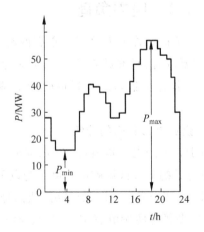

图 2-1　日有功及无功负荷曲线　　　图 2-2　阶梯形有功日负荷曲线

2) 年有功负荷曲线

从日负荷曲线可知负荷在一昼夜内的变化规律。如果需要知道负荷在一年内的变化规律,需要讨论年负荷曲线。

图 2-3(c)所示为年持续负荷曲线。它是根据全年的负荷变化,按照各个不同的负荷值在一年中(8760h)的累计持续时间排列组成的。年持续负荷曲线可由代表日负荷曲线制作。例如,已知某单位夏季代表日与冬季代表日负荷曲线如图 2-3(a)和(b)所示,若夏季按 213 日,冬季按 152 日计算,该企业的有功年持续负荷曲线如图 2-3(c)所示,其制作方法是:将两个代表日负荷曲线放置于坐标纸的左边,将年持续负荷曲线坐标轴设置于坐标纸右边,选好时间和功率单位后,按代表日负荷曲线上的功率由大到小,画一系列平行于横轴的虚线。根据代表日负荷曲线中各不同负荷持续的时间,夏季乘以 213 日,冬季乘以 152 日,即为该负荷全年持续的时间,由大到小画在图 2-3(c)中,绘制出企业有功年持续负荷曲线。

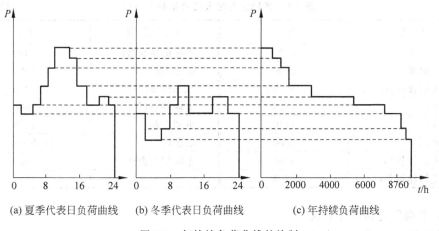

(a) 夏季代表日负荷曲线　　(b) 冬季代表日负荷曲线　　　　(c) 年持续负荷曲线

图 2-3　年持续负荷曲线的绘制

图 2-4 所示为企业年最大负荷曲线。它反映了从年初 1 月 1 日起至年终,企业逐日(逐月)综合最大负荷变化规律。从图中可见,该企业夏季负荷比较小,年终负荷比年初大。

2. 与负荷曲线和负荷计算有关的物理量

1) 年最大负荷和年最大负荷利用小时

年最大负荷 P_{max} 是全年中负荷最大的工作班内消耗电能最大的半小时的平均功率,因此年最大负荷也称为半小时最大负荷 P_{30}。

年最大负荷利用小时又称年最大负荷使用时间 T_{max}。它是一个假想时间,在此时间内,电力负荷按年最大负荷 P_{max}(或 P_{30})持续运行所消耗的电能,恰好等于该电力负荷全年实际消耗的电能。

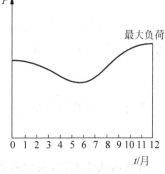

图 2-4　企业年最大负荷曲线

图 2-5 说明年最大负荷利用小时 T_{max} 的几何意义。负荷消耗的电能是曲线从 0 到 8760 围成的面积,如果把这一面积用一个相等的矩形面积表示,矩形的高代表最大负荷 P_{max},矩形的底 T_{max} 表示最大负荷利用小时。

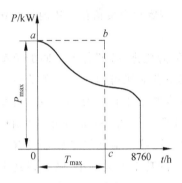

图 2-5　年最大负荷和年最大负荷利用小时

年最大负荷利用小时数的大小,在一定程度上反映了实际负荷在一年内变化的程度。如果负荷曲线比较平坦,即负荷随时间的变化较小,则 T_{max} 的值较大;如果负荷变化剧烈,则 T_{max} 的值较小。年最大负荷利用小时是反映电力负荷特征的一个重要参数,它与企业的生产班制有明显的关系。

电力用户长期运行和实际积累的经验表明,对于各种类型的企业,最大负荷年利用小时如表 2-1 所示。

表 2-1　各种企业最大负荷年利用小时　　　　　　单位:h

工 厂 类 别	T_{max}	工 厂 类 别	T_{max}
化工企业	6200	农业机械制造厂	5330
石油提炼厂	7100	仪器制造厂	3080
重型机械制造厂	3770	汽车修理厂	4370
机床厂	4345	车辆修理厂	3580
工具厂	4140	电器企业	4280
轴承厂	5300	氮肥厂	7000~8000
汽车拖拉机厂	4960	金属加工企业	4355
起重运输设备厂	3300		

2) 平均负荷和负荷系数

平均负荷 P_{av} 是电力负荷在一定时间 t 内平均消耗的功率,也就是电力负荷在时间 t 内消耗的电能 W_t 除以时间 t 的值,即

$$P_{av} = \frac{W_t}{t} \tag{2-1}$$

年平均负荷 P_{av} 是电力负荷在一年时间(8760h)内平均消耗的功率,也就是电力负荷在全年内实际消耗的电能 W_a 除以时间 8760h 的值,即

$$P_{av} = \frac{W_a}{8760} \tag{2-2}$$

负荷系数又称负荷率,它是用电负荷的平均负荷 P_{av} 与其最大负荷 P_{max} 的比值,即

$$K_L = \frac{P_{av}}{P_{max}} \tag{2-3}$$

对负荷曲线来说,负荷系数亦称负荷曲线填充系数,它表征负荷曲线不平坦的程度,即表征负荷起伏变动的程度。从充分发挥供电设备的能力、提高供电效率来说,希望此系数越趋近于 1 越好。从发挥整个电力系统的效能来说,应尽量使企业的不平坦负荷曲线"削峰填谷",提高负荷系数。

对于用电设备来说,负荷系数就是设备的输出功率 P 与设备容量 P_N 的比值,即

$$K_L = \frac{P}{P_N} \tag{2-4}$$

2.2　用电设备的设备容量

1. 单台用电设备的设备功率(容量)

设备功率的计算与用电设备的工作制有关。

(1) 一般连续工作制和短时工作制的用电设备容量计算:其设备容量是设备的铭牌额定容量,即 $P_e = P_N$。

(2) 断续周期工作制的设备容量计算。

断续周期工作制的设备容量是将所有设备在不同负荷持续率下的铭牌额定容量换算到一个规定的负荷持续率下的容量之和。断续周期工作制的用电设备常用的有电焊机和吊车电动机,其各自的换算要求如下所述(折算方法是按同一周期等效发热条件进行换算)。

因为 $Q = I^2 Rt$,当 R、Q 一定时,$I \infty \frac{1}{\sqrt{t}}$。而 $P \infty I$,同一周期的 $\varepsilon \infty t$,因此 $P \infty \frac{1}{\sqrt{\varepsilon}}$,所以 $\frac{P_e}{P_N} = \sqrt{\frac{\varepsilon_N}{\varepsilon}}$。

① 吊车电动机组(包括电葫芦、起重机、行车等)的设备容量。

当采用需要系数法计算负荷时,应统一换算到 $\varepsilon = 25\%$ 时的额定功率(kW),即

$$P_e = P_N \sqrt{\frac{\varepsilon_N}{\varepsilon_{25}}} = 2P_N \sqrt{\varepsilon_N} \tag{2-5}$$

当利用系数法计算负荷时,应统一换算到 $\varepsilon = 100\%$ 时的额定功率(kW),即

$$P_e = P_N \sqrt{\varepsilon_N} \tag{2-6}$$

② 电焊机及电焊变压器的设备容量:指统一换算到 $\varepsilon = 100\%$ 时的额定功率(kW),即

$$P_e = P_N \sqrt{\frac{\varepsilon_N}{\varepsilon_{100}}} = P_N \sqrt{\varepsilon_N} = S_N \cos\varphi_N \sqrt{\varepsilon_N} \tag{2-7}$$

(3) 照明设备的设备容量。

① 白炽灯、碘钨灯的设备容量等于灯泡上标注的额定功率。

② 荧光灯应考虑镇流器中的功率损失(约为灯泡功率的20%),其设备容量应为灯管额定功率的1.2倍。

③ 高压水银荧光灯和金属卤化物灯应考虑镇流器中的功率损失(约为灯泡功率的10%),其设备容量可取灯管额定功率的1.1倍。

④ 电炉变压器的设备功率是指额定功率因数时的有功功率(kW),即

$$P_e = S_N \cos\varphi_N \tag{2-8}$$

⑤ 整流变压器的设备功率是指额定直流功率。

2. 用电设备组的设备功率

用电设备组的设备功率 P_e 是指不包括备用设备在内的所有单个用电设备的设备功

率之和，即 $P_e = \sum P_{N \cdot i}$。

3. 变电所或建筑物的总设备功率

变电所或建筑物的总设备功率应取所供电的各用电设备组的设备功率之和，但应剔除不同时使用的负荷。

（1）消防设备功率一般可不计入总设备功率。

（2）季节性用电设备（如制冷设备和采暖设备）应择其最大者计入总设备功率。

4. 柴油发电机的负荷统计

（1）当柴油发电机仅作为消防、保安性质用电设备的应急电源时，用电负荷应计算消防泵（含消火栓泵、喷淋泵、消防加压泵和排水泵）、消防电梯、防排烟设备、消防控制设备、安防设备、电视监控设备、应急照明等设备的功率。

（2）当采用柴油发电机作为备用电源时，除计算保安性质负荷的用电设备外，根据用电负荷的性质和需要，还应计算所带其他负荷的设备功率。

由于发生火灾时，可停掉除保安性质负荷用电设备以外的非消防用电设备的电源，并且非消防状态下消防设备不投入运行。二者不同时使用，所以应取其大者作为确定发电机组容量的依据。

（3）民用建筑设计中，在方案和初步设计阶段，可按供电变压器容量的 $10\% \sim 20\%$ 估算柴油发电机容量。

2.3 计算负荷及其确定方法

计算负荷是按发热条件选择电气设备的一个假想的负荷。从满足电气设备发热的条件来选择电气设备，用以计算的负荷称为"计算负荷"。计算负荷确定的合理与否直接影响到导线和电气设备的正确选择。

计算负荷的目的是：①选择导线和电缆的规格与型号；②选择企业总降压和车间变压器容量以及规格与型号；③选择供电系统中各种高、低压开关设备的规格和型号。

我国目前普遍采用的负荷计算方法有多种，本章主要讲述需要系数法和利用系数法。需要系数法是世界各国普遍采用的计算方法，简单、方便，尤其适用于配、变电所的负荷计算。利用系数法的理论依据是概率论和数理统计，因而计算结果比较接近实际，适用于工业、企业电力负荷计算，过程稍烦琐。

2.3.1 按需要系数法确定计算负荷

1. 用电设备组计算负荷的确定

求如图 2-6 所示用电设备组的计算负荷。考虑到用电设备组的设备实际上不一定同时运行，运行设备也不太可能都满负荷，同时设备本身有功率损耗，配电线路也有功率损耗，因此用电设备组的有功计算负荷应为

$$P_{30} = \frac{K_\Sigma K_L}{\eta_e \eta_{WL}} P_e \tag{2-9}$$

式中：P_e 为 $\sum P_N$；K_Σ 为设备组的同时系数，即设备组在最大负荷时运行的设备容量与

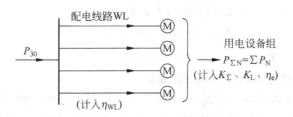

图 2-6 用电设备组的计算负荷

全部设备容量之比；K_L 为设备组的负荷系数，即设备组在最大负荷时的输出功率与运行设备的容量之比；η_e 为设备组的平均效率；η_{WL} 为配电线路的平均效率。

令式(2-9)式中，$K_\Sigma K_L/(\eta_e \eta_{WL}) = K_d$，其中 K_d 称为需要系数。由上式可知，需要系数的定义式为

$$K_d = \frac{P_{30}}{P_e} \tag{2-10}$$

由此可得按需要系数法确定三相用电设备组有功计算负荷的基本公式为

$$P_{30} = K_d P_e \tag{2-11}$$

实践表明，需要系数 K_d 不仅与用电设备组的工作性质、设备台数、设备效率和线路损耗等因素有关，而且与操作人员的技能和生产组织等多种因素有关。

附表 1 列出了各种用电设备组的需要系数值，可供参考。

在求出有功计算负荷 P_{30} 后，按下列各式分别求出其余的计算负荷。

无功计算负荷为

$$Q_{30} = P_{30} \tan\varphi \tag{2-12}$$

式中：$\tan\varphi$ 为对应于用电设备组 $\cos\varphi$ 的正切值。

视在计算负荷为

$$S_{30} = \frac{P_{30}}{\cos\varphi} \tag{2-13}$$

式中：$\cos\varphi$ 为用电设备组的平均功率因数。

计算电流为

$$I_{30} = \frac{S_{30}}{\sqrt{3}U_N} \tag{2-14}$$

式中：U_N 为用电设备组的额定电压。

负荷计算中常用的单位如下所述：有功功率为"千瓦"(kW)，无功功率为"千乏"(kvar)，视在功率为"千伏安"(kV·A)，电流为"安"(A)，电压为"千伏"(kV)。

例 2-1 已知某机修车间采用 380V 供电，低压干线上接有冷加工机床 34 台。其中，11kW 1 台，4.5kW 8 台，2.8kW 15 台，1.7kW 10 台。试求该机床组的计算负荷。

解 此机床组电动机的总容量为

$$P_{\Sigma N} = 11 \times 1 + 4.5 \times 8 + 2.8 \times 15 + 1.7 \times 10 = 106(kW)$$

查附表 1，得 $K_d = 0.16 \sim 0.2$(取 0.2)，$\cos\varphi = 0.5$，$\tan\varphi = 1.73$，因此

有功计算负荷：$P_{30} = 0.2 \times 106 = 21.2(kW)$

无功计算负荷：$Q_{30} = 21.2 \times 1.73 = 36.7(\text{kvar})$

视在计算负荷：$S_{30} = 21.2/0.5 = 42.4(\text{kV} \cdot \text{A})$

计算电流：$I_{30} = 42.4/(\sqrt{3} \times 0.38) = 64.4(\text{A})$

2. 多组（车间）用电设备计算负荷的确定

确定拥有多组用电设备的干线上，或车间变电所低压母线上的计算负荷时，应考虑各组用电设备的最大负荷不同时出现的因素。因此，在确定多组用电设备的计算负荷时，应结合具体情况，对其有功负荷和无功负荷分别计入一个同时系数 $K_{\Sigma p}$ 和 $K_{\Sigma q}$。

对于车间干线，取 $K_{\Sigma p} = 0.85 \sim 0.95$，对于低压母线，取 $K_{\Sigma q} = 0.90 \sim 0.97$，总的有功计算负荷为

$$P_{30} = K_{\Sigma p} \sum P_{30 \cdot i} \tag{2-15}$$

总的无功计算负荷为

$$Q_{30} = K_{\Sigma q} \sum Q_{30 \cdot i} \tag{2-16}$$

式(2-15)和式(2-16)中的 $\sum P_{30 \cdot i}$ 和 $\sum Q_{30 \cdot i}$ 分别为各组设备的有功和无功计算负荷之和。

总的视在计算负荷为

$$S_{30} = \sqrt{P_{30}^2 + Q_{30}^2} \tag{2-17}$$

总的计算电流为

$$I_{30} = S_{30} / \sqrt{3} U_{\text{N}} \tag{2-18}$$

例 2-2 某机修车间的 380V 线路上接有金属切削机床电动机 20 台，共 50kW（其中，较大容量电动机有 7.5kW 1 台；4kW 3 台；2.2kW 7 台）；通风机 2 台，共 3kW；电阻炉 1 台，2kW。试确定此线路上的计算负荷。

解 先求各组的计算负荷。

（1）金属切削机床组。

查附表 1，取 $K_d = 0.2, \cos\varphi = 0.5, \tan\varphi = 1.73$，故

$$P_{30(1)} = 0.2 \times 50 = 10(\text{kW})$$

$$Q_{30(1)} = 10 \times 1.73 = 17.3(\text{kvar})$$

（2）通风机组。

查附表 1，取 $K_d = 0.8, \cos\varphi = 0.8, \tan\varphi = 0.75$，故

$$P_{30(2)} = 0.8 \times 3 = 2.4(\text{kW})$$

$$Q_{30(2)} = 2.4 \times 0.75 = 1.8(\text{kvar})$$

（3）电阻炉。

查附表 1，取 $K_d = 0.7, \cos\varphi = 1, \tan\varphi = 0$，故

$$P_{30(3)} = 0.7 \times 2 = 1.4(\text{kW})$$

$$Q_{30(3)} = 0$$

因此，总计算负荷为（取 $K_{\Sigma p} = 0.95, K_{\Sigma q} = 0.97$）

$$P_{30} = 0.95 \times (10 + 2.4 + 1.4) = 13.1(\text{kW})$$

$$Q_{30} = 0.97 \times (17.3 + 1.8 + 0) = 18.5 (\text{kvar})$$

$$S_{30} = \sqrt{13.1^2 + 18.5^2} = 22.7 (\text{kV} \cdot \text{A})$$

$$I_{30} = 22.7 / (\sqrt{3} \times 0.38) = 34.5 (\text{A})$$

在实际工程设计说明书中,为了一目了然,便于审核,常采用计算表格的形式,如表 2-2 所示。

表 2-2 例 2-2 需要系数法的电力负荷计算表

序号	用电设备组名称	台数 n	容量 $P_{\Sigma N}$ /kW	需要系数 K_d	$\cos\varphi$	$\tan\varphi$	计算负荷			
							P_{30}/kW	Q_{30}/kvar	S_{30}/ (kV·A)	I_{30}/A
1	金属切削机床	20	50	0.2	0.5	1.73	10	17.3		
2	通风机	2	3	0.8	0.8	0.75	2.4	1.8		
3	电阻炉	1	2	0.7	1	0	1.4	0		
车间总计		23	55				13.8	19.1		
			取 $K_{\Sigma p} = 0.95$ $K_{\Sigma q} = 0.97$				13.1	18.5	22.3	34.5

2.3.2 按利用系数法确定计算负荷

按利用系数法确定计算负荷时,不论计算范围大小,都必须求出该计算负荷范围内用电设备有效台数及最大系数,然后算出结果。

1. 用电设备组在最大负荷班内的平均负荷

有功功率
$$P_{av} = K_l P_e \quad (\text{kW}) \tag{2-19}$$

无功功率
$$Q_{av} = P_{av} \tan\varphi \quad (\text{kvar}) \tag{2-20}$$

式中:K_l 为用电设备组在最大负荷班内的利用系数,如附表 3 所示。

2. 平均利用系数

平均利用系数 K_{avl} 为

$$K_{avl} = \frac{\sum P_{av}}{\sum P_e} \tag{2-21}$$

式中:$\sum P_{av}$ 为各用电设备组平均负荷的有功功率之和,kW;$\sum P_e$ 为各用电设备组的设备功率之和,kW。

3. 用电设备的有效台数

用电设备的有效台数 n_{yx},是将不同设备功率和工作制的用电设备台数换算为相同设备功率和工作制的等效值,即

$$n_{yx} = \frac{\left(\sum P_e\right)^2}{\sum P_{le}^2} \tag{2-22}$$

式中:P_{le} 为单个用电设备的设备功率,kW。如果台数 n 很大,$\sum P_e^2$ 的计算相当烦琐。手

工计算时,可采用下列简化方法。

（1）在计算 n_{yx} 值时,可先将组内总功率不超过全组总设备功率 5% 的那些最小一挡的用电设备略去。

（2）当有效台数为 4 台及以上,且最大一台设备功率 $P_{e \cdot max}$ 与最小一台设备功率 $P_{e \cdot min}$ 的比值 $m \leqslant 3$ 时,取 $n_{yx} = n$。

（3）当 $m > 3$ 和 $K_{avl} \geqslant 0.2$ 时,取 $n_{yx} = \dfrac{\sum P_e}{0.5 P_{e \cdot max}}$,如按此求得的 n_{yx} 比实际台数还多,则取 $n_{yx} = n$。

（4）当不符合(2)、(3)的条件时,还可采用变通方法,步骤如下:

① 功率最大一挡的数台设备,直接进入计算。

② 按(1)略去最小一挡设备。

③ 将其余设备按功率大小分为 $m \leqslant 3$ 的几个组,以每组设备功率的平均值(假想设备功率)和实际台数进入计算。

4. 计算负荷

$$\begin{cases} P_{30} = K_m \sum P_{av} \\ Q_{30} = K_m \sum Q_{av} \\ S_{30} = \sqrt{P_{30}^2 + Q_{30}^2} \\ I_{30} = S_{30} / \sqrt{3} U_N \end{cases} \tag{2-23}$$

式中: K_m 为最大系数,见附表 4,决定于导体或电器达到稳定温升所需时间 t、有效台数 n_{yx} 和平均利用系数 K_{avl}。对于中小截面导线和变电所低压母线或大截面干线,可查相关设计手册。

3 台及以下用电设备的计算有功功率取设备功率之和;对于 3 台以上用电设备,有效台数小于 4 时,计算有功功率取设备功率之和乘以 0.9 的系数。

例 2-3 某企业拟建一座 10kV 变电所,用电负荷如下所述。

（1）一般工作制大批量冷加工机床类设备 152 台,总功率 448.6kW。

（2）焊接变压器组($\varepsilon_N = 65\%$,功率因数为 0.5)$6 \times 23 kV \cdot A + 3 \times 32 kV \cdot A$,总设备功率 94.5kW,平均有功功率 28.4kW,平均无功功率 49kvar。

（3）泵、通风机类设备共 30 台,总功率 338.9kW,平均有功功率 182.6kW,平均无功功率 139.6kvar。

（4）传送带 10 台,总功率 32.6kW,平均有功功率 16.3kW,平均无功功率 14.3kvar。

采用利用系数法(利用系数 $K_1 = 0.14$, $\tan\varphi = 1.73$),计算机床类设备组的平均有功功率、无功功率,变电所供电所有设备的平均利用系数。

解 （1）机床类设备组的平均有功功率为

$$P_{av} = K_1 P_e = 0.14 \times 448.6 = 62.8(\text{kW})$$

（2）机床类设备组的平均无功功率为

$$Q_{av} = P_{av} \tan\varphi = 62.8 \times 1.73 = 108.64(\text{kW})$$

（3）变电所供电所有设备的平均利用系数为

$$K_{\mathrm{avl}} = \frac{\sum P_{\mathrm{av}}}{\sum P_{\mathrm{e}}} = \frac{62.8 + 28.4 + 182.6 + 16.3}{448.6 + 94.5 + 338.9 + 32.6} = 0.317$$

2.3.3 单相用电设备计算负荷的确定

单相用电设备应均衡分配到三相线路中，使各相的计算负荷尽量相近。如果均衡分配后，三相线路中剩余的单相设备总容量不超过三相设备总容量的15%，可将单相设备总容量视为三相负荷平衡进行负荷计算。如果超过15%，应先将这部分单相设备容量换算为等效三相设备容量，再进行负荷计算。

1. 单相设备接于相电压时

等效三相设备容量 P_{e} 取最大相负荷 $P_{\mathrm{em}\varphi}$ 的3倍，即

$$P_{\mathrm{e}} = 3P_{\mathrm{em}\varphi} \tag{2-24}$$

等效三相负荷可按上述需要系数法计算。

2. 单相设备接于线电压时

容量为 $P_{\mathrm{e}\varphi}$ 的单相设备接于线电压时，其等效三相设备容量 P_{e} 为

$$P_{\mathrm{e}} = \sqrt{3} P_{\mathrm{e}\varphi} \tag{2-25}$$

等效三相负荷可按上述需要系数法计算。

2.4 电网的功率损耗

电网的功率损耗主要包括线路的功率损耗和变压器的功率损耗两部分。下面分别介绍这两部分功率损耗及计算方法。

2.4.1 线路的功率损耗

由于供配电线路存在电阻和电抗，所以线路上会产生有功功率损耗和无功功率损耗。其值分别按下式计算。

对于有功功率损耗 ΔP_{WL}，有

$$\Delta P_{\mathrm{WL}} = 3I_{30}^2 R_{\mathrm{WL}} \tag{2-26}$$

对于无功功率损耗 ΔQ_{WL}，有

$$\Delta Q_{\mathrm{WL}} = 3I_{30}^2 X_{\mathrm{WL}} \tag{2-27}$$

式中：I_{30} 为线路的计算电流；R_{WL} 为线路每相的电阻，$R_{\mathrm{WL}} = R_0 l$，R_0 为线路单位长度的电阻值，l 为线路长度；X_{WL} 为线路每相的电抗，$X_{\mathrm{WL}} = X_0 l$，X_0 为线路单位长度的电抗值，可查相关手册或产品样本。

附表19列出了LJ型铝绞线的 X_0 值。但是，查 X_0 不仅要参考导线的截面积，还要参考线间的几何均距。线间几何均距是指三相线路各导线之间距离的几何平均值，其值按下式计算：

$$\alpha_{\mathrm{av}} = \sqrt[3]{\alpha_1 \alpha_2 \alpha_3} \tag{2-28}$$

如果导线按等边三角形排列,则 $\alpha_{av} = \alpha$;如果导线按水平等距离排列,则 $\alpha_{av} = \sqrt[3]{2}\,\alpha = 1.26\alpha$。

2.4.2 变压器的功率损耗

变压器功率损耗包括有功损耗和无功损耗两大部分。

1. 变压器的有功功率损耗

变压器的有功功率损耗由以下两部分组成。

(1) 铁心中的有功功率损耗,即铁损 ΔP_{Fe}。铁损在变压器一次绕组的外施电压和频率不变的条件下,是固定不变的,与负荷无关。铁损可由变压器空载试验测定。变压器的空载损耗 ΔP_0 可以认为就是铁损,因为变压器的空载电流 I_0 很小,在一次绕组中产生的有功损耗可略去不计。

(2) 有负荷时一、二次绕组中的有功功率损耗,即铜损 ΔP_{Cu}。铜损与负荷电流(或功率)的平方成正比。铜损可由变压器短路实验测定。变压器的短路损耗 ΔP_k 可以认为就是铜损,因为变压器短路时一次侧短路电压 U_k 很小,在铁心中产生的有功功率损耗可略去不计。

因此,变压器的有功功率损耗 ΔP_T 计算如下:

$$\Delta P_T \approx \Delta P_0 + \Delta P_k \left(\frac{S_{30}}{S_N}\right)^2 \tag{2-29}$$

式中:ΔP_0 为变压器的空载损耗,kW;ΔP_k 为变压器的短路损耗,kW;S_{30} 为变压器的计算负荷,kV·A;S_N 为变压器的额定容量,kV·A。

2. 变压器的无功功率损耗

变压器的无功功率损耗也由以下两部分组成。

(1) 用来产生主磁通,即产生励磁电流的一部分无功功率,用 ΔQ_0 表示。它只与绕组电压有关,与负荷无关。它与励磁电流(或近似地与空载电流)成正比。

(2) 消耗在变压器一、二次绕组电抗上的无功功率。额定负荷下的这部分无功损耗用 ΔQ_N 表示。由于变压器绕组的电抗远大于电阻,因此 ΔQ_N 近似地与短路电压(即阻抗电压)成正比。

因此,变压器的无功功率损耗 ΔQ_T 为

$$\Delta Q_T \approx \Delta Q_0 + \Delta Q_k \left(\frac{S_{30}}{S_N}\right)^2 \tag{2-30}$$

式中:$\Delta Q_0 = \dfrac{I_0\%S_N}{100}$ 为变压器空载无功损耗,kvar;$I_0\%$ 为变压器的空载电流占额定电流的百分数;ΔQ_k 为变压器满载无功损耗,kvar,$\Delta Q_k = \dfrac{U_k\%S_N}{100}$;$U_k\%$ 为变压器短路电压占额定电压的百分数。

在负荷计算中,当电力变压器的负荷率不大于 85% 时,其功率损耗按下式近似计算:

有功损耗 $\qquad\qquad\qquad \Delta P_T = 0.01 S_{30}$ $\qquad\qquad\qquad$ (2-31)

无功损耗 $\qquad\qquad\qquad \Delta Q_{\mathrm{T}} = 0.05 S_{30}$ $\qquad\qquad$ (2-32)

式中：S_{30} 为变压器二次侧的视在计算负荷。

2.5　工厂的计算负荷

工厂计算负荷是选择工厂电源进线及主要电气设备(包括主变压器)的基本依据,也是计算工厂的功率因数和无功补偿容量的基本依据。确定工厂计算负荷的方法很多,比如按工厂需要系数法(见附表 2)、按年产量估算法、按逐级计算法等,本节主要讲述按逐级计算法确定工厂计算负荷的方法。

所谓逐级计算法,是从供配电系统最终端,即用电设备开始,逐级向上计算到电源进线,如图 2-7 所示的 $P_{30(1)} \sim P_{30(7)}$。

用电设备组计算负荷(图中的 $P_{30(1)}$)的确定和多组用电设备计算负荷(图中的 $P_{30(2)}$)的确定方法在前面已经介绍。

将车间变电所变压器高压侧计算负荷(图中的 $P_{30(2)}$)加上变压器的功率损耗,即得变压器高压侧计算负荷(图中的 $P_{30(3)}$):

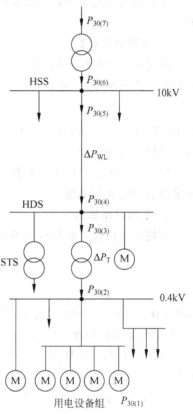

$$P_{30(3)} = P_{30(2)} + \Delta P_{\mathrm{T}} \qquad (2\text{-}33)$$

$$Q_{30(3)} = Q_{30(2)} + \Delta Q_{\mathrm{T}} \qquad (2\text{-}34)$$

式中：ΔP_{T} 为变压器的有功功率损耗；ΔQ_{T} 为无功功率损耗。

高压配电所(HDS)计算负荷(图中的 $P_{30(4)}$)应该是高压母线上所有高压线路计算负荷之和 $(\sum P_{30(3)\cdot i}$ 和 $\sum Q_{30(3)\cdot i})$,再乘以一个有功同时系数和无功同时系数 $K_{\sum p}$ 和 $K_{\sum q}$,即

$$P_{30(4)} = K_{\sum p} \cdot \sum P_{30(3)\cdot i} \qquad (2\text{-}35)$$

$$Q_{30(4)} = K_{\sum q} \cdot \sum Q_{30(3)\cdot i} \qquad (2\text{-}36)$$

图 2-7　企业供电系统中各部分
计算负荷和功率损耗

式中：有功同时系数 $K_{\sum p}$ 取 $0.95 \sim 0.97$；无功同时系数 $K_{\sum q}$ 取 $0.97 \sim 1$。

高压配电线路的计算负荷(图中的 $P_{30(5)}$)应该是该高压配电线路所供高压配电所的计算负荷(图中的 $P_{30(4)}$),加上高压配电线路的功率损耗,即

$$P_{30(5)} = P_{30(4)} + \Delta P_{\mathrm{WL}} \qquad (2\text{-}37)$$

$$Q_{30(5)} = Q_{30(4)} + \Delta Q_{\mathrm{WL}} \qquad (2\text{-}38)$$

对于企业总降压变电所(HSS)低压侧计算负荷(图中的 $P_{30(6)}$)、高压侧计算负荷(图中的 $P_{30(7)}$)的确定方法,以此类推,这里不再赘述。

2.6 功率因数和无功功率补偿

供电部门一般要求用户的月平均功率因数达到 0.9 以上。当用户的自然总平均功率因数较低,单靠提高用电设备的自然功率因数达不到要求时,应装设必要的无功功率补偿设备,进一步提高用户的功率因数。

2.6.1 功率因数的计算

企业的实际功率因数是随着负荷和电源电压的变化而变化的,因此该值有多种计算方法。

1. 瞬时功率因数

瞬时功率因数可由功率因数表(相位表)直接测量,亦可由功率表、电流表和电压表的读数按下式求出(间接测量):

$$\cos\varphi = P/(\sqrt{3}\,IU) \tag{2-39}$$

式中:P 为功率表测出的三相功率读数,kW;I 为电流表测出的线电流读数,A;U 为电压表测出的线电压读数,kV。

瞬时功率因数只用来了解和分析企业或设备在生产过程中无功功率的变化情况,以便采取适当的补偿措施。

2. 平均功率因数

平均功率因数亦称加权平均功率因数,按下式计算:

$$\cos\varphi = \frac{W_p}{\sqrt{W_p^2 + W_q^2}} = \frac{1}{\sqrt{1 + \left(\dfrac{W_q}{W_p}\right)^2}} \tag{2-40}$$

式中:W_p 为某一时间内消耗的有功电能,由有功电度表读出;W_q 为某一时间内消耗的无功电能,由无功电度表读出。

我国电业部门每月向工业用户收取电费,规定电费要按月平均功率因数的高低来调整。

3. 最大负荷时的功率因数

最大负荷时功率因数指在年最大负荷(即计算负荷)时的功率因数,按下式计算:

$$\cos\varphi = P_{30}/S_{30} \tag{2-41}$$

2.6.2 功率因数的人工补偿

企业中由于有大量的感应电动机、电焊机、电弧炉及气体放电灯等感性负荷,从而使功率因数降低。如在充分发挥设备潜力、改善设备运行性能、提高其自然功率因数的情况下,仍达不到规定的企业功率因数要求,需考虑人工补偿。

图 2-8 所示为功率因数提高与无功功率和视在功率变化的关系。假设功率因数由 $\cos\varphi$ 提高到 $\cos\varphi'$,这时在负荷需用的有功功率 P_{30} 不变的条件下,无功功率将由 Q_{30} 减小到 Q_{30}',视在功率将由 S_{30} 减小到 S_{30}'。相应地,负荷电流 I_{30} 也减小,使系统的电能损耗和

电压损耗相应降低,既节约了电能,又提高了电压质量,而且可选较小容量的供电设备和导线电缆。因此,提高功率因数对电力系统大有好处。

由图 2-8 可知,要使功率因数由 $\cos\varphi$ 提高到 $\cos\varphi'$,必须装设的无功补偿装置容量为

$$Q_{\mathrm{C}} = Q_{30} - Q'_{30} = P_{30}(\tan\varphi - \tan\varphi') \quad (2\text{-}42)$$

或

$$Q_{\mathrm{C}} = \Delta q_{\mathrm{C}} P_{30} \quad (2\text{-}43)$$

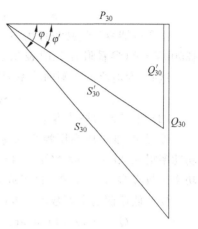

图 2-8 功率因数提高与无功功率、
视在功率变化的关系

式中:$\Delta q_{\mathrm{C}} = \tan\varphi - \tan\varphi'$,称为无功补偿率,或比补偿容量。因此,无功补偿率是使 1kW 的有功功率由 $\cos\varphi$ 提高到 $\cos\varphi'$ 所需要的无功补偿容量 kvar 值。

附表 5 列出了并联电容器的无功补偿率,可利用补偿前、后的功率因数直接查出。

在确定了总的补偿容量后,即可根据所选并联电容器的单个容量 q_{C} 来确定电容器的个数,即

$$n = Q_{\mathrm{C}}/q_{\mathrm{C}} \quad (2\text{-}44)$$

常用并联电容器的主要技术数据如附表 6 所示。

由式(2-44)计算所得的电容器个数 n,对于单相电容器(电容器全型号后面标"1"者)来说,应取 3 的倍数,以便三相均衡分配。

企业(或车间)装设了无功补偿装置以后,在确定补偿装置装设地点以前的总计算负荷时,应扣除无功补偿的容量,即总的无功计算负荷为

$$Q'_{30} = Q_{30} - Q_{\mathrm{C}} \quad (2\text{-}45)$$

补偿后,总的视在计算负荷为

$$S'_{30} = \sqrt{P_{30}^2 + (Q_{30} - Q_{\mathrm{C}})^2} \quad (2\text{-}46)$$

由式(2-46)可以看出,在变电所低压侧装设了无功补偿装置以后,由于低压侧总的视在计算负荷减小,从而可使变电所主变压器的容量选得小一些。这不仅降低了变电所的初投资,而且可减少企业的电费开支。因为我国电业部门对大工业用户实行"两部电费制",一部分叫作基本电费,按所装用的主变压器容量计费,规定每月按 kV·A 容量交钱。容量越大,交的基本电费越多;容量减小,交的基本电费也减少。另一部分电费叫作电度电费,按每月实际耗用的电能 kW·h 数来计算电费,并且根据月平均功率因数的高低乘以一个调整系数。凡月平均功率因数高于规定值(一般规定为 0.85)的,可按一定比率减收电费;低于规定值时,按一定比率加收电费。由此可见,提高企业功率因数不仅对整个电力系统大有好处,对企业本身也是有一定经济实惠的。

例 2-4 某厂拟建一座降压变电所,装设一台主变压器。已知变电所低压侧有功计算负荷为 650kW,无功计算负荷为 800kvar。为了使企业(变电所高压侧)的功率因数不低于 0.9,如在低压侧装设并联电容器进行补偿,需装设多少补偿容量? 补偿前、后,企业变电所所选主变压器的容量有何变化?

解 (1)计算补偿前的变压器容量和功率因数。

变电所低压侧的视在计算负荷为

$$S_{30(2)} = \sqrt{650^2 + 800^2} = 1031(\text{kV} \cdot \text{A})$$

主变压器容量选择条件为 $S_{NT} \geqslant S_{30(2)}$，因此未进行无功补偿时，主变压器容量应选为 $1250\text{kV} \cdot \text{A}$(参看附表7、附表8)。

这时，变电所低压侧的功率因数为

$$\cos\varphi_{(2)} = 650/1031 = 0.63$$

(2)计算无功补偿容量。

按规定，变电所高压侧的 $\cos\varphi \geqslant 0.90$。考虑到变压器的无功功率损耗 ΔQ_T 远大于有功功率损耗 ΔP_T，一般 $\Delta Q_T = (4 \sim 5)\Delta P_T$，因此在变压器低压侧补偿时，低压侧补偿后的功率因数应略高于 0.90。这里取 $\cos\varphi' = 0.92$。

要使低压侧功率因数由 0.63 提高到 0.92，低压侧需装设的并联电容器容量为

$$Q_C = 650 \times [\tan(\text{arc} \cos 0.63) - \tan(\text{arc} \cos 0.92)] = 525(\text{kvar})$$

取 $Q_C = 530(\text{kvar})$。

(3)计算补偿后的变压器容量和功率因数。

变电所低压侧的视在计算负荷为

$$S'_{30(2)} = \sqrt{650^2 + (800 - 530)^2} = 704(\text{kV} \cdot \text{A})$$

因此，无功补偿后，主变压器容量可选为 $800\text{kV} \cdot \text{A}$。

变压器的功率损耗为

$$\Delta P_T \approx 0.01 S'_{30(2)} = 0.01 \times 704 = 7(\text{kW})$$

$$\Delta Q_T \approx 0.05 S'_{30(2)} = 0.05 \times 704 = 35(\text{kvar})$$

变电所高压侧的计算负荷为

$$P'_{30(1)} = 650 + 7 = 657(\text{kW})$$

$$Q'_{30(1)} = 800 - 530 + 35 = 305(\text{kvar})$$

$$S'_{30(1)} = \sqrt{657^2 + 305^2} = 724(\text{kV} \cdot \text{A})$$

无功补偿后，企业的功率因数为

$$\cos\varphi' = P'_{30(1)}/S'_{30(1)} = 657/724 = 0.907$$

这一功率因数满足要求。

(4)无功补偿前、后比较。

$$S'_{NT} - S_{NT} = 1250 - 800 = 450(\text{kV} \cdot \text{A})$$

变压器容量在补偿后减少了 $450\text{kV} \cdot \text{A}$，不仅会减少基本电费开支，而且由于提高了功率因数，还会减少电度电费开支。

由此例可以看出，采用无功补偿来提高功率因数，能使企业取得可观的经济效益。

2.7 尖峰电流计算

尖峰电流是指单台或多台设备持续时间 $1 \sim 2s$ 的短时最大负荷电流，它与计算电流不同。计算电流是指半小时最大电流，尖峰电流比计算电流大得多。

计算尖峰电流的目的主要是用来选择熔断器和低压断路器,整定继电保护装置及检验电动机自起动条件等。

对于不同性质的负荷,其尖峰电流的计算公式是不相同的。

1. 单台用电设备尖峰电流的计算

单台用电设备的尖峰电流就是其起动电流,因此尖峰电流为

$$I_{pk} = I_{st} = K_{st} I_N \tag{2-47}$$

式中:I_N 为用电设备的额定电流;I_{st} 为用电设备的起动电流;K_{st} 为用电设备的起动电流倍数:鼠笼型电动机为 5~7,绕线型电动机为 2~3,直流电动机为 1.7,电焊变压器为 3 或稍大。

2. 多台用电设备尖峰电流的计算

引至多台用电设备的线路上的尖峰电流按下式计算:

$$I_{pk} = K_{\Sigma} \sum_{i=1}^{n-1} I_{N \cdot i} + I_{st \cdot max} \tag{2-48}$$

或

$$I_{pk} = I_{30} + (I_{st} - I_N)_{max} \tag{2-49}$$

式中:$I_{st \cdot max}$ 和 $(I_{st} - I_N)_{max}$ 分别为用电设备中起动电流与额定电流之差为最大的那台设备的起动电流及其起动电流与额定电流之差;$\sum_{i=1}^{n-1} I_{N \cdot i}$ 为将起动电流与额定电流之差为最大的那台设备除外的其他 $n-1$ 台设备的额定电流之和;K_{Σ} 为上述 $n-1$ 台的同时系数,按台数多少选取,一般为 0.7~1;I_{30} 为全部投入运行时,线路的计算电流。

例 2-5 有一条 380V 三相线路,供电给如表 2-3 所示的 4 台电动机。试计算该线路的尖峰电流。

表 2-3 例 2-5 的负荷资料

参　　数	电　动　机			
	M_1	M_2	M_3	M_4
额定电流 I_N/A	13.5	23.8	18.0	36.5
起动电流 I_{ST}/A	81	155.35	108	255.5

解 由表 2-3 可知,电动机 M_4 的 $I_{st} - I_N = 255.5 - 36.5 = 219(A)$ 为最大。取 $K_{\Sigma} = 0.9$,因此该线路的尖峰电流为

$$I_{pk} = 0.9 \times (13.5 + 23.9 + 18.0) + 255.5 = 305.36(A)$$

本章小结

电力负荷分为一级负荷、二级负荷和三级负荷;用电设备分为一般连续工作制、短时工作制和断续周期工作制。

负荷曲线是表征电力负荷随时间变动情况的一种图形。按照时间单位的不同,分为日负荷曲线和年负荷曲线。与负荷曲线有关的物理量有年最大负荷、年最大负荷利用小

时、计算负荷、平均负荷和负荷系数。

　　计算负荷是按发热条件选择电气设备的一个假想的负荷,计算负荷确定的合理与否直接影响到导线和电气设备的正确选择。确定负荷计算的方法有多种,本章介绍了需要系数法和利用系数法。对于全厂负荷,通常采用需要系数法逐级计算。

　　功率因数太低,对电力系统有不良影响,所以要提高功率因数。提高功率因数的方法是:首先提高自然功率因数,然后进行人工补偿。其中,人工补偿最常见的是并联电容器补偿。

习题

　　2-1　电力负荷的含义是什么? 各级负荷对供电电源有什么要求?

　　2-2　什么是负荷曲线? 与负荷曲线有关的物理量有哪些?

　　2-3　什么是计算负荷? 为什么计算负荷通常采用半小时最大负荷?

　　2-4　计算负荷的目的是什么?

　　2-5　什么叫年最大负荷利用小时? 什么叫年最大负荷和年平均负荷? 什么叫负荷系数?

　　2-6　什么叫平均功率因数和最大负荷时的功率因数? 如何计算? 有何用途?

　　2-7　进行无功功率补偿、提高功率因数有什么意义? 如何确定无功补偿容量?

　　2-8　什么叫尖峰电流? 计算尖峰电流有什么用处?

　　2-9　某工厂金属加工车间有吊车一台,其额定功率 $P_N=5.5\text{kW}$,$\varepsilon_N=40\%$,试求该电动机的设备容量 P_e。

　　2-10　某工厂金属加工车间有一台额定容量 $S_N=2.2\text{kV}\cdot\text{A}$ 的电焊机,$\varepsilon_N=60\%$,$\cos\varphi=0.62$,试求该电焊机的设备容量 P_e。

　　2-11　已知某机修车间拥有金属切削机床组,380V 电动机 7.5kW 3 台;4kW 8 台;3kW 17 台;1.5kW 8 台。试求该用电设备组的计算负荷。

　　2-12　机修车间拥有冷加工机床 52 台,共 200kW;行车 1 台,共 5.1kW($\varepsilon=15\%$);通风机 4 台,共 5kW;点焊机 3 台,共 10.5kW($\varepsilon=65\%$)。车间采用 220/380V 三相四线制(TN-C 系统)供电。试确定车间的计算负荷 P_{30}、Q_{30}、S_{30} 和 I_{30}。

　　2-13　有一条 380V 的三相线路,供电给 35 台小批生产的冷加工机床电动机,总容量为 85kW。其中,较大容量的电动机有:7.5kW 1 台;4kW 3 台;3kW 12 台。试用需要系数法确定其计算负荷 P_{30}、Q_{30}、S_{30} 和 I_{30}。

　　2-14　某厂变电所装有一台 SL7-630/10 型电力变压器,其二次侧(380V)的有功计算负荷为 420kW,无功计算负荷为 350kvar。试求此变电所一次侧的计算负荷及其功率因数。如果功率因数未达到 0.90,问此变电所低压母线上应装设多大容量的并联电容器才能达到要求?

　　2-15　某厂的有功计算负荷为 2400kW,功率因数为 0.65。现拟在企业变电所 10kV 母线上装设 BW 型并联电容,使功率因数提高到 0.90。试计算所需电容器的总容量。如采用 BW10.5-30-1 型电容器,问需装设多少个? 装设电容器以后,该厂的视在计算负荷为多少？比未装设电容器时的视在计算负荷减少了多少？

2-16 某车间有一条 380V 线路供电给如表 2-4 所列 5 台交流电动机。试计算该线路的计算电流和尖峰电流。（提示：计算电流在此可近似地按下式计算：$I_{30} = K_\Sigma \sum I_N$，式中 K_Σ 建议取 0.9。）

表 2-4 习题 2-16 的负荷资料

参　数	电　动　机				
	M_1	M_2	M_3	M_4	M_5
额定电流 I_N/A	10.2	32.4	30	6.1	20
起动电流 I_{st}/A	66.3	227	165	34	140

短路电流及其计算

知识点

1. 短路的原因、危害和形式。
2. 无限大容量系统短路的变化过程和有关物理量。
3. 短路电流的计算。
4. 短路电流的效应和动热稳定度校验等。

3.1 短路的基本知识

3.1.1 短路的原因

电力系统运行有三种状态：正常运行状态、非正常运行状态和短路故障。电力系统中最常见的故障就是短路。短路是指不同电位的导电部分之间的低阻性短接。

造成短路的主要原因有：

（1）电气设备载流部分的绝缘损坏。这种损坏可能是由于设备长期运行，绝缘自然老化；或由于设备本身不合格，绝缘强度不够，而被正常电压击穿；或绝缘正常，但是被过电压（包括雷电过电压）击穿；或设备绝缘受到外力损伤。

（2）工作人员由于未遵守安全操作规程，发生误操作；或者误将低电压设备接入较高电压的电路中。

（3）鸟兽跨越在裸露的相线之间或相线与接地物体之间，或者咬坏设备和导线电缆的绝缘。

3.1.2 短路的危害

短路电流比正常电流大得多。在大电力系统中，短路电流可达几万安，甚至几十万安。如此大的短路电流可对供电系统产生极大的危害，即

（1）短路时要产生很大的电动力和很高的温度，使故障元件和短路电路中的其他元件损坏。

（2）短路时，电压骤降，严重影响电气设备正常运行。

（3）短路可造成停电，而且越靠近电源，停电范围越大。

（4）严重的短路会影响电力系统运行的稳定性，使并列运行的发电机组失去同步，造成系统解列。

（5）单相短路电流将产生较强的不平衡交变磁场，对附近的通信线路、电子设备等产生干扰。

由此可见，短路的危害是十分严重的，因此必须设法消除可能引起短路的一切因素；同时，需要计算短路电流，以便正确地选择电气设备，使设备具有足够的动稳定性和热稳定性，保证在发生可能出现的最大短路电流时不致损坏。为了选择切除短路故障的开关电器、整定短路保护的继电保护装置和选择限制短路电流的元件（如电抗器）等，也必须计算短路电流。

3.1.3　短路的形式

在三相系统中，可能发生三相短路、两相短路、单相短路和两相接地短路。

三相短路用文字符号 $k^{(3)}$ 表示，如图 3-1（a）所示；两相短路用 $k^{(2)}$ 表示，如图 3-1（b）所示；单相短路用 $k^{(1)}$ 表示，如图 3-1（c）和（d）所示。

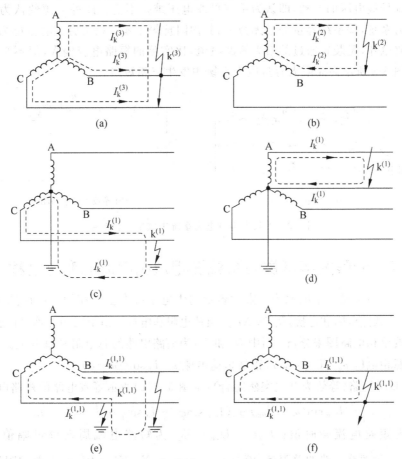

图 3-1　短路的类型（虚线表示短路电流的路径）

两相接地短路,是指中性点不接地系统中两个不同相均发生单相接地而形成的两相短路,如图 3-1(e)所示;也指两相短路后又接地的情况,如图 3-1(f)所示,都用 $k^{(1,1)}$ 表示。它实质上就是两相短路,因此也可用 $k^{(2)}$ 表示。

上述三相短路属对称性短路;其他形式的短路属非对称短路。

在电力系统中,发生单相短路的可能性最大,发生三相短路的可能性最小。但一般三相短路的短路电流最大,造成的危害最严重。为了使电力系统中的电气设备在最严重的短路状态下也能可靠地工作,在作为选择检验电气设备用的短路计算中,以三相短路计算为主。

3.2 无限大容量电力系统的三相短路

3.2.1 无限大容量电力系统的概念

实际电力系统的容量和阻抗都有一定的数值,发生短路时,系统母线电压下降。但对于中小型企业变配电系统来说,其设备的容量远比系统容量要小,阻抗则较系统阻抗大得多,所以当企业变配电系统发生短路时,系统母线上的电压变化不大。实际计算中,往往不考虑系统母线电压的变动,即认为系统母线电压维持不变。此种电源便认为是无穷大容量的电力系统,即系统容量等于无穷大,其内阻抗等于零。按无穷大容量电力系统计算所得的短路电流,是装置通过的最大短路电流,比实际的短路电流偏大,但不会引起显著的误差。图 3-2 所示为无限大容量电力系统中发生三相短路。

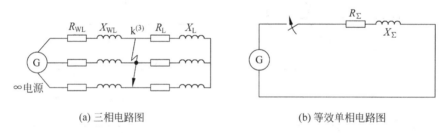

(a) 三相电路图　　　　　　　　　　(b) 等效单相电路图

图 3-2　无限大容量电力系统中发生三相短路

3.2.2 无限大容量供电系统三相短路电流的变化过程

图 3-2(a)所示是一个电源为无限大容量的供电系统发生三相短路的电路图。图中,R_{WL} 和 X_{WL} 为线路电阻和电抗,R_L 和 X_L 为负荷电阻和电抗。由于三相对称,可用图 3-2(b)所示的等效单相电路图来分析,图中 R_Σ 和 X_Σ 为短路电路的总电阻和总电抗。

设电源相电压 $u_\varphi = U_{\varphi m}\sin\omega t$,正常负荷电流 $i = I_m\sin(\omega t - \varphi)$。

现 $t=0$ 时短路(等效为开关突然闭合),则图 3-2(b)所示等效电路的短路电流为

$$i_k = I_{k\cdot m}\sin(\omega t - \varphi_k) + (I_{k\cdot m}\sin\varphi_k - I_m\sin\varphi)e^{-\frac{t}{\tau}} = i_p + i_{np} \qquad (3-1)$$

式中:i_k 为短路电流瞬时值;$I_{k\cdot m} = U_{\varphi m}/|Z_\Sigma|$ 为短路电流周期分量幅值,$|Z_\Sigma| = \sqrt{R_\Sigma^2 + X_\Sigma^2}$,为短路电路的总阻抗[模];$\varphi_k = \arctan(X_\Sigma/R_\Sigma)$ 为短路电路的阻抗角;$\tau =$

L_Σ / R_Σ，为短路电路的时间常数；i_p 为短路电流周期分量；i_{np} 为短路电流非周期分量。

由式(3-1)可以看出：当 $t \rightarrow \infty$ 时(实际只经 10 个周期左右时间)，$i_{np} \rightarrow 0$，这时

$$i_k = i_{k(\infty)} = \sqrt{2} I_\infty \sin(\omega t - \varphi) \tag{3-2}$$

式中：I_∞ 为短路稳态电流。

图 3-3 所示为无限大容量系统发生三相短路前、后，电流、电压的变化曲线。由图 3-3 可以看出，短路电流在到达稳定值之前，要经过一个暂态过程(或称短路瞬变过程)。这一暂态过程是短路非周期分量电流存在的那段时间。从物理概念上讲，短路电流周期分量是因短路后电路阻抗突然减小很多倍，按欧姆定律应突然增大很多倍的电流；短路电流非周期分量是因短路电路含有感抗，电路电流不可能突变，按楞次定律感生的用以维持短路初瞬间($t=0$ 时)电流不致突变的一个反向衰减性电流。此电流衰减完毕(一般经 $t \approx$ 0.2s)，短路电流达到稳定状态。

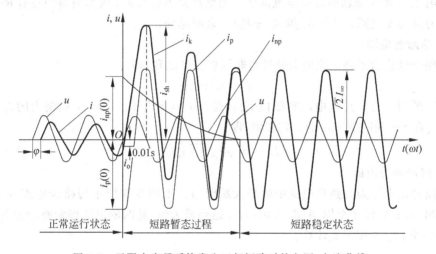

图 3-3　无限大容量系统发生三相短路时的电压、电流曲线

3.2.3　有关短路的物理量

1. 短路电流周期分量

假设在电压 $u_\varphi = 0$ 时发生三相短路，如图 3-3 所示。由式(3-1)可知，短路电流周期分量

$$i_p = I_{k \cdot m} \sin(\omega t - \varphi_k) \tag{3-3}$$

由于短路电路的电抗一般远大于电阻，即 $X_\Sigma \gg R_\Sigma$，$\varphi_k = \arctan(X_\Sigma / R_\Sigma) \approx 90°$，因此短路初瞬间($t=0$ 时)的短路电流周期分量

$$i_p(0) = -i_{k \cdot m} = -\sqrt{2} I'' \tag{3-4}$$

式中：I'' 为短路次暂态电流有效值，它是短路后第一个周期的短路电流周期分量 i_p 的有效值。

在无限大容量系统中，由于系统母线电压维持不变，所以其短路电流周期分量有效值(习惯上用 I_k 表示)在短路的全过程中维持不变，即 $I'' = I_\infty = I_k$。

2. 短路电流非周期分量

短路电流非周期分量是由于短路电路存在电感,用于维持短路初瞬间的电流不致突变,而由电感引起的自感电动势产生的一个反向电流,如图 3-3 所示。由式(3-1)可知,短路电流非周期分量

$$i_{np} = (I_{k \cdot m} \sin\varphi_k - I_m \sin\varphi) e^{-\frac{t}{\tau}}$$

由于 $\varphi_k \approx 90°$,而 $I_m \sin\varphi \ll I_{k \cdot m}$,故

$$i_{np} \approx I_{k \cdot m} e^{-\frac{t}{\tau}} = \sqrt{2} I'' e^{-\frac{t}{\tau}} \tag{3-5}$$

式中:τ 为短路电路的时间常数。

由于 $\tau = L_\Sigma / R_\Sigma = X_\Sigma / 314 R_\Sigma$,因此短路电路 $R_\Sigma = 0$ 时,短路电流非周期分量 i_{np} 将为不衰减的直流电流。非周期分量 $i_k = i_p + i_{np} I_\infty^{(3)} i_{sh} = 2.55 I''$ 与周期分量 i_p 叠加而得的短路全电流 i_k 将为偏轴的等幅电流曲线。当然这是不存在的,因为电路中总有 R_Σ,所以非周期分量总要衰减,而且 R_Σ 越大,τ 越小,衰减越快。

3. 短路全电流

短路全电流为短路电流周期分量与非周期分量之和,即

$$i_k = i_p + i_{np} \tag{3-6}$$

某一瞬时 t 的短路全电流有效值 $I_{k(t)}$,是以时间 t 为中点的一个周期内的 i_p 有效值 $I_{p(t)}$ 与 i_{np} 在 t 的瞬时值 $i_{np(t)}$ 的方均根值,即

$$I_{k(t)} = \sqrt{I_{p(t)}^2 + i_{np(t)}^2} \tag{3-7}$$

4. 短路冲击电流

短路冲击电流为短路全电流中的最大瞬时值。由图 3-3 所示短路全电流 i_k 的曲线可以看出,短路后经半个周期(即 0.01s),i_k 达到最大值,此时的电流即短路冲击电流。

短路冲击电流按下式计算:

$$i_{sh} = i_{p(0.01)} + i_{np(0.01)} \approx \sqrt{2} I''(1 + e^{-\frac{0.01}{\tau}}) \tag{3-8}$$

或

$$i_{sh} \approx K_{sh} \sqrt{2} I'' \tag{3-9}$$

式中:K_{sh} 为短路电流冲击系数。

由式(3-8)和式(3-9)可知

$$K_{sh} = 1 + e^{-\frac{0.01}{\tau}} = 1 + e^{-\frac{0.01 R_\Sigma}{L_\Sigma}} \tag{3-10}$$

当 $R_\Sigma \to 0$ 时,则 $K_{sh} \to 2$;当 $L_\Sigma \to 0$ 时,则 $K_{sh} \to 1$。因此,$1 < K_{sh} < 2$。

短路全电流 i_k 的最大有效值是短路后第一个周期的短路电流有效值,用 I_{sh} 表示,也可称为短路冲击电流有效值,用下式计算:

$$I_{sh} = \sqrt{I_{p(0.01)}^2 + I_{np(0.01)}^2} \approx \sqrt{I''^2 + (\sqrt{2} I'' e^{-\frac{0.01}{\tau}})^2}$$

或

$$I_{sh} = \sqrt{1 + 2(K_{sh} - 1)^2} I'' \tag{3-11}$$

在高压电路发生三相短路时,一般可取 $K_{sh} = 1.8$,因此

$$i_{sh} = 2.55 I'' \tag{3-12}$$

$$I_{sh} = 1.51 I''$$ (3-13)

在 1000kV·A 及以下的电力变压器二次侧及低压电路中发生三相短路时，一般可取 $K_{sh}=1.3$，因此

$$i_{sh} = 1.84 I''$$ (3-14)

$$I_{sh} = 1.09 I''$$ (3-15)

5. 短路稳态电流

短路稳态电流是短路电流非周期分量衰减完毕以后的短路全电流，其有效值用 I_∞ 表示。

为了表明短路的种类，凡是三相短路电流，可在相应的电流符号右上角加注(3)，例如三相短路稳态电流写作 $I_\infty^{(3)}$。同样地，对于两相和单相短路电流，在相应的电流符号右上角分别加注(2)或(1)；对于两相接地短路电流，加注(1,1)。在不致引起混淆时，三相短路电流各量可不加注(3)。

3.3 短路电流的计算

3.3.1 概述

计算短路电流，首先要绘出计算电路图，将短路计算所需考虑的各元件额定参数都表示出来；然后，确定短路计算点，短路计算点要选择得使需要进行短路校验的电气元件有最大可能的短路电流通过；接着，按所选择的短路计算点绘出等效电路图，并计算电路中各主要元件的阻抗。在等效电路图上，只需将被计算的短路电流流经的主要元件表示出来，并标明其序号和阻抗值，一般是分子标序号，分母标阻抗值，再将等效电路化简。对于企业供电系统来说，一般只需采用阻抗串、并联的方法即可将电路化简，求出其等效总阻抗。最后，计算短路电流和短路容量。

短路电流计算的方法，常用的有有名值法（欧姆法）和标幺值法（又称相对单位制法）。

对于低压回路中的短路，由于电压等级较低，一般用有名值计算短路电流。对于高压回路中的短路，由于电压等级较多，采用有名值计算时，需要多次折算，非常复杂。为了计算方便，通常采用标幺值计算短路电流。

3.3.2 采用有名值进行短路计算

有名值法又称欧姆法，因其短路电流计算中的阻抗都采用有名单位"欧姆"而得名。

在无限大容量系统中发生三相短路时，其三相短路电流周期分量有效值按下式计算：

$$I_k^{(3)} = \frac{U_c}{\sqrt{3}\,|Z_\Sigma|} = \frac{U_c}{\sqrt{3}\,\sqrt{R_\Sigma^2 + X_\Sigma^2}}$$ (3-16)

式中：U_c 为短路点的短路计算电压（或称平均额定电压）。由于线路首端短路时，其短路最严重，因此按线路首端电压考虑，即短路计算电压取为比线路额定电压 U_N 高 5%。按我国电压标准，U_c 有 0.4kV、0.69kV、3.15kV、6.3kV、10.5kV、37kV 等。

$|Z_\Sigma|$、R_Σ 和 X_Σ 分别为短路电路的总阻抗[模]、总电阻和总电抗值。

在高压电路的短路计算中,通常总电抗远比总电阻大得多,所以一般可只计电抗,不计电阻。

在计算低压侧短路时,也只有当短路电路的 $R_\Sigma > X_\Sigma/3$ 时才需计及电阻。

如果不计电阻,则三相短路电流的周期分量有效值为

$$I_k^{(3)} = U_c/\sqrt{3}\,X_\Sigma \tag{3-17}$$

三相短路容量为

$$S_k^{(3)} = \sqrt{3}\,U_c I_k^{(3)} \tag{3-18}$$

下面讲述供电系统中各主要元件,如电力系统、电力变压器和电力线路的阻抗计算。

1. 电力系统的电抗

电力系统的电抗可由电力系统变电所高压馈电线出口断路器(参看图 3-4)的断流容量 S_{oc} 来估算。S_{oc} 看作是电力系统的极限短路容量 S_k。因此,电力系统的电抗为

$$X_s = U_c^2/S_{oc} \tag{3-19}$$

式中:U_c 为短路点的短路计算电压;S_{oc} 为系统出口断路器的断流容量,见附表 9;如只有开断电流 I_{oc} 数据,则其断流容量 $S_{oc} = \sqrt{3}\,I_{oc}U_N$,其中,$U_N$ 为其额定电压。

2. 电力变压器的阻抗

(1) 变压器的电阻 R_T:可由变压器的短路损耗 ΔP_k 近似地计算。

因

$$\Delta P_k \approx 3I_N^2 R_T \approx 3(S_N/\sqrt{3}\,U_c)^2 R_T = (S_N/U_c)^2 R_T$$

故

$$R_T \approx \Delta P_k \left(\frac{U_c}{S_N}\right)^2 \tag{3-20}$$

式中:U_c 为短路点的短路计算电压;S_N 为变压器的额定容量;ΔP_k 为变压器的短路损耗,可查有关手册或产品样本,或参见附表 7 和附表 8。

(2) 变压器的电抗 X_T:可由变压器的短路电压(也称阻抗电压)$U_k\%$ 近似地计算。

因

$$U_k\% \approx (\sqrt{3}\,I_N X_T/U_c)\times 100 \approx (S_N X_T/U_c^2)\times 100$$

故

$$X_T \approx \frac{U_k\%}{100}\cdot\frac{U_c^2}{S_N} \tag{3-21}$$

式中:$U_k\%$ 为变压器的短路电压百分值,可查有关手册或产品样本,或参见附表 7 和附表 8。

3. 电力线路的阻抗

(1) 线路的电阻 R_{WL}:可由导线电缆的单位长度电阻 R_0 值计算求得,即

$$R_{WL} = R_0 l \tag{3-22}$$

式中:R_0 为导线电缆单位长度的电阻,可查有关手册或产品样本(参见附表 19);l 为线路长度。

(2) 线路的电抗 X_{WL}:可由导线电缆的单位长度电抗 X_0 值计算求得,即

$$X_{\mathrm{WL}} = X_0 l \tag{3-23}$$

式中：X_0 为导线电缆单位长度的电抗，可查有关手册或产品样本（参见附表 19）；l 为线路长度。

如果线路的结构数据不详，X_0 可按表 3-1 取其电抗平均值，因为同一电压的同类线路的电抗值变动幅度一般不大。

表 3-1　电力线路每相的单位长度电抗平均值　　　　　单位：Ω/km

线 路 结 构	线路电压	
	6～10kV	220/380V
架空线路	0.38	0.32
电缆线路	0.06	0.066

求出短路电路中各元件的阻抗后，化简短路电路，求其总阻抗，然后按式（3-16）或式（3-17）计算短路电流周期分量 $I_k^{(3)}$。

必须注意：在计算短路电路的阻抗时，假如电路内含有电力变压器，则电路内各元件的阻抗都应统一换算到短路点的短路计算电压上去。阻抗等效换算的条件是元件的功率损耗不变。

由 $\Delta P = U^2/R$ 和 $\Delta Q = U^2/X$ 可知，元件的阻抗值与电压平方成正比，因此阻抗换算的公式为

$$R' = R\left(\frac{U_c'}{U_c}\right)^2 \tag{3-24}$$

$$X' = X\left(\frac{U_c'}{U_c}\right)^2 \tag{3-25}$$

式中：R、X 和 U_c 为换算前元件的电阻、电抗和元件所在处的短路计算电压；R'、X' 和 U_c' 为换算后元件的电阻、电抗和短路点的短路计算电压。

就短路计算中考虑的几个主要元件的阻抗来说，只有电力线路的阻抗有时需要换算。例如，计算低压侧的短路电流时，高压侧的线路阻抗需要换算到低压侧。对于电力系统和电力变压器的阻抗，由于它们的计算公式中均含有 U_c^2，因此计算阻抗时，公式中 U_c 直接代以短路点的计算电压，就相当于阻抗已经换算到短路点一侧了。

例 3-1　某供电系统如图 3-4 所示。已知电力系统出口断路器为 SN10-10 Ⅱ型。试求工厂变电所高压 10kV 母线上 k-1 点短路和低压 380V 母线上 k-2 点短路的三相短路电流和短路容量。

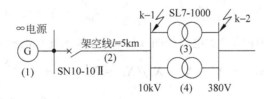

图 3-4　例 3-1 的短路计算电路图

解 1) 求 $k-1$ 点的三相短路电流和短路容量($U_{c1}=10.5kV$)

(1) 计算短路电路中各元件的电抗及总电抗。

① 电力系统的电抗：由附表 9 可知，SN10-10Ⅱ型断路器的断流容量 $S_{oc}=500MV \cdot A$，因此，

$$X_1 = \frac{U_{c1}^2}{S_{oc}} = \frac{10.5^2}{500} = 0.22(\Omega)$$

② 架空线路的电抗：由表 3-1 得 $X_0 = 0.38\Omega/km$，因此

$$X_2 = X_0 l = 0.38 \times 5 = 1.9(\Omega)$$

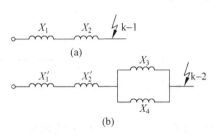

图 3-5 例 3-1 的短路等效电路图
(有名值)

③ 绘制 $k-1$ 点短路的等效电路如图 3-5(a) 所示，并计算其总电抗如下：

$$X_{\Sigma(k-1)} = X_1 + X_2 = 0.22 + 1.9 = 2.12(\Omega)$$

(2) 计算三相短路电流和短路容量。

① 三相短路电流周期分量有效值：

$$I_{k-1}^{(3)} = \frac{U_{c1}}{\sqrt{3} X_{\Sigma(k-1)}} = \frac{10.5}{\sqrt{3} \times 2.12} = 2.86(kA)$$

② 三相短路次暂态电流和稳态电流：

$$I''^{(3)} = I_\infty^{(3)} = I_{k-1}^{(3)} = 2.86(kA)$$

③ 三相短路冲击电流及第一个周期短路全电流有效值：

$$i_{sh}^{(3)} = 2.55 I''^{(3)} = 2.55 \times 2.86 = 7.29(kA)$$

$$I_{sh}^{(3)} = 1.51 I''^{(3)} = 1.51 \times 2.86 = 4.32(kA)$$

④ 三相短路容量：

$$S_{k-1}^{(3)} = \sqrt{3} U_{c1} I_{k-1}^{(3)} = \sqrt{3} \times 10.5 \times 2.86 = 52.0(MV \cdot A)$$

2) 求 $k-2$ 点的短路电流和短路容量($U_{c2}=0.4kV$)

(1) 计算短路电路中各元件的电抗及总电抗。

① 电力系统的电抗：

$$X_1' = \frac{U_{c2}^2}{S_{oc}} = \frac{0.4^2}{500} = 3.2 \times 10^{-4}(\Omega)$$

② 架空线路的电抗：

$$X_2' = X_0 l \left(\frac{U_{c2}}{U_{c1}}\right)^2 = 0.38 \times 5 \times \left(\frac{0.4}{10.5}\right)^2 = 2.76 \times 10^{-3}(\Omega)$$

③ 电力变压器的电抗：由附表 7 查得 $U_k\% = 4.5$，因此

$$X_3 = X_4 \approx \frac{U_k\%}{100} \cdot \frac{U_{c2}^2}{S_N} = \frac{4.5}{100} \times \frac{0.4^2}{1000} = 7.2 \times 10^{-3}(\Omega)$$

④ 绘制 $k-2$ 点短路的等效电路如图 3-5(b) 所示，求其总电抗：

$$X_{\Sigma(k-2)} = X_1' + X_2' + X_3 /\!/ X_4 = X_1' + X_2' + \frac{X_3 X_4}{X_3 + X_4}$$

$$= 3.2 \times 10^{-4} + 2.76 \times 10^{-3} + \frac{7.2 \times 10^{-3}}{2}$$

$$= 6.68 \times 10^{-3}(\Omega)$$

(2) 计算三相短路电流和短路容量。

① 三相短路电流周期分量有效值：

$$I_{k-2}^{(3)} = \frac{U_{c2}}{\sqrt{3}\,X_{\Sigma(k-2)}} = \frac{0.4}{\sqrt{3} \times 6.68 \times 10^{-3}} = 34.57 (\text{kA})$$

② 三相短路次暂态电流和稳态电流：

$$I''^{(3)} = I_{\infty}^{(3)} = I_{k-2}^{(3)} = 34.57 (\text{kA})$$

③ 三相短路冲击电流及第一个短路全电流有效值：

$$i_{sh}'^{(3)} = 1.84 I''^{(3)} = 1.84 \times 34.57 = 63.6 (\text{kA})$$

$$I_{sh}^{(3)} = 1.09 I''^{(3)} = 1.09 \times 34.57 = 37.7 (\text{kA})$$

④ 三相短路容量：

$$S_{k-2}^{(3)} = \sqrt{3}\,U_{c2}\,I_{k-2}^{(3)}$$

$$= \sqrt{3} \times 0.4 \times 34.57 = 23.95 (\text{MV} \cdot \text{A})$$

在工程设计说明书中，往往只列短路计算表，如表 3-2 所示。

表 3-2　例 3-1 的短路计算结果

短路计算点	三相短路电流/kA					三相短路容量 $S_k^{(3)}$/ (MV·A)
	$I_k^{(3)}$	$I''^{(3)}$	$I_{\infty}^{(3)}$	$i_{sh}^{(3)}$	$I_{sh}^{(3)}$	
k−1 点	2.86	2.86	2.86	7.29	4.32	52.0
k−2 点	34.57	34.57	34.57	63.6	37.7	23.95

3.3.3　采用标幺值法进行短路计算

标幺值法，即相对单位制法，因其短路计算中的有关物理量采用标幺值（亦称相对单位）而得名。

任一物理量的标幺值 A_d^* 为该物理量的实际值 A 与所选定的基准值 A_d 的比值，即

$$A_d^* = \frac{A}{A_d} \tag{3-26}$$

式中：基准值 A_d 应与实际值 A 同单位。标幺值是一个无单位的比数。按标幺值法进行短路计算时，一般先选定基准容量 S_d 和基准电压 U_d。

对于基准容量，工程计算中通常取 $S_d = 100 \text{MV} \cdot \text{A}$。

对于基准电压，通常取元件所在处的短路计算电压，即 $U_d = U_c$。

选定了基准容量 S_d 和基准电压 U_d 以后，基准电流 I_d 按下式计算：

$$I_d = \frac{S_d}{\sqrt{3}\,U_d} = \frac{S_d}{\sqrt{3}\,U_c} \tag{3-27}$$

基准电抗 X_d 按下式计算：

$$X_d = \frac{U_d}{\sqrt{3}\,I_d} = \frac{U_c^2}{S_d} \tag{3-28}$$

下面分别讲述供电系统中各主要元件的电抗标幺值的计算（取 $S_d = 100 \text{MV} \cdot \text{A}$，$U_d = U_c$）。

(1) 电力系统的电抗标幺值：

$$X_s^* = X_s / X_d = \frac{U_c^2}{S_{oc}} \Big/ \frac{U_c^2}{S_d} = \frac{S_d}{S_{oc}} \qquad (3-29)$$

(2) 电力变压器的电抗标幺值：

$$X_T^* = X_T / X_d = \frac{U_k\%}{100} \cdot \frac{U_c^2}{S_N} \Big/ \frac{U_c^2}{S_d} = \frac{U_k\% S_d}{100 S_N} \qquad (3-30)$$

(3) 电力线路的电抗标幺值：

$$X_{WL}^* = X_{WL} / X_d = X_0 l \Big/ \frac{U_c^2}{S_d} = X_0 l \frac{S_d}{U_c^2} \qquad (3-31)$$

短路电路中，各主要元件的电抗标幺值求出以后，即可利用其等效电路图（见图3-6）进行电路化简，计算其总电抗标幺值 X_Σ。由于各元件电抗均采用相对值，与短路计算点的电压无关，因此无须电压换算，这也是标幺值法比有名值法优越之处。

无限大容量系统三相短路周期分量有效值的标幺值按下式计算：

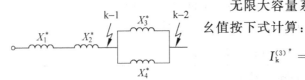

图 3-6 例 3-2 的短路等效电路图
（标幺值法）

$$I_k^{(3)*} = I_k^{(3)} / I_d = \frac{U_c}{\sqrt{3} X_\Sigma} \Big/ \frac{S_d}{\sqrt{3} U_c}$$

$$= \frac{U_c^2}{S_d X_\Sigma} = \frac{1}{X_\Sigma^*} \qquad (3-32)$$

由此求得三相短路电流周期分量有效值为

$$I_k^{(3)} = I_k^{(3)*} I_d = I_d / X_\Sigma^* \qquad (3-33)$$

求得 $I_k^{(3)}$ 后，即可利用前面的公式求出 $I_k''^{(3)}$、$I_\infty^{(3)}$、$i_{sh}^{(3)}$ 和 $I_{sh}^{(3)}$ 等。

三相短路容量的计算公式为

$$S_k^{(3)} = \sqrt{3} U_c I_k^{(3)} = \sqrt{3} U_c I_d / X_\Sigma^* = S_d / X_\Sigma^* \qquad (3-34)$$

例 3-2 试用标幺值法计算例 3-1 所示供电系统中 k-1 点和 k-2 点的三相短路电流和短路容量。

解 (1) 确定基准值。取

$$S_d = 100 MV \cdot A, \quad U_{c1} = 10.5 kV, \quad U_{c2} = 0.4 kV$$

有

$$I_{d1} = \frac{S_d}{\sqrt{3} U_{c1}} = \frac{100}{\sqrt{3} \times 10.5} = 5.50 (kA)$$

$$I_{d2} = \frac{S_d}{\sqrt{3} U_{c2}} = \frac{100}{\sqrt{3} \times 0.4} = 144 (kA)$$

(2) 计算短路电路中各主要元件的电抗标幺值。

① 电力系统（由附表 9 得 $S_{oc} = 500 MV \cdot A$）：

$$X_1^* = 100/500 = 0.2$$

② 架空线路（由表 3-1 得 $X_0 = 0.38 \Omega/km$）：

$$X_2^* = 0.38 \times 5 \times \frac{100}{10.5^2} = 1.72$$

③ 电力变压器（由附表 7 得 $U_k\%=4.5$）：

$$X_3^* = X_4^* = \frac{U_k\% S_d}{100 S_N} = \frac{4.5 \times 100 \times 10^3}{100 \times 1000} = 4.5$$

绘制短路等效电路如图 3-6 所示，图上标出各元件的序号和电抗标幺值，并标出短路计算点。

(3) 求 k-1 点的短路电路总电抗标幺值及三相短路电流和短路容量。

① 总电抗标幺值：

$$X_{\Sigma(k-1)}^* = X_1^* + X_2^* = 0.2 + 1.72 = 1.92$$

② 三相短路电流周期分量有效值：

$$I_{k-1}^{(3)} = I_{d1}/X_{\Sigma(k-1)}^* = 5.50/1.92 = 2.86(kA)$$

③ 其他三相短路电流：

$$I_k''^{(3)} = I_\infty^{(3)} = I_{k-1}^{(3)} = 2.86(kA)$$
$$i_{sh}^{(3)} = 2.55 \times 2.86 = 7.29(kA)$$
$$I_{sh}^{(3)} = 1.51 \times 2.86 = 4.32(kA)$$

④ 三相短路容量：

$$S_{k-1}^{(3)} = S_d/X_{\Sigma(k-1)}^* = 100/1.92 = 52.0(MV \cdot A)$$

(4) 求 k-2 点的短路电路总电抗标幺值及三相短路电流和短路容量。

① 总电抗标幺值：

$$X_{\Sigma(k-2)}^* = X_1^* + X_2^* + X_3^*//X_4^* = 0.2 + 1.72 + \frac{4.5}{2} = 4.17$$

② 三相短路电流周期分量有效值：

$$I_{k-2}^{(3)} = I_{d2}/X_{\Sigma(k-2)}^* = 144/4.17 = 34.53(kA)$$

③ 其他三相短路电流：

$$I_k''^{(3)} = I_\infty^{(3)} = I_{k-2}^{(3)} = 34.53(kA)$$
$$i_{sh}^{(3)} = 1.84 \times 34.53 = 63.5(kA)$$
$$I_{sh}^{(3)} = 1.09 \times 34.53 = 37.6(kA)$$

④ 三相短路容量：

$$S_{k-2}^{(3)} = S_d/X_{\Sigma(k-2)}^* = 100/4.7 = 23.98(MV \cdot A)$$

由此可见，采用标幺值法计算与例 3-1 采用有名值计算的结果基本相同。

3.3.4 两相和单相短路电流的计算

1. 两相短路电流的计算

在无限大容量系统中发生两相短路时（见图 3-7），其短路电流由下式求得：

$$I_k^{(2)} = \frac{U_c}{2|Z_\Sigma|} \tag{3-35}$$

式中：U_c 为短路点计算电压（线电压）。

如果只计电抗，则短路电流为

$$I_k^{(2)} = \frac{U_c}{2X_\Sigma} \tag{3-36}$$

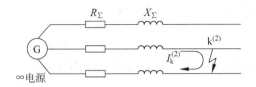

图 3-7　无限大容量系统中发生两相短路的电路图

其他两相短路电流 $I''^{(2)}$、$I_\infty^{(2)}$、$i_{sh}^{(2)}$ 和 $I_{sh}^{(2)}$ 都可按前述三相短路的对应短路电流的公式计算。

关于两相短路电流与三相短路电流的关系,可由 $I_k^{(2)} = \dfrac{U_c}{2\,|Z_\Sigma|}$ 和 $I_k^{(3)} = \dfrac{U_c}{\sqrt{3}\,|Z_\Sigma|}$ 求得,即

$$\frac{I_k^{(2)}}{I_k^{(3)}} = \frac{\sqrt{3}}{2} = 0.866$$

因此

$$I_k^{(2)} = \frac{\sqrt{3}}{2} I_k^{(3)} = 0.866 I_k^{(3)} \tag{3-37}$$

式(3-37)说明,在无限大容量系统中,同一地点的两相短路电流为三相短路电流的 0.866。因此,无限大容量系统中的两相短路电流可在求出三相短路电流后利用式(3-37)直接求得。

2. 单相短路电流的计算

在大接地电流系统或三相四线制系统中发生单相短路时(见图 3-1(c)、(d)),根据对称分量法,求得其单相短路电流为

$$\dot{I}_k^{(1)} = \frac{3\dot{U}_\varphi}{Z_{1\Sigma} + Z_{2\Sigma} + Z_{0\Sigma}} \tag{3-38}$$

式中:$\dot{U}_\varphi$ 为电源相电压;$Z_{1\Sigma}$、$Z_{2\Sigma}$ 和 $Z_{0\Sigma}$ 为单相短路回路的正序、负序和零序阻抗。

在工程计算中,利用下式计算单相短路电流:

$$I_k^{(1)} = \frac{U_\varphi}{|Z_{\varphi-0}|} \tag{3-39}$$

式中:U_φ 为电源相电压;$|Z_{\varphi-0}|$ 为单相短路回路的阻抗[模],可查阅有关手册,或按下式计算:

$$|Z_{\varphi-0}| = \sqrt{(R_T + R_{\varphi-0})^2 + (X_T + X_{\varphi-0})^2} \tag{3-40}$$

式中:R_T 和 X_T 分别为变压器单相的等效电阻和电抗;$R_{\varphi-0}$ 和 $X_{\varphi-0}$ 分别为相线与 N 线或与 PE 或 PEN 线的回路(短路回路)的电阻和电抗,包括回路中低压断路器过流线圈的阻抗、开关触点的接触电阻及电流互感器一次绕组的阻抗等,可查阅有关手册或产品样本。

在无限大容量系统中或远离发电机处短路时,两相短路电流和单相短路电流均较三相短路电流小,因此用于选择电气设备和导体的短路稳定度校验的短路电流,应采用三相短路电流。两相短路电流主要用于相间短路保护的灵敏度检验。单相短路电流主要用于

单相短路保护的整定及单相短路热稳定度的校验。

3.4　短路电流的效应和稳定度校验

3.4.1　概述

通过短路计算得知,供电系统发生短路时,巨大的短路电流通过电气设备和载流导体时,一方面要产生很大的电动力,即电动效应;另一方面要产生很高的温度,即热效应。这两类短路效应对电气设备和导体的安全运行威胁极大。为了正确地选择和校验电气设备及载流导体,保证其可靠地工作,必须对它们所受的电动力和发热温升进行计算,并研究可以采取的限制短路电流的措施。

3.4.2　短路电流的电动效应和动稳定度

供电系统短路时,短路电流,特别是短路冲击电流,将使相邻导体之间产生很大的电动力,有可能使电气设备和载流导体遭受严重破坏。为此,要使电路元件能承受短路时最大电动力,电路元件必须具有足够的动稳定度。

1. 短路时的最大电动力

由《电工原理》可知,处在空气中的两个平行导体分别通以电流 i_1、i_2(单位为 A)时,两个导体间的电磁互作用力,即电动力(单位为 N)为

$$F = \mu_0 i_1 i_2 \frac{l}{2\pi a} = 2i_1 i_2 \frac{l}{a} \times 10^{-7} \tag{3-41}$$

式中:a 为两个导体的轴线间距离;l 为导体的两个相邻支持点间的距离,即档距;μ_0 为真空和空气的磁导率,$\mu_0 = 4\pi \times 10^{-7} \mathrm{N/A^2}$。

式(3-41)适用于圆截面的实心和空心导体,也适用于导体间的净空距离大于导体截面周长的矩形截面导体。因此,对于每相只有一条矩形截面导体的线路,一般都是适用的。

如果三相线路中发生两相短路,则两相短路冲击电流通过两相导体时产生的电动力最大,其值为

$$F^{(2)} = 2i_{\mathrm{sh}}^{(2)2} \cdot \frac{l}{a} \times 10^{-7} \tag{3-42}$$

如果三相线路中发生三相短路,则三相短路冲击电流 $i_{\mathrm{sh}}^{(3)}$ 在中间相(母线水平放置或垂直放置,如图 3-8 所示)产生的电动力最大,其值为

$$F^{(3)} = \sqrt{3}\, i_{\mathrm{sh}}^{(3)2} \cdot \frac{l}{a} \times 10^{-7} \tag{3-43}$$

由于三相短路冲击电流与两相短路冲击电流有下列关系:

$$\frac{i_{\mathrm{sh}}^{(3)}}{i_{\mathrm{sh}}^{(2)}} = \frac{2}{\sqrt{3}} = 1.15$$

因此,三相短路与两相短路产生的最大电动力之比为

$$\frac{F^{(3)}}{F^{(2)}} = \frac{2}{\sqrt{3}} = 1.15 \tag{3-44}$$

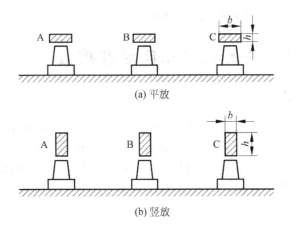

(a) 平放

(b) 竖放

图 3-8　水平放置的母线

由此可见,三相线路发生三相短路时,中间相导体所受的电动力比两相短路时导体所受的电动力大,因此,校验电气设备和载流导体的动稳定度,一般应采用三相短路冲击电流 $i_{\mathrm{sh}}^{(3)}$ 或短路后第一个周期的三相短路全电流有效值 $I_{\mathrm{sh}}^{(3)}$ 。

2. 短路动稳定度的校验条件

对于电气设备和载流导体的动稳定度校验,依校验对象的不同而选用不同的校验条件。

1) 一般电器的动稳定度校验条件

按下列公式校验:

$$i_{\max} \geqslant i_{\mathrm{sh}}^{(3)} \tag{3-45}$$

或

$$I_{\max} \geqslant I_{\mathrm{sh}}^{(3)} \tag{3-46}$$

式中:$i_{\max}$ 为电器的极限通过电流(动稳定电流)峰值;$I_{\max}$ 为电器的极限通过电流(动稳定电流)有效值。

$i_{\max}$ 和 $I_{\max}$ 可由有关手册或产品样本查得。附表 9 列出了部分常用高压断路器的主要技术数据,供参考。

2) 硬母线的动稳定度校验条件

按下列公式校验:

$$\sigma_{\mathrm{al}} \geqslant \sigma_{\mathrm{c}} \tag{3-47}$$

式中:σ_{al} 为母线材料的最大允许应力(Pa),对于硬铜母线(TMY),$\sigma_{\mathrm{al}}=140\mathrm{MPa}$;对于硬铝母线(LMY),$\sigma_{\mathrm{al}}=70\mathrm{MPa}$(按 GB 50060—1992《3~110kV 高压配电装置计算规范》的规定);σ_{c} 为母线通过 $i_{\mathrm{sh}}^{(3)}$ 时受到的最大计算应力。

最大计算应力按下式计算:

$$\sigma_{\mathrm{c}} = \frac{M}{W} \tag{3-48}$$

式中:M 为母线通过 $i_{\mathrm{sh}}^{(3)}$ 时受到的弯曲力矩;当母线的档数为 1~2 时,$M=F^{(3)}l/8$;当档数大于 2 时,$M=F^{(3)}l/10$。这里的 $F^{(3)}$ 按式(3-43)计算,l 为母线的档距。W 为母线的

截面系数。当母线水平放置时（见图 3-8(a)），$W=b^2h/6(b>h)$；当母线竖直放置时（见图 3-8(b)），$W=bh^2/6(b<h)$。此处 b 为母线截面的水平宽度，h 为母线截面的垂直高度。

电缆的机械强度很好，无须校验其短路动稳定度。

3. 对短路计算点附近交流电动机反馈冲击电流的考虑

当短路点附近所接交流电动机的额定电流之和超过系统短路电流的 1% 时，应计入电动机反馈电流的影响。由于短路时电动机端电压骤降，致使电动机因定子电动势反高于外施电压而向短路点反馈电流，如图 3-9 所示，使得短路计算点的短路冲击电流增大。

当交流电动机进线端发生三相短路时，它反馈的最大短路电流瞬时值（即电动机反馈冲击电流）可按下式计算：

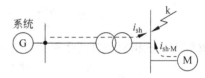

图 3-9　大容量电动机对短路点的反馈冲击电流

$$i_{sh \cdot M} = \sqrt{2} K_{sh \cdot M} I_{N \cdot M} \frac{E''_{M*}}{X''_{M*}}$$
$$= C K_{sh \cdot M} I_{N \cdot M} \qquad (3-49)$$

式中：E''_{M*} 为电动机次暂态电动势标幺值；X''_{M*} 为电动机次暂态电抗标幺值；C 为电动机反馈冲击倍数，如表 3-3 所示；$K_{sh \cdot M}$ 为电动机短路电流冲击系数，对 3～10kV 电动机取 1.4～1.7，对 380V 电动机取 1；$I_{N \cdot M}$ 为电动机额定电流。

表 3-3　电动机的 E''_M、X''_M 和 C

电动机类型	E''_{M*}	X''_{M*}	C	电动机类型	E''_{M*}	X''_{M*}	C
感应电动机	0.9	0.2	6.5	同步补偿机	1.2	0.16	10.6
同步电动机	1.1	0.2	7.8	综合性负荷	0.8	0.35	3.2

由于交流电动机在外电路短路后很快受到制动，所以它产生的反馈电流衰减极快。因此，只在考虑短路冲击电流的影响时才需计入电动机反馈电流。

例 3-3 设例 3-1 所示工厂变电所 380V 侧母线上接有 380V 感应电动机 250kW，平均 $\cos\varphi=0.7$，效率 $\eta=0.75$。该母线采用 LMY-100×10 的硬铝母线，水平放置，档距为 900mm，档数大于 2，相邻两相母线的轴线距离为 160mm。试求该母线三相短路时所受的最大电动力，并校验其动稳定度。

解 （1）计算母线短路时所受的最大电动力。

由例 3-1 知，380V 母线的短路电流 $I_k^{(3)}=34.57$kA，$i_{sh}^{(3)}=63.6$kA，接于 380V 母线的感应电动机额定电流为

$$I_{N \cdot M} = \frac{250}{\sqrt{3} \times 380 \times 0.7 \times 0.75} = 0.724(kA)$$

由于 $I_{N \cdot M} > 0.01 I_k^{(3)}$，故需计入感应电动机反馈电流的影响。该电动机的反馈电流冲击值为

$$i_{sh \cdot M} = 6.5 \times 1 \times 0.724 = 4.7(kA)$$

因此，母线在三相短路时所受的最大电动力为

$$F^{(3)} = \sqrt{3} \ (i_{sh}^{(3)} + i_{sh \cdot M})^2 \cdot \frac{l}{a} \times 10^{-7}$$

$$= \sqrt{3} \times (63.6 \times 10^3 + 4.7 \times 10^3)^2 \times \frac{0.9}{0.16} \times 10^{-7} = 4545(\text{N})$$

（2）校验母线短路时的动稳定度。

母线在 $F^{(3)}$ 作用时的弯曲力矩为

$$M = \frac{F^{(3)} l}{10} = \frac{4545 \times 0.9}{10} = 409(\text{N} \cdot \text{m})$$

母线的截面系数为

$$W = \frac{b^2 h}{6} = \frac{0.1^2 \times 0.01}{6} = 1.667 \times 10^{-5}(\text{m}^3)$$

故母线在三相短路时所受到的计算应力为

$$\sigma_c = \frac{M}{W} = \frac{409}{1.667 \times 10^{-5}} = 24.5 \times 10^6(\text{Pa}) = 24.5(\text{MPa})$$

硬铝母线（LMY）的允许应力为

$$\sigma_{al} = 70\text{MPa} > \sigma_c = 24.5\text{MPa}$$

由此可见，该母线满足短路动稳定度的要求。

3.4.3　短路电流的热效应和热稳定度

1. 短路时导体的发热过程和发热计算

导体通过正常负荷电流时，由于导体具有电阻，因此要产生电能损耗。这种电能损耗转换为热能，一方面使导体温度升高，另一方面向周围介质散热。当导体内产生的热量与导体向周围介质散发的热量相等时，导体维持在一定的温度值，这种状态称为热平衡或热稳定。

在线路发生短路时，极大的短路电流将使导体温度迅速升高。由于短路后线路的保护装置很快动作，切除短路故障，所以短路电流通过导体的时间不长，通常不超过 2～3s。因此在短路过程中，可以不考虑导体向周围介质的散热，即近似地认为导体在短路时间内与周围介质绝热，短路电流在导体中产生的热量全部用来使导体的温度升高。

图 3-10 所示为短路前、后导体的温度变化情况。导体在短路前正常负荷时的温度为 θ_L。设在 t_1 时发生短路，导体温度按指数规律迅速升高，而在 t_2 时线路的保护装置动作，切除了短路故障，这时导体的温度达到 θ_k。短路被切除后，线路断电，导体不再产生热量，只按指数规律向周围介质散热，直到导体温度等于周围介质温度 θ_0 为止。

按照导体的允许发热条件，导体在正常负荷和短路时的最高允许温度如附表 20 所示。如果导体和电器在短路时的发热温度不超过允许温度，认为其短路热稳定度是满足要求的。

要确定导体短路后实际达到的最高温度 θ_k，按

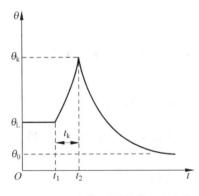

图 3-10　短路前、后导体的温度变化

理应先求出短路期间实际的短路全电流 i_k 或 $I_{k(t)}$ 在导体中产生的热量 θ_k。但是 i_k 和 $I_{k(t)}$ 都是幅值变动的电流,要计算其 θ_k 相当困难,因此一般采用恒定的短路稳态电流 I_∞ 来等效计算实际短路电流产生的热量。由于通过导体的短路电流实际上不是 I_∞,因此假定一个时间,在此期间,假定导体通过 I_∞ 产生的热量恰好与实际短路电流 i_k 或 $I_{k(t)}$ 在实际短路时间 t_k 内产生的热量相等。这一假定的时间称为短路发热的假想时间或热效时间,用 t_{ima} 表示,如图 3-11 所示。

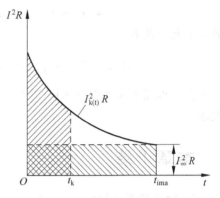

图 3-11　短路发热的假想时间

短路发热假想时间可用下式近似地计算:

$$t_{ima} = t_{op} + t_{oc} + 0.05 \quad (s) \quad (3-50)$$

在无限大容量系统中发生短路时,由于 $I'' = I_\infty$,因此

$$t_{ima} = t_k + 0.05 \quad (s) \quad (3-51)$$

当 $t_k > 1s$ 时,可认为 $t_{ima} = t_k$。

短路时间 t_k 为短路保护装置实际最长的动作时间 t_{op} 与断路器(开关)的断路时间 t_{oc} 之和,即

$$t_k = t_{op} + t_{oc} \quad (3-52)$$

式中: t_{oc} 为断路器的固有分闸时间与其电弧延燃时间之和。

对于一般高压断路器(如油断路器),取 $t_{oc} = 0.2s$;对于高速断路器(如真空断路器),取 $t_{oc} = 0.1 \sim 0.15s$。

2. 短路热稳定度的校验条件

电器和导体的热稳定度校验,依校验对象的不同而采用不同的具体条件。

(1) 一般电器的热稳定度校验条件:

$$I_t^2 t \geqslant I_\infty^{(3)2} t_{ima} \quad (3-53)$$

式中: I_t 为电器的热稳定电流;t 为电器的热稳定时间。I_t 和 t 可由有关手册或产品样本查得。常用高压断路器的 I_t 和 t 可查阅附表 9。

(2) 母线及绝缘导线和电缆等导体的热稳定度校验条件:

$$\theta_{k \cdot max} \geqslant \theta_k \quad (3-54)$$

式中: $\theta_{k \cdot max}$ 为导体在短路时的最高允许温度,如附表 20 所示。

如前所述,要确定 θ_k 比较麻烦,因此可根据短路热稳定度的要求来确定其最小允许截面(单位为 mm²),即

$$A_{min} = I_\infty^{(3)} \sqrt{\frac{t_{ima}}{K_k - K_L}} = I_\infty^{(3)} \frac{\sqrt{t_{ima}}}{C} \quad (3-55)$$

式中: $I_\infty^{(3)}$ 为三相短路稳态电流,A;C 为导体的热稳定系数,$A\sqrt{s}/mm^2$,可查阅附表 20。

例 3-4　试校验例 3-3 所示工厂变电所 380V 侧 LMY 母线的短路热稳定度。已知该母线的短路保护实际动作时间为 0.6s,低压断路器的断路时间为 0.1s。该母线正常运行时最高温度为 55℃。

解 利用式(3-55)求母线满足短路热稳定度的最小允许截面,查附表 20 得

$$C = 87 \mathrm{A} \sqrt{\mathrm{s}} / \mathrm{mm}^2$$

$$t_{\mathrm{ima}} = t_{\mathrm{op}} + t_{\mathrm{oc}} + 0.05 = 0.6 + 0.1 + 0.05 = 0.75(\mathrm{s})$$

故最小允许截面为

$$A_{\min} = I_\infty^{(3)} \frac{\sqrt{t_{\mathrm{ima}}}}{C} = 34.57 \times 10^3 \times \frac{\sqrt{0.75}}{87} = 344(\mathrm{mm}^2)$$

由于母线实际截面 $A = 100 \times 10 = 1000(\mathrm{mm})^2 > A_{\min}$,因此该母线满足短路热稳定度要求。

本章小结

1. 短路的基本知识

在供电系统中,短路是不同电位导电部分之间的不正常短接。造成短路的原因有很多种,主要是电气设备载流部分的绝缘损坏。短路的后果为:产生很高的温度和很大的电动力。

在三相系统中,短路的主要类型有三相短路、两相短路、两相接地短路和单相短路。其中,三相短路电流最大,造成的危害也最严重;单相短路发生的概率最大。

2. 短路电流的计算

在供电系统中,需计算的短路参数有 I_k、I''、I_∞、i_{sh}、I_{sh} 和 S_k。常用的计算方法有欧姆法和标幺值法。

3. 短路电流的效应

当供电系统发生短路时,巨大的短路电流将发生强烈的电动效应和热效应,可能使电气设备遭受严重破坏。因此,必须对相关的电气设备和载流导体进行动稳定和热稳定校验。

习题

3-1 什么叫短路?简述电力系统短路的主要原因。简述电力系统短路的后果。

3-2 短路的形式有哪些?哪种形式的短路产生的可能性最大?哪种形式的短路危害最严重?

3-3 什么叫无限大容量电力系统?它有什么特点?在无限大容量电力系统中发生短路时,短路电流将如何变化?能否突然增大?为什么?

3-4 短路电流周期分量和非周期分量各是如何产生的?

3-5 什么是短路冲击电流 i_{sh} 和 I_{sh}?什么是短路次暂态电流 I'' 和短路稳态电流 I_∞?

3-6 什么叫短路计算的有名值?什么叫短路计算的标幺值法?各有什么特点?

3-7 什么叫短路计算电压?它与线路额定电压有什么关系?

3-8 有一地区变电所通过一条长 4km 的 10kV 电缆线路供电给某厂一个装有两台并列运行的 SL7-800 型主变压器的变电所。地区变电站出口断路器的断流容量为

300MV·A。试用有名值求该厂变电所 10kV 高压侧和 380V 低压侧的短路电流 $I_k^{(3)}$、$I''^{(3)}$、$I_\infty^{(3)}$、$i_{sh}^{(3)}$、$I_{sh}^{(3)}$ 及短路容量 $S_k^{(3)}$，并列出短路计算表。

3-9　试用标幺值法重做习题 3-8。

3-10　某供电系统如图 3-12 所示，已知电力系统出口断路器的遮断容量为 500MV·A。试用标幺值法求 k_1、k_2 两点的 $I_k^{(3)}$、$i_{sh}^{(3)}$ 及 $S_k^{(3)}$ 值。

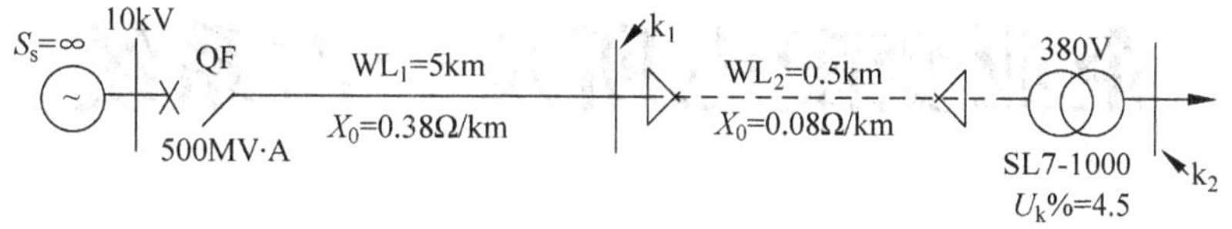

图 3-12　习题 3-10 图

3-11　在无限大容量电力系统中，两相短路电流和单相短路电流各与三相短路电流有什么关系？

3-12　什么叫短路电流的电动效应？为什么要采用短路冲击电流来计算？

3-13　什么叫短路电流的热效应？为什么要采用短路稳态电流来计算？什么叫短路发热假想时间？如何计算？

3-14　设习题 3-8 所述工厂变电所 380V 侧母线采用 $80 \times 10mm^2$ 铝母线，水平布置，两个相邻母线的轴线间距离为 200mm，档距为 0.9m，档数大于 2。该母线上装有一台 500kW 的同步电动机，$\cos\varphi = 1$ 时，$\eta = 94$。试校验此母线的动稳定度。

3-15　设习题 3-14 所述 380V 母线的短路保护动作时间为 0.5s，低压断路器的断路时间为 0.05s。试校验此母线的热稳定度。

3-16　设例 3-1 所述工厂高压配电所母线引至车间两台主变压器的两条电缆均采用铝芯截面为 $50mm^2$ 的三芯聚氯乙烯绝缘电缆。已知电缆线路首端装有高压少油断路器，其继电保护的动作时间为 0.9s。试校验这两条电缆的热稳定度。

企业变配电所及一次系统

知识点

1. 一、二次回路及一、二次设备的概念。

2. 电气设备的电弧问题。

3. 电力变压器、互感器和高、低压一次设备的结构、功能特点及基本原理。

4. 新型电气设备。

5. 企业变配电所的类型及作用。

6. 企业变配电所主接线的构成、特点及适用。

7. 企业变电所的位置、布局和结构。

8. 电气设备的运行与维护。

4.1 概述

1. 企业变配电所

企业变配电所是供电系统的枢纽,有变电所和配电所之分,担负着工厂供电和配电的任务。

变电所的任务是从电力系统接收电能、变换电压和分配电能。配电所的任务是从电力系统接收电能和分配电能,不承担变换电压。

2. 一、二次系统及设备

变配电所中担负输送和分配电力这一任务的电路,称为一次电路或一次回路,也称主电路。一次电路中的所有电气设备,称为一次设备或一次元件。凡是用来控制、指示、监测和保护一次电路及其中设备运行的电路,称为二次电路,通称二次回路。二次回路一般接在互感器的二次侧。二次回路中的所有电气设备,称为二次设备。

一次设备按其功能分以下几类。

(1) 交换设备:其功能是按电力系统运行的要求来改变电压或电流,例如电力变压器、各类互感器等。

（2）控制设备：其功能是按电力系统运行的要求来控制一次电路的通与断，例如各种高、低压开关电器。

（3）保护设备：其功能是用来对电力系统进行短路、过电流和过电压等的保护，例如断路器和避雷器等。

（4）无功补偿设备：其功能是用来降低电力系统的无功功率，以提高系统的功率因数，例如并联电容器。

（5）成套设备：它是按一次电路接线方案的要求，将有关一、二次设备组合为一体的电气装置，例如高压开关柜、低压配电屏、动力和照明配电箱等。

4.2　电气设备中的电弧问题

高、低压开关电器用于高压电路的通、断。作为开关电器，其触头间电弧的产生和熄灭问题值得关注，因为开关的灭弧结构直接影响到开关的通断性能。

1. 电弧的产生

产生电弧的游离方式有以下几种。

1）热电发射

当触头开断瞬间，由于触头间的压力很小，使其接触电阻及发热迅速增大，在阴极上出现强烈的炽热点；同时，正离子撞击到阴极，其能量被电极吸收，动能变成热能，使电极表面发热。由于电子的热运动加剧，使弧道中电子增加，游离作用更激烈，这种现象称为热电发射。

2）强电场发射

当触头开断瞬间，触头之间距离很近，所以电场强度很大。在此强电场作用下，电子从阴极表面被拉出而奔向阳极，这种现象称为强电场发射。

3）碰撞游离

奔向阳极的自由电子具有极大的动能。在运动过程中，如果它碰撞到中性原子，则一部分动能传给原子。能量足够大时，将中性原子的外层电子撞出，成为自由电子；新的自由电子和原来的电子一起继续受电场作用而运动，获得新的动能，第二次碰撞出新的自由电子；如此连锁反应，使两级间自由电子和离子浓度不断增加，成为游离状态。这种游离过程称为碰撞游离。

4）热游离

热游离是维持电弧燃烧的主要原因，在弧光放电及触头拉开距离增大后，弧度的电场强度减小，碰撞游离越来越弱。这时由于弧光放电产生的高温，弧心有大量的电子移动，弧心的气体温度达到 10000℃ 以上，落到弧心高温区内的气体分子进一步发生游离，分裂成为自由电子和正离子。触头越分开，电弧越大，热游离越显著。这种现象叫作热游离。电弧的长时间维持，主要依靠热游离。

综上所述，对于电弧的形成，这四个原因实际上是一个连续过程：自由电子在运动过程中产生碰撞,使弧道中气体游离而产生电弧;由于游离现象和电弧,又使热游离继续进行,电弧维持不断地燃烧。

2. 电弧的熄灭

要使电弧熄灭,必须使触头间电弧中的去游离率(速率)大于游离率(速率)。

熄灭电弧的去游离方式有以下两种。

1) 正、负带电质点的"复合"

负离子和正离子相遇,交换多余的电荷,而成为中性分子的过程称为复合。影响复合的主要因素有以下几个方面。

(1) 电场强度越小,离子运动速度越小,复合的机会越多。

(2) 电弧温度越低,离子运动速度越小,复合的机会越多。

(3) 电弧截面积越小,复合的作用越强。

(4) 电弧与固体介质表面接触,也能加强复合。

复合的速率与带电质点的浓度成比例,因而与电弧直径的平方成反比。

2) 正、负带电质点的"扩散"

带电质点从电弧内部逸出,进入周围介质的现象称为带电质点的扩散。电弧间隙的扩散现象有下面两种原因。

(1) 燃弧区域与周围介质中带电质点的浓度不同。

(2) 由于温度差引起气体质点热运动,扩散出去的带电质点在周围介质中复合,使电弧间隙中的带电质子数目减少。

扩散的速率决定于电弧表面带电质点的数目,因此与电弧直径成反比。这样,随着电弧截面减小,复合和扩散都增强。在交流电弧中,当电流接近零值时,电弧截面减小很多,去游离过程很强烈。

3. 开关电器中常用的灭弧方法

1) 迅速增大电弧长度灭弧

电弧长度增大,使电场强度减小,即碰撞游离作用减小。由于电弧长度增大,使电弧表面积增大,增加了离子扩散和电弧冷却,于是增加了去游离作用。增大电弧长度的具体措施有下述几种。

(1) 用机械方法(如特制的弹簧)增大开断触头的速度,迅速拉长电弧,减少单位长度的电弧电压,使减少的电弧电压不足以维持电弧的燃烧而很快熄灭。

(2) 利用电动力拉长电弧。当动触头向上运动并与静触头分离时,在左、右两个弧隙中产生彼此串联的电弧。它们一方面被拉长,另一方面受导电回路磁场产生的电动力的作用,向左、右两侧运动,使电弧拉长并冷却。

(3) 用气吹法拉长电弧,如图 4-1 所示。利用气流使电弧拉长,带走电弧热量,从而使离子运动速度减慢,使离子的复合速度加快,使电弧熄灭。

(4) 磁吹法拉长电弧。其原理如图 4-2 所示,在触头电路中串入磁吹线圈,该线圈产生的磁通经过导磁夹板 5 引向触头周围,磁通方向如图中"×"所示。当触头分断后,电弧电流产生的磁通如图中所示。由图可见,在弧柱下方,两个磁通是相加的,在弧柱上方彼此相减,其结果使电弧在下强上弱的磁场作用下被拉长并吹入灭弧罩6。图中,引弧角与静触头连接,其作用是引导电弧向上运动,将电弧热量传递给弧罩壁,使电弧冷却、熄灭。

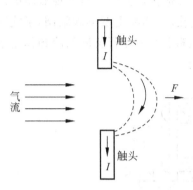

图 4-1 气吹法拉长电弧

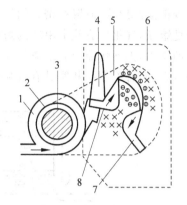

图 4-2 磁吹法拉长电弧

1—磁吹线圈;2—绝缘套;3—铁心;4—引弧角;
5—导磁夹板;6—灭弧罩;7—动触头;8—静触头

2) 栅片灭弧

图 4-3 所示为栅片灭弧示意图。灭弧栅由多片镀铜薄钢片(又称多栅片)组成,栅片安装在电器触头上方的灭弧栅内,相互绝缘。当电器触头分断时,在其触头间产生电弧,电弧电流产生磁场。由于钢片磁阻比空气磁阻小很多,因此电弧上方的磁通非常弱,下方的磁通很强。这种上弱下强的磁场将电弧拉入灭弧罩,并将其分成若干段串联的短弧,而相邻两片灭弧栅片是这些短弧的一对电极,每对电极间都有 150~250V 的绝缘强度,使整个灭弧栅片的绝缘强度大大增强,每个栅片间的电压不足以达到电弧的燃烧电压而熄灭。栅片的作用还在于导出和吸收热量,使电弧迅速冷却。因此,电弧进入灭弧栅后,很快熄灭。栅片灭弧方式多用于交流灭弧。

3) 窄缝灭弧

窄缝灭弧方法利用灭弧罩的窄缝来实现。灭弧罩内只有一个上窄下宽的纵缝,如图 4-4 所示。当触头开断时,电弧在电动力的作用下进入缝中,窄缝将电弧弧柱直径压缩,使电弧同缝壁紧密接触,加强冷却和去游离作用,使电弧熄灭加速。灭弧罩通常用耐高温的陶土、石棉、水泥等材料制成。

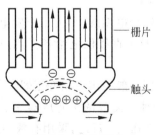

图 4-3 栅片灭弧

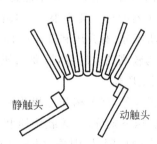

图 4-4 窄缝灭弧

4）综合方式灭弧

灭弧的方式很多，不同的电器采用不同的灭弧措施。有些电器很巧妙地将多种方式综合起来应用，达到有效灭弧的目的，例如图4-5所示的石英砂熔断器，其熔片采用纯银片冲压成变截面的形状，放置在密封的管内，并将管内充满石英砂。当出现短路电流时，熔片窄颈处熔断，气化形成几个串联的短弧；熔片气化后，体积受石英砂限制，不能膨胀，产生很高的压力，推动弧隙中的游离气体迅速向石英砂扩散；在石英砂的冷却作用下，游离气体去游离，使石英砂熔断器具有较强的灭弧能力。

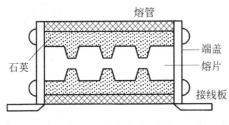

图 4-5   综合方式灭弧

5）真空灭弧法

真空具有较高的绝缘强度。如果将开关触头装在真空容器内，在电流过零时，就能立即熄灭电弧而不致复燃。

4.3   电力变压器

4.3.1   变压器的分类与型号

变压器是一种静止的电气设备。它由绕在共同铁心上的两个或两个以上的绕组借交变磁场联系着，能把一种电压、电流的交流电能转变为频率相同的另一种电压、电流的交流电能。

1. 变压器的分类

变压器按用途一般分为电力变压器和特殊变压器两种。电力变压器是供配电系统中最关键的一次设备，主要用于公用电网和工业电网，将某一给定电压值的电能转变为所要求的另一种电压值的电能，以利于电能的合理输送、分配和使用。特殊变压器是特殊电源、控制系统，以及电信装置中用途特殊、性能特殊、结构特殊的变压器。

电力变压器的具体类型很多，常用的有以下几种。

（1）按功用分，有升压和降压两种。在远距离输配电系统中，为了把发电机发出的较低电压升高为较高的电压级，需要升压型变压器；对于直接供电给各类用户的终端变电所，采用降压变压器。

（2）按相数分，有单相和三相两种。用户变电所一般采用三相变压器。

（3）按调压方式分，有无载调压和有载调压两种。无载调压变压器一般用于对电压水平要求不高的场所，特别是10kV及以下的配电变压器；反之，采用有载调压变压器。

（4）按绕组导体材质分，有铜绕组和铝绕组变压器。过去我国企业变电所大多采用铝线绕组的,但现在低损耗、大容量的铜线绕组变压器已得到更广泛的应用。

(5)按绕组形式分,有双绕组变压器、三绕组变压器和自耦变压器三种。双绕组变压器用于变换一个电压的场所;三绕组用于需要两个电压的场所,它有一个一次绕组、两个二次绕组。自耦式变压器大多在实验室中,供调压使用。

(6)按绕组绝缘及冷却方式分,有油浸式、干式和充气式(SF₆)等。其中,油浸式变压器又有油浸自冷式、油浸风冷式、油浸水冷式和强迫油循环冷却方式等;干式变压器又有浇注式、开启式、封闭式等。

油浸式变压器具有较好的绝缘和散热性能,且价格较低,便于检修,因此被广泛地采用,但由于油的可燃性,不便用于易燃易爆和安全要求较高的场所。

干式变压器结构简单,体积小,质量轻,且防火、防尘、防潮,虽然价格较同容量的油浸式变压器贵,但在安全防火要求较高的场所被广泛应用。

充气式变压器利用充填的气体绝缘和散热,具有优良的电气性能,主要用于安全防火要求较高的场所,并常与其他重启电器配合,组成成套装置。

特殊用途变压器按用途分类,主要有整流变压器、电炉变压器、电焊变压器、矿用变压器、船用变压器、中频变压器、调压变压器等。

2. 变压器的型号

典型变压器的铭牌如图4-6所示。

电力变压器					
产品型号	S₇-400/10		标准代号		
额定容量	400kV·A		产品代号		
额定电压	10000±5%/400V		出厂序号		
额定频率	50Hz			高 压	低 压
相数	3相	开关位置			
连接组标号	Y, yn0		V	A	V	A
冷却方式	ONAN		V	A	V	A
使用条件	户外式				
阻抗电压	4.12%				
器身吊重	897kg	Ⅰ Ⅱ Ⅲ	10500 10000 9500	23.4	400	577.4
油重	279kg				
总重	kg				
中华人民共和国××××厂 年 月					

图4-6 典型变压器的铭牌

国产电力变压器型号的表示和含义如图4-7所示。

例如,S11-800/10为三相铜绕组油浸式电力变压器,设计序号为11,额定容量为800kV·A,高压绕组电压为10kV。

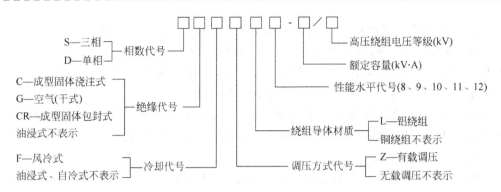

图 4-7 国产电力变压器型号的表示与含义

4.3.2 变压器的构成及主要技术参数

1. 变压器的构成

1）变压器的基本结构

电力变压器利用电磁感应原理工作,因此最基本的结构组成是电路和磁路两部分。变压器的电路部分就是它的绕组。对于降压变压器,与系统电路和电源连接的称为一次绕组,与负载连接的为二次绕组。变压器的铁心构成了它的磁路,铁心由铁轭和铁心柱组成,绕组套在铁心柱上。为了减少变压器的涡流和磁滞损耗,采用表面涂有绝缘漆膜的硅钢片交错叠成铁心。

2）常用三相油浸式电力变压器(见图 4-8)

(1)油箱：油箱由箱体、箱盖、散热装置、放油阀组成,其主要作用是把变压器连成一个整体进行散热。内部是绕组、铁心和变压器的油。变压器油既有循环冷却和散热作用,又有绝缘作用。绕组与箱体有一定的距离,由油箱内的油绝缘。

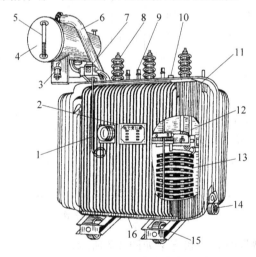

图 4-8 三相油浸式电力变压器

1—信号温度计；2—铭牌；3—吸湿器；4—油枕；5—油标；6—安全气；7—气体继电器；8—高压套管；9—低压套管；10—分接开关；11—油箱；12—铁心；13—绕组；14—放油阀；15—小车；16—接地螺栓

（2）高低压套管：变压器的引出线从油箱内到油箱外，必须经过瓷质的绝缘套管，使带电的导线与接地的油箱绝缘。电压越高，绝缘套管越大，对电气绝缘要求越高。

（3）储油柜（油枕）：内储有一定的油，它的作用一是补充变压器因油箱渗油和油温变化造成的油量下降；二是当变压器油发生热胀冷缩时，保持与周围大气压力平衡。其附件吸湿器与油枕内油面上方空间相连通，能够吸收进入变压器的空气中的水分，以保证油的绝缘强度。储油柜上有油标，供观察之用。

（4）气体继电器：气体继电器是保护变压器内部故障的一种设备。它装在油箱与油枕的连接管上，内部装有两对带水银接头的浮筒。当变压器内部发生故障时，由于绝缘破坏而分解出来的气体迫使浮筒的接头接通，向控制室发出信号，告诉运行人员采取消除故障的措施。如发生严重故障，则另一对接头接通，把变压器从系统中切除，防止事故继续扩大。

（5）防爆管：又称安全阀，当变压器内部发生短路时，油急剧地分解形成大量的气体，使油箱内的压力急增，有可能损坏油箱，以致发生爆炸。这时，防爆管的出口处玻璃会自行破裂，释放压力，并使油向一定方向流出。

（6）分接开关：用于改变变压器的绕组匝数，以调节变压器的输出电压。分接开关分为有载调压和无载调压两种。用户配备的一般是无载调压分接开关电压 10kV，容量不超过 6300kV·A 的变压器分接开关。该分接开关有Ⅰ、Ⅱ、Ⅲ三挡位置，相应的变压比分别为 10.5/0.4、10/0.4、9.5/0.4，适用于电压偏高、电压适中、电压偏低的情况。当分接开关在Ⅱ挡位置时，如二次电压偏高，应往上调至Ⅰ挡位置；若二次电压偏低，应往下调至Ⅲ挡位置。这就是所谓的"高往高调，低往低调"。无载调压分接开关的操作必须在停电后进行，改变挡位前后均须应用万用电表和电桥测量绕组的直流电阻。线间直流电阻偏差不得超过平均值的 2%。

3）低损耗变压器

（1）S7、SL7、SLZ7 系列电力变压器：此类变压器在铁心的结构与材料方面有所改进，节电效果显著。铁心材料选用 Q10-0.35（或 Z10-0.35）优质晶粒取向冷轧硅钢片，45°全斜接缝无孔结构。心柱用环氧玻璃粘带绑上，上、下铁轭通过装在夹件上的拉带加紧。这种硅钢片的导磁性能好，单位损耗低，在其他方面也做了一些改进，使变压器的空载损耗较 JBI300-73 标准降低 40% 左右，短路损耗降低 15% 左右，空载电流降低 10% 左右，成为低损耗电力变压器。SL7 系列低损耗配电变压器的主要技术数据参见附表 7。

（2）S9 系列低损耗配电变压器：是以意大利 20 世纪 80 年代初的产品水平为目标，作为赶超国际先进水平，全国统一设计和研制的过渡型新产品。S9 系列的空载损耗较 SL7 系列平均降低 10.4%，比 JBI300-73 老系列产品平均降低 47.1% 左右，负载损耗比 SL7 系列平均降低 32.2%。S9 系列 6~10kV 级铜绕组低损耗电力变压器的技术数据见附表 8。

S9 系列产品在结构和材料方面做了改进。铁心采用优质晶粒取向冷轧电工钢片，45°全斜接缝无冲孔结构，心柱与铁轭等截面降低了工艺损耗系数。心柱采用半干性玻璃粘带绑扎或刷固化漆，使片与片黏合在一起，铁轭用槽钢本身的钢性及旁轭螺栓同时夹紧,加强了器身夹压紧结构。绕组也做了改进,容量 500kV·A 及以下者,高、低压绕组均用圆筒式,层间轴向油道采用瓦楞纸。低压绕组采用双层或四层圆筒式,层间无轴向油道。容量为 630kV·A 及以上者,高压绕组为连续式或半连续式,低压绕组为双半螺旋、双螺旋和四半螺旋式。油箱采用长圆形油箱,管式或片式散热器。

2. 变压器的主要技术参数

变压器的主要技术参数如下所述。

(1) 额定电压。一次侧的额定电压为 U_{1N},二次侧的额定电压为 U_{2N}。对于三相变压器,U_{1N} 和 U_{2N} 都是线电压值,一般情况下,单位用 kV,低压也可用 V 表示。

(2) 额定电流。变压器的额定电流指变压器在容许温升下一、二次绕组长期工作容许通过的最大电流,分别用 I_{1N} 和 I_{2N} 表示。对于三相变压器,I_{1N} 和 I_{2N} 都表示线电流,单位是 A。

(3) 额定容量。变压器的额定容量是指在规定的环境条件下,室外安装时,在规定的使用年限(一般以 20 年计)内能连续输出的最大视在功率。通常用 kV·A 作单位。按规定,电力变压器正常使用的环境温度条件为:最高气温+40℃,最高日平均气温+30℃,最高年平均气温+20℃;对于最低气温,户内变压器为-5℃,户外变压器为-30℃。对于油浸式变压器顶层油温的温升,规定不得超过周围气温 55℃,按规定的工作环境最高温度+40℃计,变压器顶层油温不得超过+95℃。

3. 电力变压器的过负荷能力

电力变压器的过负荷能力是指电力变压器在一个较短时间内输出的功率,其值可能大于额定容量。由于变压器并不是长期在额定负荷下运行,一般变压器的负荷每昼夜都有周期性变化,每年有季节性变化,在很多时间,变压器的实际负荷小于其额定容量,温升较低,绝缘老化的速度比正常规定的慢。因此,在不缩短变压器绝缘的正常使用期限的前提下,变压器具有一定的短期过负荷能力。

变压器的过负荷能力分为正常过负荷能力和事故过负荷能力两种。

1) 电力变压器的正常过负荷能力

变压器正常运行时可连续工作 20 年,由于昼夜负荷变化和季节性负荷差异而允许的变压器过负荷,称为正常过负荷。这种过负荷系数的总数,室外变压器不超过 30%,室内变压器不超过 20%。变压器的正常过负荷时间是指在不影响寿命、不损坏变压器的情况下,允许过负荷持续时间。允许变压器正常过负荷倍数及过负荷的持续时间如表 4-1 所示。

表 4-1　自然冷却或吹风冷却油浸式电力变压器的过负荷允许时间　　单位：h:min

过负荷倍数	过负荷前上层油温升/℃					
	18	24	30	36	42	48
1.05	0.5;60	05;25	04;50	04;00	03;00	01;30
1.10	0.3;50	03;25	02;50	02;10	01;25	00;10
1.15	0.2;50	02;25	01;50	01;20	00;35	
1.20	0.2;05	01;40	01;15	00;45		

续表

过负荷倍数	过负荷前上层油温升/℃					
	18	24	30	36	42	48
1.25	0.1:35	01:15	00:50	00:25		
1.30	0.1:10	00:50	00:30			
1.35	00:55	00:35	00:15			
1.40	00:40	00:25				
1.45	00:25	00:10				
1.50	00:15					

2) 电力变压器的事故过负荷能力

当电力系统或企业变电所发生事故时,为了保证对重要设备连续供电,允许变压器短时间过负荷,即事故过负荷。变压器事故过负荷倍数及允许时间如表4-2所示。若过负荷的倍数和时间超过允许值,应按规定减少变压器的负荷。

表 4-2　变压器事故过负荷倍数及允许时间

过负荷倍数	1.3	1.45	1.6	1.75	2.0	2.4	3.0
允许持续时间/min	120	80	30	15	7.5	3.5	1.5

4.3.3　变压器运行中的检查与维护

1. 变压器的维护内容

电力变压器的运行维护是一项重要工作。通过对其缺陷和异常情况的监视,及时发现运行中出现的异常情况和故障,及时采取相应的措施防止事故发生和扩大,从而保证安全、可靠变电。

(1) 通过仪表监视电压、电流,判断负荷是否在正常范围之内。变压器一次电压变化范围应在额定电压的5%以内,避免过负荷情况,三相电流应基本平衡。

(2) 监视温度计及温控装置,看油温及温升是否正常。上层油温一般不宜超过85℃,最高不应超过95℃。

(3) 变压器各冷却器手感温度是否相近,冷却装置(风扇、油泵、水泵)是否运行正常,吸湿器是否完好,防爆管和防爆膜是否完好无损。

(4) 变压器的声响是否正常。正常的声响为均匀的"嗡嗡"声。若声响较平常沉重,说明变压器过负荷;如果声响尖锐,说明电源电压过高。

(5) 变压器套管外部是否清洁,有无破损、裂纹、严重油污及放电痕迹。

(6) 油枕、充油套管、外壳是否有渗油、漏油现象,有载调压开关、气体继电器的油位、油色是否正常。油面过高,可能是冷却器运行不正常或内部故障;油面过低,可能有渗油、漏油现象。通常为淡黄色,长期运行后呈深黄色。如果油颜色变深、变暗,说明油质变坏;如果颜色发黑,表明碳化严重,不能使用。

(7) 变压器的接地引线、电缆、母线有无过热现象。

（8）外壳接地是否良好。

（9）冷却装置控制箱内的电气设备、信号灯运行是否正常；操作开关、联动开关的位置是否正常；二次线端子箱是否严密,有无受潮及进水现象。

（10）变压器室门、窗、照明应完好,房屋不漏水,通风良好,周围无影响其安全运行的异物。

（11）当系统发生短路故障或天气突变时,值班人员应对变压器及其附属设备进行特殊巡视,重点巡查下述几项。

① 当系统发生短路故障时,应立即检查变压器有无爆裂、断脱、移位、变形、焦味、烧损、闪烁、烟火和喷油等现象。

② 下雪天气,应检查变压器引线接头有无落雪立即融化或蒸发冒气现象,导电部分有无积雪、冰柱。

③ 大风天气,应检查引线摆动情况以及是否挂搭杂物。

④ 雷雨天气,应检查瓷套管有无放电闪络情况,以及避雷器放电记录的动作情况。

⑤ 气温骤变时,应检查变压器的油位和油温是否正常。

⑥ 大修及安装的变压器运行几个小时后,应检查散热器排管的散热情况。

2. 变压器的常见故障分析及处理方法

1）变压器故障的分析方法

（1）直观法。变压器的控制屏上一般都装有监测仪表,容量在 $560kV \cdot A$ 以上的都装有保护装置,如气体继电器、差动保护继电器、过电流保护装置等。通过仪表和保护装置可以准确地反映变压器的工作状态,及时发现故障。

（2）试验法。许多故障不能完全靠外部直观法判断,例如匝间短路、内部绕组放电或击穿、绕组与绕组之间的绝缘被击穿等,其外表特征不明显,必须结合直观法进行试验、测量,以正确判断故障的性质和部位。

2）变压器的常见故障

变压器的常见故障现象、原因和处理方法如表 4-3 所示。

表 4-3 变压器的常见故障现象、原因和处理方法

故障现象	产生原因	处理方法
铁心片局部短路或熔毁	1. 铁心片间绝缘严重损坏	测片间绝缘电阻,找出故障点并修理
	2. 铁心或铁轭螺栓绝缘损坏	调换损坏的绝缘胶纸管
	3. 接地方法不当	改正接地错误
运行中有异常声响	1. 铁心片间绝缘严重损坏	吊出铁心,检查片间绝缘,进行涂漆处理
	2. 铁心的紧固件松动	紧固松动的螺栓
	3. 外加电压过高	调整外加电压
	4. 过载运行	减轻负载
高、低压绕组间对地击穿	1. 变压器受大气过电压的作用	调换绕组
	2. 绝缘漆受潮	干燥处理绝缘漆
	3. 主绝缘因老化而有破裂、折断等缺陷	用绝缘电阻表测试绝缘电阻,必要时更换

续表

故障现象	产生原因	处理方法
绕组匝间短路、层间短路或相间短路	1. 绕组绝缘损坏	吊出铁心,修理或调换线圈
	2. 长期过载运行或发生短路故障	减小负载,或排除短路故障后修理绕组
	3. 铁心有毛刺,使绕组绝缘受损	修理铁心,修复绕组绝缘
	4. 引线间或套管间短路	用绝缘电阻表测试,并排除故障
变压器漏油	1. 变压器油箱的焊接有裂纹	吊出铁心,将油放掉,进行补焊
	2. 密封垫老化或损坏	调换密封垫
	3. 密封垫不正,压力不均	放正垫圈,重新紧固
	4. 密封垫填料处理不好,硬化或断裂	更换填料
油温突然升高	1. 过负载运行	减小负载
	2. 接头螺钉松动	停止运行,检查各接头,加以紧固
	3. 线圈短路	停止运行,吊出铁心,检修绕组
	4. 缺油或油质不好	加油或更换全部油
油色变黑、油面过低	1. 长期过载,油温过高	减小负载
	2. 有水漏入,或有潮气侵入	找出漏水处,或检查吸潮剂是否生效
	3. 油箱漏油	找出漏油处,加入新油
气体继电器动作	1. 信号指示未跳闸	进入空气,造成误动作,查出原因并排除
	2. 信号指示开关未跳闸	变压器内部发生故障,查出并排除
变压器着火	1. 高、低压绕组层间短路	吊出铁心,局部处理或重绕线圈
	2. 严重过载	减小负载
	3. 铁心绝缘损坏,或穿心螺栓绝缘损坏	吊出铁心,重新涂漆或调换穿心螺栓
	4. 套管破裂,油流出,引起盖顶起火	调换套管
分接开关触头灼伤	1. 弹簧压力不够,接触不可靠	测量直流电阻,吊出器身,检查、处理
	2. 动、静触头不对位,接触不严	
	3. 短路,使触点过热	

4.4 企业常用的高、低压电气设备

4.4.1 高压熔断器

熔断器是一种应用极广的过电流保护电器,其主要功能是对电路及电路设备进行短路保护,有的具有过负荷保护功能。

企业供电系统中,室内广泛采用 RN1、RN2 等型高压管式熔断器,室外广泛采用 RW4、RW10(F)等型跌开式熔断器。

1. RN1 和 RN2 型户内高压熔断器

RN1 型与 RN2 型的结构基本相同,都是瓷质熔管内充石英砂填料的密闭管式熔断器。RN1 型主要用作高压线路和设备的短路保护,也能起过负荷保护的作用,其熔体在正常情况下要通过主电路的负荷电流,因此其结构尺寸较大。RN2 型只用作电压互感器一次侧的短路保护,其熔体额定电流一般为 0.5A,因此其结构尺寸较小。

2．RW4 和 RW10（F）型户外高压跌开式熔断器

跌开式熔断器又称跌落式熔断器，广泛用于环境正常的室外场所，其功能是既可实现 $6\sim10\mathrm{kV}$ 线路和设备的短路保护，又可在一定条件下，直接用高压绝缘棒来操作熔管的分合。一般的跌开式熔断器，如 RW4-10（G）型等，只能无负荷操作，或通断小容量的空载变压器和空载线路等，其操作要求与后面讲的高压隔离开关相同。负荷型跌开式熔断器，如 RW10-10（F）型，能带负荷操作，其操作要求与后面讲的高压负荷开关相同。

4.4.2　高压隔离开关

高压隔离开关的主要用途是：在高压配电装置中，有电压无负荷时，供开断电路之用，保证在检修高压电气装置时人身和设备的安全。因为隔离开关在断开时构成明显可见的在空气介质中的绝缘隔离距离，保证隔离开关与其他电器载流部分在规定的情况下不致发生击穿现象，所以在安装布置隔离开关时，要特别注意在断开位置时，隔离开关触头与其他载流部分的电气距离，这是保证人身安全所必需的。

由于隔离开关没有专门的灭弧装置，不能用它来接通和切断负荷电流和短路电流，所以隔离开关必须与断路器串联使用，只有在断路器断开之后，才可以进行隔离开关的切换操作，即断开或闭合电路。但是在某些情况下也可以进行切换操作，如开合电压互感器、避雷器回路等。

1．隔离开关型号表示

隔离开关型号表示方法如图 4-9 所示。

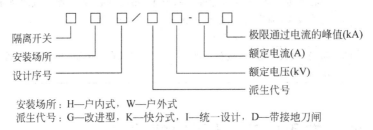

安装场所：H—户内式，W—户外式
派生代号：G—改进型，K—快分式，I—统一设计，D—带接地刀闸

图 4-9　隔离开关型号表示方法

2．隔离开关结构

隔离开关结构如图 4-10 所示。若图中所示为隔离开关闭合状态，当向下扳动操作机构中的手柄 $150°$ 时，在连杆作用下，拐臂顺时针方向转动 $60°$，刀开关与触头分断。

3．隔离开关倒闸操作原理

1）合闸操作

无论用手动操作或用绝缘操作杆操作，均必须迅速而果断。在合闸终了时，用力不可过猛，以免损坏设备，操作完毕应检查是否合上，应使隔离开关完全进入固定触头，并检查接触的严密性。隔离开关与断路器配合使用控制电路时，断路器和隔离开关必须按照一定顺序操作。合闸时，先合隔离开关，后合断路器。

2）拉闸操作

拉闸开始时，应慢拉而谨慎；当刀片刚要离开固定触头时，应迅速。特别是切断变压

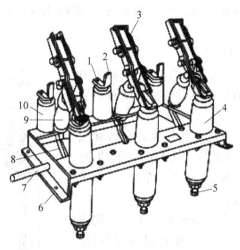

图 4-10　GN-10/600 型隔离开关结构

1—上接线端子；2—静触头；3—闸刀；4—套管绝缘子；5—下接线端子；
6—框架；7—转轴；8—拐臂；9—升降绝缘子；10—支柱绝缘子

器的空载电流、架空线路和电缆的负荷电流时，拉开隔离开关时应迅速、果断，以便迅速消弧。拉开隔离开关后，应核查隔离开关每相确实已在断开位置，并应使刀片尽量拉到头。分闸时，先分断路器，后分隔离开关。

4.4.3　高压负荷开关

高压负荷开关主要用于高压配电装置中的控制，用来通断正常的负荷电流和过负荷电流，隔离高压电源。高压负荷开关通常与高压熔断器配合使用，利用熔断器来切断短路电流。

1）高压负荷开关型号表示方法（见图 4-11）

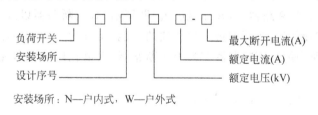

安装场所：N—户内式，W—户外式

图 4-11　高压负荷开关型号表示方法

2）结构原理

高压负荷开关具有简单灭弧装置，且有明显可见的断点，就像隔离开关一样，因此它有功率隔离开关之称。由于高压负荷开关灭弧装置比较简单，因此不能用来切断短路电流。户内压气式负荷开关采用传动机构带动的气压装置，分闸时喷射出压缩空气将电弧吹灭，灭弧性能较好，断流容量较大，但仍不能切断短路电流。

为保证在使用负荷开关的线路上，对短路故障也有保护作用，采用带熔断器的负荷开关，用负荷开关实现对线路的开断，用熔断器来切断短路故障电流。这种结构的负荷开关在一定条件下可代替高压断路器。图 4-12 所示为 FN3-10RT 型高压负荷开关的结构示意图。

3）负荷开关的分类及特点

（1）压气式：压气活塞与动触头联动，开断能力强，但断口电压较低，适宜供配电设备控制线路频繁操作。

（2）油浸式：利用电弧能量使绝缘油分解和气化，产生气体吹弧。油浸式负荷开关结构简单，但开断能力较低，寿命短，维护量大，有火灾危险，常用于户外供配电线路的开断控制。

（3）真空式：高压负荷开关触头置于有一定真空度的容器中，因此灭弧效果好，操作灵活，使用寿命长，体积小，重量轻，维护量小，但断流过载能力差，常用于地下或其他特殊供电场所。

（4）SF$_6$ 式：利用单压式或螺旋式原理灭弧，断口电压很高，开断性能好，使用寿命长，维护量小，但结构较复杂，常用于户外高压电力线路和供电设备的开断控制。

4.4.4　高压断路器

高压断路器的功能是：不仅能通断正常负荷电流，而且能通断一定的短路电流，并能在保护装置作用下自动跳闸，切除短路故障。

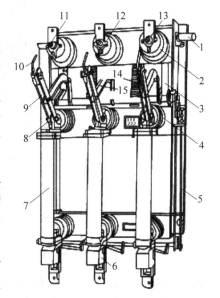

图 4-12　FN3-10RT 型高压负荷开关结构

1—主轴；2—上绝缘子兼气缸；3—连杆；4—下绝缘子；5—框架；6—热脱扣器；7—RN1 型高压熔断器；8—下触座；9—闸刀；10—弧动触头；11—绝缘喷嘴；12—主静触头；13—上触座；14—断路弹簧；15—绝缘拉杆

高压断路器有相当完善的灭弧结构。按其采用的灭弧介质，分为有油断路器、六氟化硫（SF$_6$）断路器、真空断路器以及压缩空气断路器、磁吹断路器等。油断路器按其油量多少和油的功能，又分为多油断路器和少油断路器两类。企业变配电所中的高压断路器多为少油断路器，六氟化硫断路器和真空断路器的应用也日益广泛。

高压断路器型号表示方法如图 4-13 所示。

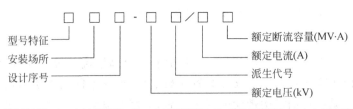

型号特征：S—少油断路器，D—多油断路器，Z—真空断路器，L—六氟化硫断路器，K—空气断路器
安装场所：N—户内式，W—户外式
派生代号：C—带手车式，G—改进型，D—带电磁操作机构

图 4-13　高压断路器型号表示方法

1. SN10-10型高压少油断路器

电力系统中的断路器要切断几十万伏、数万安培的电流,所产生的电弧是不可能自然熄灭的。因此,要可靠地切断或闭合电路,必须采取各种方法,使电弧尽快熄灭。

采用变压器油作为灭弧介质的断路器称为油断路器。油断路器又分为多油断路器和少油断路器。多油断路器采用特殊的灭弧装置,利用油在电弧高温下分解的气体吹熄电弧。当然,也有没有特殊灭弧装置的多油断路器,电弧自然地在油内熄灭。前者利用各种不同的灭弧腔加速灭弧,并提高开关的开断能力。

1) 高压少油断路器的特点

少油断路器的特点是:开关触头在绝缘油中闭合和断开,油只作为灭弧介质,不做绝缘。开关载流部分的绝缘借助空气和陶瓷绝缘材料或有机绝缘材料来实现。因此,少油断路器的优点是:油量少,结构简单,体积小,重量轻。另外,少油断路器的外壳带电,必须与大地绝缘,人体不能触及,燃烧和爆炸危险小。少油断路器的主要缺点是:检修周期短,在户外使用受大气条件影响大,配套性差。

2) 少油断路器的结构及原理

图4-14所示是SN10-10型高压少油断路器的外形图。该断路器由框架、传动机构和油箱3个主要部分组成。电流流经回路为:上接线端子→静触头→导电杆(动触头)→中间滚动触头→下接线端子。

分闸时,在分断弹簧作用下,主轴转动,通过绝缘拉杆使断路器的转轴逆时针方向转动,于是导电杆向下运动分断电路,动、静触头间产生的电弧在灭弧室中熄灭。在灭弧过程中产生的气体经灭弧室上部油气分离器冷

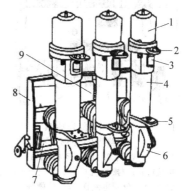

图4-14　SN10-10型高压少油断路器的外形

1—铝帽;2—上接线座;3—油标;4—绝缘箱;5—下接线座;6—基座;7—主轴;8—框架;9—分闸弹簧

却后排出。在导电杆向下运动快到终了位置时,装在底部的油缓冲器活塞插入导电杆下部的油缸,起分闸缓冲的效果。

合闸操作与分闸相反,在导电杆接近合闸终了位置时,装在框架上的弹簧缓冲器起到合闸缓冲的作用。在合闸过程中,分断弹簧被拉长,储有能量,供分闸时使用。

3) SN10-10型高压少油断路器在结构设计上的特点

(1) 油桶用环氧树脂玻璃钢制成,简化了绝缘结构,重量轻,体积小,使用寿命长。

(2) 灭弧室由三聚氰胺及玻璃丝混合压制而成,耐弧性能及机械强度较好,其灭弧室由隔弧板做成3个横吹弧道和2个纵吹弧道,通过纵横吹和机械油吹联合作用来灭弧。

(3) 动、静触头上镶有耐电弧的钨铜合金片,能减弱电弧对触头的燃损,同时改善灭弧性能。触头可以保证连续开断短路电流3~5次无须检修。

(4) 采用滚轮触头,去掉了机械上的薄弱环节,减小了分、合闸时的摩擦。

(5) 分闸时,动触头是向下的,起到压油的作用,使开关下部的油经附加油流通道以高速横向冲向电弧,有利于改善开断小电流的灭弧特性;还能使导电杆端头弧根不断与新鲜的冷油接触,加速弧根冷却,使气体、油气、铜末、铜离子等与导电杆反向运动,迅速向

上排出弧道,有利于介质强度的恢复。

2. 高压真空断路器

高压真空断路器是利用真空灭弧的一种新型断路器,我国已成批生产 ZN 系列真空断路器,如图 4-15 所示。

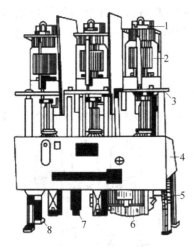

图 4-15　ZN3-10 型高压真空
断路器的外形

1—上接线端;2—真空灭弧室;3—下接线端;4—操作机构箱;5—合闸电磁铁;6—分闸电磁铁;7—分闸弹簧;8—底座

真空断路器的结构特点如下所述。

(1) 采用无介质的真空灭弧室。在真空中有极高的介质恢复速度,因而当触头分开后,电流第一次过零(0.01s)时即被切断。

(2) 在真空中有极高的绝缘强度,是空气的 14~15 倍,因而真空断路器的触头行程可以很小,灭弧室可做得较小,使整个断路器体积小,重量轻,安装调试简单、方便。

(3) 真空断路器的固有分、合闸时间短,动作迅速;灭弧能力强,燃弧时间短。

(4) 在额定条件下,允许连续开断的次数多,适用于频繁操作,具有多次重合闸的功能。

(5) 真空断路器的结构简单,检修、维护方便,无爆炸危险,不受外界气候条件的影响。

目前真空断路器向高电压、大断流容量发展,开断短路电流已达 50kA,有多次重合闸的功能,可取代部分油断路器,能够满足高压配电网的要求。

3. 高压六氟化硫(SF_6)断路器

六氟化硫是一种新的灭弧介质,在常温下它是一种无色、无臭、无味、不燃烧的惰性气体,化学性能稳定,具有极优异的灭弧性能和绝缘性能。高压六氟化硫断路器是采用 SF_6 作为断路器的绝缘介质和灭弧介质的一种断路器,如图 4-16 所示。SF_6 作为灭弧介质的特点是在电弧中它能捕捉电子而形成大量的 SF_6 和 SF_5 的负离子。负离子行动迟缓,有利于再结合,使介质迅速地去游离。同时,弧隙电导迅速下降,达到熄弧的目的。它的绝缘能力高出普通空气 2.5~3 倍,熄弧能力约为空气的 100 倍。

利用 SF_6 作为绝缘介质和灭弧介质的六氟化硫全封闭组合电器,不仅提高了开断能力,而且大大缩小了绝缘距离,使变电所占用的空间缩小。SF_6 的传热比空气好 2.5 倍,对封闭电器的散热很有好处。此外,由于封闭电器与空气隔绝,故导电部分不存在氧化问题。对于被封闭在薄钢桶内的电器,在运行时不受风、雨、雷、电等自然条件的影响。

SF_6 断路器具有引人注目的优点:体积小、重量轻、占地面积小、开断能力强、断流容量大、动作速度快,可适应大容

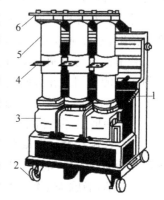

图 4-16　LN2-10 型 SF_6 断路器的外形

1—分闸弹簧;2—小车;3—操作机构;4—下接线端;5—绝缘筒;6—上接线端

量频繁操作的供配电系统。此外,SF$_6$断路器的结构特点为:开关触头在SF$_6$气体中闭合和断开;SF$_6$气体具有灭弧和绝缘功能;灭弧能力强,属于高速断路器,结构简单,无燃烧、爆炸危险等;SF$_6$气体本身无毒,但在电弧的高温作用下,会产生氟化氢等有强烈腐蚀性的剧毒物质,检修时应注意防毒。电弧在SF$_6$燃烧时,电弧电压特别低,燃弧时间也短,触头烧损很轻微,检修周期长。由于以上这些优点,SF$_6$断路器发展速度很快,电压等级不断提高。

SF$_6$断路器的缺点是:电气性能受电场均匀程度及水分等杂质影响特别大,故对SF$_6$断路器的密封结构、元件结构及SF$_6$气体本身质量的要求相当严格。

4.4.5 互感器

1. 概述

电流互感器又称仪用变流器,电压互感器又称仪用变压器,它们合称互感器。从基本结构和工作原理上看,互感器就是一种特殊的变压器。

互感器的作用主要有以下两个方面。

(1) 用来使仪表、继电器等二次设备与主电路绝缘,可避免主电路高电压直接与仪表、继电器相连,又可防止仪表、继电器的故障影响主电路,从而提高整个一、二次电路运行的安全性和可靠性,并有利于保障操作人员的人身安全。

(2) 用来扩大仪表、继电器等二次设备应用范围。例如100V的电压表,通过不同变压比的电压互感器,可测量任意高的主电路电压。而且,使用互感器,使仪表、继电器等二次设备的规格统一,有利于这些设备批量生产。

2. 电流互感器

1) 电流互感器的结构、原理和接线方案

电流互感器原理图如图4-17所示,它的结构特点是:一次绕组匝数很少,有的型号的电流互感器没有一次绕组,而是利用穿过其铁心的一次电路导线作为一次绕组。一次绕组导体相当粗;而二次绕组匝数很多,导体较细。工作时,一次绕组串联在一次电路中,二次绕组则与仪表、继电器等的电流线圈串联,形成一条闭合回路。由于这些电流线圈的阻抗很小,因此电流互感器工作时,二次回路接近于短路状态。二次绕组的额定电流一般为5A,电流互感器的一次电流 I_1 与其二次电流 I_2 之间有下列关系:

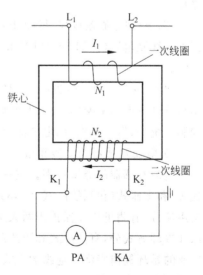

$$I_1 \approx \frac{N_2}{N_1}I_2 \approx K_i I_2 \qquad (4\text{-}1)$$

电流互感器在三相电路中有如图4-18所示的4种常用接线方案。

(1) 一相式接线(见图4-18(a)):通常用于负荷平衡的三相电路,如低压动力线路中,供测量电流和接过负荷保护装置之用。

图4-17 电流互感器原理图

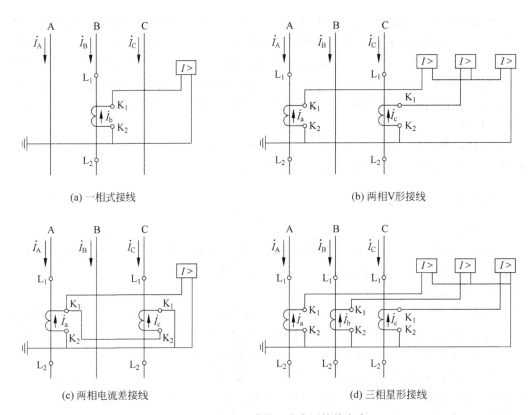

(a) 一相式接线 (b) 两相V形接线

(c) 两相电流差接线 (d) 三相星形接线

图 4-18 电流互感器 4 种常用接线方案

（2）两相 V 形接线（见图 4-18（b））：也称两相不完全星形接线。在继电保护装置中,称之为两相两继电器接线或两相的相电流接线。在中性点不接地的三相三线制电路中（例如 6～10kV 高压电路）,广泛用于测量三相电流、电能及做过电流继电保护之用。

（3）两相电流差接线（见图 4-18（c））：也称两相交叉接线。适用于中性点不接地的三相三线制电路（例如 6～10kV 高压电路）,做过电流继电保护之用,也称两相一继电器接线。

（4）三相星形接线（见图 4-18（d））：其中的 3 个电流线圈正好反映各相的电流,广泛用在符合一般不平衡的三相四线制系统,如 TN 系统中,也用在负荷可能不平衡的三相三线制系统中,做三相电流、电能测量及过电流继电保护之用。

2）电流互感器的类型和型号

电流互感器的类型很多。按一次绕组的匝数,分为单匝式（包括母线式、心柱式、套管式等）和多匝式（包括线圈式、线环式、串级式等）;按一次电压分,有高压和低压两大类;按用途分,有测量用和保护用两大类;按准确等级分,有 0.1、0.2、0.5、1、3、5 等级;按绝缘和冷却方式分,有油浸式和干式两大类。油浸式主要用于户外电流互感器,现在应用最广泛的是环氧树脂浇注绝缘的干式电流互感器,特别是在户内配电装置中,油浸式电流互感器基本淘汰不用了。

图 4-19 所示是户内低压 LMZJ-0.5 型电流互感器的外形图。它不含一次绕组,穿过其铁心的母线就是其一次绕组(相当于 1 匝)。它用于 500V 及以下的低压配电装置中。

图 4-20 所示是户内高压 LQJ-10 型电流互感器的外形图。它有两个铁心和两个二次绕组,准确级有 0.5 级和 3 级。0.5 级用于测量,3 级用于继电保护。

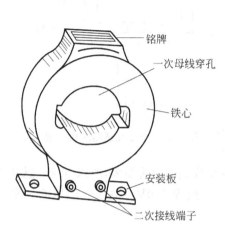

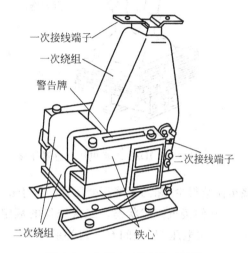

图 4-19 户内低压 LMZJ-0.5 型电流互感器　　　　图 4-20 LQJ-10 型电流互感器

3) 电流互感器的使用注意事项

(1) 电流互感器在工作时,二次侧不得开路。

在运行中,正在工作的电流互感器的副边电路是不能断开的。若断开,二次侧会出现危险的高电压,危及设备及人身安全。如果需要将正在工作的电流互感器副边的测量仪表断开,必须预先将互感器的副线圈或需要断开的测量仪表短接。

(2) 电流互感器的二次侧必须有一端接地。

当电力网上发生短路时,通过该电路电流互感器的原边电流就是短路电流,它比互感器的额定电流值大好多倍。若二次侧不接地,二次绕组间绝缘击穿时,一次侧的高压串入二次侧,危及人身和测量仪表、继电器等二次设备的安全。电流互感器在运行中,二次绕组应与铁心同时接地运行。

(3) 电流互感器连接时,必须注意其端子极性。

3. 电压互感器

1) 电压互感器的类型和形式

电压互感器按相数分,有单相和三相两大类。按绝缘和冷却方式分,有油浸式和干式(含环氧树脂浇注)两大类。图 4-21 所示是应用广泛的 JDZJ-10 型电压互感器。它为单相三绕组,环氧树脂浇注绝缘,其额定电压为 $10000V/\sqrt{3}$: $100V/\sqrt{3}$: $100V/3$,3 个 JDZJ-10 型电压互感器接成如图 4-23(d)所示 $Y_0/Y_0/\triangle$ 的形式,在小电流接地的电力系统中作为电压、电能测量及绝缘监视之用。

2) 电压互感器的结构、原理和接线方案

电压互感器结构原理图如图 4-22 所示。它的结构特点是:一次绕组匝数很多,二次

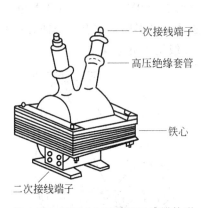

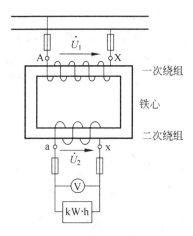

图 4-21　JDZJ-10 型电压互感器外形　　图 4-22　电压互感器结构原理

绕组匝数很少,相当于降压变压器。由于这些电压线圈的阻抗很大,所以电压互感器工作时,二次侧接近空载状态。二次绕组的额定电压一般为 100V。电压互感器的一次电压 U_1 与二次电压 U_2 之间有下列关系:

$$U_1 \approx \frac{N_1}{N_2}U_2 \approx K_U U_2 \tag{4-2}$$

电压互感器在三相电路中有如图 4-23 所示的 4 种常用接线方案。

(1) 1 个单相电压互感器接线(见图 4-23(a)):供仪表、继电器接于三相电路的一个线电压。

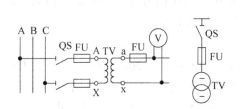

(a) 1 个单相电压互感器的接线

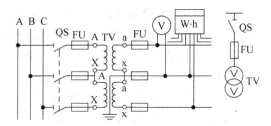

(b) 2 个单相电压互感器接成 V/V 形

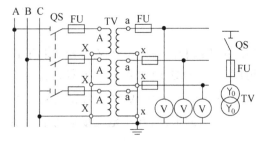

(c) 3 个单相电压互感器接成 Y_0/Y_0 形

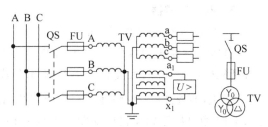

(d) 3 个单相三绕组电压互感器或三相五心
柱三绕组电压互感器接成 $Y_0/Y_0/\triangle$ 形

图 4-23　电压互感器 4 种常用接线方案

（2）2个单相电压互感器接成∨/∨形（见图4-23(b)）：供仪表、继电器接于三相三线制电路的各个线电压，广泛应用在企业变配电所6～10kV高压配电装置中。

（3）3个单相电压互感器接成Y_0/Y_0形（见图4-23(c)）：供电给要求线电压的仪表、继电器，并供电给接相电压的绝缘监视电压表。因此，绝缘监视电压表不能接入按相电压选择的电压表，而要按线电压选择其量程，否则系统再一次发生单相接地时，电压表可能被烧坏。

（4）3个单相三绕组电压互感器或1个三相五心柱三绕组电压互感器接成$Y_0/Y_0/\triangle$（开口三角）形（见图4-23(d)），接成Y_0的二次绕组，供电给需线电压的仪表、继电器及接相电压的绝缘监视用电压表。它接成△（开口三角）形的辅助二次绕组，再接电压继电器。当某一相接地时，开口三角形两端将出现近100V的电压（零序电压），使电压继电器动作，发出接地故障信号。

3）使用电压互感器时的注意事项

（1）电压互感器在工作时，二次侧不得短路。这是因为互感器一、二次绕组都是在并联状态下工作，如二次侧发生短路，将产生很大的短路电流，可能烧毁电压互感器，甚至危及一次系统安全运行。所以，电压互感器的一、二次侧都必须装设熔断器进行短路保护。

（2）电压互感器的二次侧必须有一端接地，防止电压互感器一、二次绕组绝缘击穿时，一次侧的高压串入二次侧，危及人身和设备安全。

（3）电压互感器在连接时必须注意其极性，防止因接错线而引起事故。单相电压互感器分别标有A、X和a、x，三相电压互感器分别标有A、B、C、N和a、b、c、n。

4.4.6 低压电气设备

低压电气设备是指在1000V或1200V及以下的电气设备。本节主要介绍低压熔断器、低压断路器、刀开关等。

1. 低压熔断器

低压熔断器的功能主要是实现低压配电系统的短路保护，有的能实现过负荷保护。低压熔断器的类型很多，如插入式、螺旋式、无填料密封管式、有填料密封管式，以及引进技术生产的有填料管式Gf、aM系列、高分断能力的NT型等。

1）RM10型低压密封管式熔断器

RM10型熔断器由纤维熔管、变截面锌熔片和触头底座等部分组成，如图4-24所示。安装在熔管内的熔体是变截面锌熔片，短路时，短路电流首先使熔片窄部（阻值较大）加热熔断，使熔管内形成几段串联短弧，而且由于各段熔片跌落，迅速拉长电弧，使短路电弧加速熄灭。在过负荷电流通过时，由于电流加热时间较长，窄部位散热较好，因此往往不在窄部熔断，而在宽窄交接处熔断。由熔片熔断的部位，可以大致判断故障电流的性质。

当其熔片熔断时，纤维管的内壁将有极少部分纤维物质因电弧烧灼而分解，产生高压气体，压迫电弧，加强离子的复合，从而改善灭弧性能。但是其灭弧断流能力仍较差，不能在短路电流达冲击值之前完全熄弧，所以这类熔断器属于非限流熔断器。

这类熔断器结构简单、价格低廉，更换方便，因此现在仍较普遍地应用在低压配电装置中。

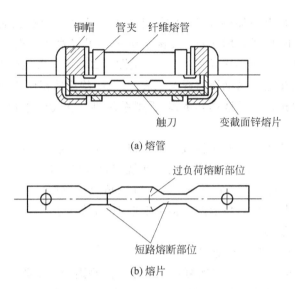

(a) 熔管

(b) 熔片

图 4-24 RM10 型低压密封管式熔断器

2) RT0 型低压有填料管式熔断器

RT0 型熔断器主要由瓷熔管、栅状铜熔体和触头底座等部分组成,如图 4-25 所示,其栅状铜熔体具有引燃栅。由于引燃栅的等电位作用,可使熔体在短路电流通过时形成很

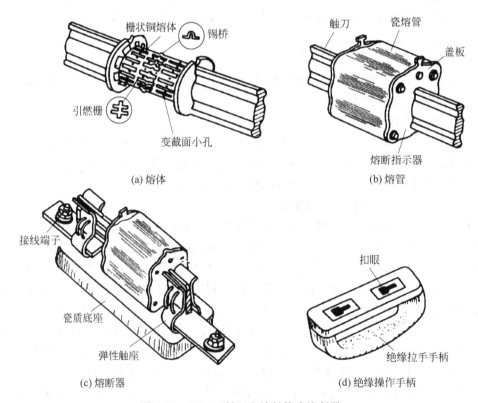

(a) 熔体

(b) 熔管

(c) 熔断器

(d) 绝缘操作手柄

图 4-25 RT0 型低压有填料管式熔断器

多并联电弧。同时,熔体具有变截面小孔,使熔体在短路电流通过时,将长弧分割为多段短弧。而且所有电弧都在石英砂中燃烧,使电弧中的正、负离子强烈复合。因此,这种有填料管式熔断器的灭弧断流能力很强,具有限流作用。此外,熔体中段具有"锡桥",可利用其"冶金效应"实现较小短路电流和过负荷电流保护。熔体熔断指示器从一端弹出,便于人员检视。

由于 RT0 型熔断器的保护性能和断流能力大,因此广泛应用在低压配电装置中。但其熔体多为不可拆式,熔断器熔断即报废,不经济,妨碍了它的发展。

3) RZ1 型低压自复式熔断器

一般熔断器包括上述 RM 型和 RT 型,有一个共同的缺点,就是熔体一旦熔断,必须更换,才能恢复供电,从而使中断供电的时间延长,给供电系统和用电负荷造成一定的停电损失。这里介绍的自复式熔断器弥补了这一缺点,它既能切断短路电流,又能在短路故障消除后自动恢复供电,无须更换熔体。

我国设计生产的 RZ1 型自复式熔断器采用金属钠作为熔体。如图 4-26 所示,在常温下,钠的电阻率很小,可以顺畅地通过正常负荷电流。但在短路时,钠受热迅速气化,其电阻率变得很大,可限制短路电流。在金属钠气化限流的过程中,装在熔断器一端的活塞将压缩氩气而迅速后退,降低了由于钠气化产生的压力,以免熔管因承受不了过大气压而爆破。在限流动作结束后,钠蒸气冷却,又恢复为固态钠。此时,活塞在被压缩的氩气作用下,将金属钠推回原位,使之恢复正常工作状态。这就是自复式熔断器能自动限流又自动复原的基本原理。

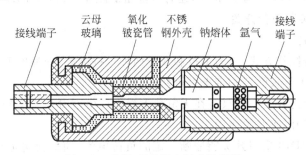

接线端子　云母玻璃　氧化铍瓷管　不锈钢外壳　钠熔体　氩气　接线端子

图 4-26　RZ1 型低压自复式熔断器

2. 低压断路器

低压断路器又称低压自动开关,既能带负荷通断电路,又能在短路、过负荷和低电压(或失压)时自动跳闸,其功能与高压断路器类似。

低压断路器按其灭弧介质,分空气断路器和真空断路器;按其用途,分配电用断路器、电动机保护用断路器、照明用断路器和漏电保护断路器等;按保护性能,分非选择型断路器、选择型断路器和智能型断路器;按结构,分万能式断路器和塑料外壳式断路器两大类。

非选择型断路器一般为瞬间动作,只作短路保护用;也有的为长延时动作,限流用。

选择型断路器有两段保护和三段保护。两段保护指具有瞬时或短延时动作和长延时动作。三段保护指具有瞬时、短延时和长延时,或者瞬时、长延时和接地短路三种动作特性。

智能型断路器的脱扣器为微机控制,其保护功能很多,保护性能的整定非常方便、灵活,因此有智能型之称。

1)万能式低压断路器

万能式低压断路器因其保护方案和操作方式较多,装设地点相当灵活,故有万能式之名;又由于它具有框架式结构,因此又称框架式断路器。

目前推广应用的万能式低压断路器有 DW15、DW15X、DW16、DW17(ME)、DW48(CB11)和 DW914(AH)等型。其中,DW16 型低压断路器既保留了 DW10 型结构简单、使用、维修方便和价格低廉的优点,又克服了 DW10 型的一些缺点,技术性能显著改善,且其安装尺寸与 DW10 型完全相同,因此可以极方便地取代 DW10 型,成为新的应用广泛的一种万能式低压断路器。

2)塑料外壳式低压断路器

塑料外壳式低压断路器的全部机构和导电部分均装设在一个塑料外壳内,仅在壳盖中央露出操作手柄;又由于它通常装设在低压配电装置之中,因此又称装置式断路器。

低压断路器的操作机构一般采用四连杆机构,可自由脱扣。从操作方式分,有手动和电动两种。

低压断路器的操作手柄有三个位置:合闸位置、自由脱扣位置以及分闸和再扣位置。

目前推广应用的塑料外壳式低压断路器有 DZ15、DZ20 和 DZX10 等型,以及引进技术生产的 H、C45N、3VE 等型。此外,还有智能型低压断路器,如 DZ40 等型。

3. 低压刀开关和负荷开关

1)低压刀开关

低压刀开关按操作方式,分为单投和双投两种。按极数,分为单极、双极和三极三种。按灭弧结构,分为不带灭弧罩和带灭弧罩两种。

不带灭弧罩的刀开关一般只能在无负荷下操作。由于刀开关断开后有明显可见的断开间隙,因此可作为隔离开关使用。

带灭弧罩的 HD13 型刀开关能通断一定的负荷电流,使负荷电流产生的电弧有效熄灭,如图 4-27 所示。

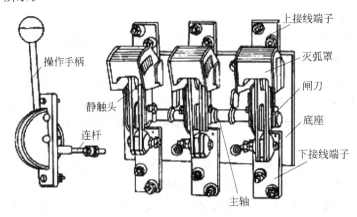

图 4-27　HD13 型刀开关

2）低压刀熔开关

低压刀熔开关又称熔断器式刀开关，是一种由低压刀开关与低压熔断器相组合的开关电器。常见的 HR3 型刀熔开关将 HD 型开关的闸刀换以 RT0 型熔断器的具有刀形触头的熔断管。

刀熔开关具有刀开关和熔断器的双重功能。采用这种组合型开关电器，可以简化低压配电装置的结构，经济实用，因此广泛应用在低压配电装置上。

3）低压负荷开关

低压负荷开关由低压刀开关与低压熔断器串联组合而成，外装封闭式铁壳或开启式胶盖。装铁壳的，俗称铁壳开关；装胶盖的，俗称胶壳开关。低压负荷开关具有带灭弧罩的刀开关和熔断器的双重功能，既可带负荷操作，又能实现短路保护，但熔断后，要更换熔体后才能恢复供电。

4.5　新设备简介

随着科技的发展，各种新的电气设备不断开发出来，并在企业不断推广。下面简单介绍几种新型的电气设备。

4.5.1　新型熔断器

随着电子技术迅猛发展，半导体元器件广泛应用于电气控制和电力拖动装置。然而，由于各种半导体元器件的过载能力很差，通常只能在极短的时间内承受过载电流，时间稍长就会烧坏。因此，一般熔断器不能满足要求，应采用动作迅速的快速熔断器进行保护。

快速熔断器又称半导体器件保护用熔断器，是指在规定的条件下，很快速地切断故障电流，主要用于保护半导体器件过载及短路的有填料熔断器。

常用的快速熔断器主要有 RS 系列有填料快速熔断器、RLS 系列螺旋式快速熔断器和 NGT 系列半导体器件保护用熔断器三种。

4.5.2　新型断路器

近年来，国外断路器技术发展较快，一些著名公司推出框架式断路器和塑壳式断路器新产品，覆盖的电流范围从几十安培直至 6300A。产品的开发思路是根据整个系统的需要来考虑的，不是单纯追求高指标，同时考虑经济适用，缩小体积，尽可能减少壳架规格，便于标准化设计等。新开发的断路器均带有通信接口，可用于总线系统，使系统达到最佳的配合。

框架式断路器具有缩小体积，分断能力强等显著特点。例如，施耐德公司的 Masterpact NWL1 产品，额定电流至 2000A，分断能力可达 150kA（有效值）/400V。塑壳式断路器向电子脱扣器方向发展，随着电子技术进一步发展和电子元器件成本降低，在塑壳式断路器中，电子脱扣器全面取代传统的热磁脱扣器是必然的发展趋势。另外，新型双断点分断的技术越来越受到重视。它不仅通过增加断点，可提高电弧电压；而且通过采用气压管理，提高吹弧能力,使分断能力大大提高,也使断开速度大大提高。

4.5.3　智能型断路器

智能型断路器是把微电子技术、传感技术、控制通信技术、电力电子技术等新技术引入断路器的高新技术产品。它一方面可以在同一台断路器上实现多种功能,使单一的动作特性有可能做到一种保护功能有多种动作特性;另一方面使断路器实现由中央控制计算机双向通信构成智能化的控制、保护、信息网络系统,使断路器从基本保护功能发展到智能化的保护功能。

智能型断路器的核心技术是采用智能脱扣器,而微处理器系统是智能脱扣器的核心部分。将微处理器引入断路器,使断路器的保护功能大大增强,其三段保护特性中的短延时可设置成 I^2t 特性,以便后一级保护更好匹配,实现接地故障保护;并且带微处理器的智能脱扣器的保护特性可以方便地调节,还可设置预警特性。智能型断路器可以反映负载电流的有效值,消除输入信号中的高次谐波,避免高次谐波造成的误动作。

智能型断路器具有自身诊断和监视功能,可监视检测电压、电流和保护特性,并用液晶显示;当断路器的内部温升超过允许值,或触头磨损量超过限定值时,能发出报警。智能型断路器能保护各种起动条件的电动机,并具有很高的动作准确性,整定调节范围较宽,保护电动机的过载、断相、三相不平衡、接地等故障。

智能型断路器通过与控制计算机组成网络,还可以自动记录断路器运行情况,实现遥控、遥测、遥信、遥调功能。

断路器智能化是传统低压断路器改造、提高和发展的方向。近年来,我国的断路器生产厂家开发、生产了各种类型的智能化控制的低压断路器,具有代表性的有 DW45、CW1、CM1、MA40、SDW1 等系列;国外产品有 MMT、F、AE、3WN6 系列等。

4.5.4　成套配电装置

成套配电装置是按一定的线路方案将有关一、二次设备组装为成套设备的产品,供配电系统控制、监测和保护之用,其中安装有开关电器、监测仪表、保护和自动装置,以及母线、绝缘子等。

成套配电装置分高压配电装置和低压配电装置两大类。

1. 高压开关柜

高压开关柜按其结构形式,有固定式和手车式(移开式)两种类型。在一般中小厂中,普遍采用较为经济的固定式高压开关柜。我国现在大量生产和广泛应用的固定式高压开关柜主要为 GG-1A(F)型。这种防护型开关柜装设了防止电气误操作和保障人身安全的闭锁装置,实现了"五防":防止误跳、误合断路器;防止带负荷拉、合隔离开关;防止带电挂接地线;防止带接地线误合隔离开关;防止人员误入带电间隔。

目前国内已有十多种环网开关柜产品。环网柜一般由三个间隔组成,即两个电缆进出线间隔和一个变压器回路间隔,其主要电器元件包括负荷开关、熔断器隔离开关、接地开关、电流互感器、电压互感器、避雷器等。环网柜具有可靠的防误操作设施,达到前面所说的"五防"要求。环网柜在我国城市电网改造和小型变配电所中应用广泛。

2. 低压配电屏

低压配电屏按其结构式分有固定式和抽屉式等类型。

我国应用最广的低压配电屏为 PGL1 和 PGL2 型,该型产品取代了 BDL、BSL 等型低压配电屏。为了提高 PGL 系列配电屏的性能指标,有关单位联合设计出 PGL3 型配电屏,低压断路器改用 ME、DWX15、DZ20 等型,可使用在变压器容量 2000kV·A 及以下,额定电流 3200A 以下,分断能力 50kA 的低压配电系统中。

3. 动力和照明配电箱

动力配电箱主要用于对动力设备配电,也可兼向照明设备配电。照明配电箱主要用于照明配电,也可配电给一些小容量的动力设备和家用电器。

动力和照明配电箱的类型很多,按安装方式,分为靠墙式、悬挂式和嵌入式等。靠墙式是靠墙安装,悬挂式是挂墙明装,嵌入式是嵌墙暗装。

4.6　变配电所的作用与类型

4.6.1　变配电所的作用

变配电所是电力系统中变换电压,接收和分配电能,控制电力的流向,调整电压的设施,它通过变压器将各级电压的电网联系起来。变配电所是企业供电系统的枢纽,在企业中占有特殊、重要的地位。

4.6.2　变配电所的类型

对于大型企业或用电负荷较大的中型企业,变电所分为总降压变电所和车间变电所。一般中小型企业不设总降压变电所。企业的高压配电所(也称高压开关站)尽可能与邻近的车间变电所合建,以节约建设费用。企业的总降压变电所和高压配电所多采用独立的户内式。

车间变电所按其主变压器室的安装位置,有下列类型。

(1) 车间附设变电所:变电所变压器室的一面墙或几面墙与车间建筑墙公用,变压器室的大门朝车间外开。如果按变压器位于车间墙内还是墙外,进一步分为内附式(如图 4-28 中的"1"所示)和外附式(如图 4-28 中的"3"所示)。

(2) 车间内变电所:变压器室位于车间内的单独房间内,变压器室的大门朝车间内开(如图 4-28 中的"4"所示)。

(3) 露天(或半露天)变电所:变压器室安装在车间外面抬高的地面上(如图 4-28 中的"2"所示)。变压器上方没有任何遮蔽物的,称为露天式;变压器上方设有顶板或挑檐的,称为半露天式。

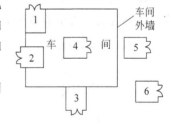

图 4-28　车间变电所的类型

(4) 独立变电所:整个变电所设在与车间建筑有一定距离的单独建筑物内(如图 4-28 中的"5"和"6"所示)。

(5) 箱式变电所:是由高压配电装置、电力变压器和低压配电装置等构成,安装于一个金属箱体内的变电所(见图 4-29)。

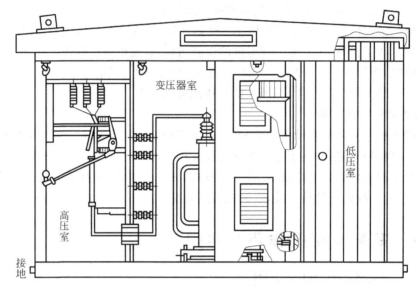

图 4-29　箱式变电所的结构

4.7　企业变配电所的主接线

变电所的主接线是实现电能输送和分配的一种电气接线。它是由各种主要电气设备(包括变压器、开关电器、母线、互感器及连接线路等)按一定顺序连接而成的接收和分配电能的总电路。

4.7.1　企业常见主接线

1. 线路—变压器组单元接线

在企业变电所中,当只有一条电源进线和一台变压器时,采用线路—变压器组单元接线。这种接线在变压器高压侧可根据不同情况,装设不同的开关电器,如图 4-30 所示。

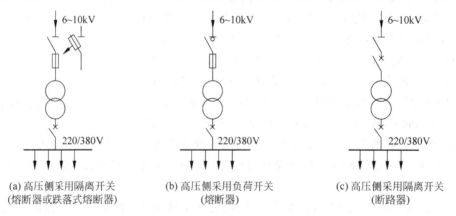

图 4-30　单台变压器的变电所主接线

这种接线的优点是：接线简单,所用电气设备少,配电装置简单,占地面积小,投资省;不足的是当该单元中任一台设备故障或检修时,全部设备将停止工作,但由于变压器故障率较小,所以仍具有一定的供电可靠性。这种接线适用于小容量的三级负荷、小型企业或非生产性用户。

2. 单母线接线

1) 单母线不分段接线

单母线不分段接线如图 4-31 所示。断路器的作用是切断负荷电流或短路故障电流。隔离开关按其作用分为两种:靠近母线侧的称为母线隔离开关,用来隔离母线电源;靠近线路侧的称为线路隔离开关,用于防止在检修断路器时倒送电和雷电过电压沿线路侵入,保证检修人员的安全。

单母线不分段接线的优点是:电路简单,使用设备少,配电装置的建造费用低;缺点是可靠性和灵活性较差。当母线和隔离开关发生故障或检修时,必须断开所有回路的电源,而造成全部用户停电。所以,这种接线方式只适用于容量较小和对供电可靠性要求不高的中小型企业。

2) 单母线分段接线

单母线分段接线如图 4-32 所示。这种接线是克服不分段母线存在的工作不可靠、灵活性差的有效方法。单母线分段是根据电源数目、功率和电网的接线情况确定的。通常每段接一个或两个电源,引出线分别接到各段上,使各段引出线负荷分配与电源功率相平衡,尽量减少各段之间的功率变换。

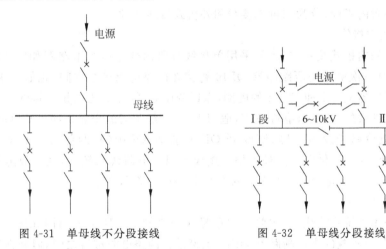

图 4-31 单母线不分段接线   图 4-32 单母线分段接线

单母线可用隔离开关分段,也可用断路器分段。由于分段的开关设备不同,其作用有差别。

(1) 用隔离开关分段的单母线接线:母线检修可分段进行。当母线发生故障时,经过倒闸操作切除故障段,保证另一段继续运行,故比单母线不分段接线提高了可靠性。

(2) 用断路器分段的单母线接线:分段断路器除具有分段隔离开关的作用外,与继电保护配合,还能切断负荷电流、故障电流,实现自动分、合闸。另外,检修故障段母线时,可直接操作分段断路器,断开分段隔离开关,且不会引起正常段母线停电,保证其继续正常运行。在母线发生故障时,分段断路器的继电保护动作,自动切除故障段母线,提高了运行可靠性。

3. 双母线接线

双母线接线克服了单母线接线的缺点,两条母线互为备用,具有较高的可靠性和灵活性。图 4-33 所示为双母线接线。

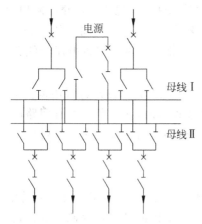

图 4-33　双母线接线

双母线接线一般只用在对供电可靠性要求很高的大型企业总降压变电所 35～110kV 母线系统和有重要高压负荷或有自备发电厂的 6～10kV 母线系统。

双母线接线有两种运行方式:一种运行方式是一组母线工作,另一组母线备用(明备用),母联断路器正常时是断开状态;另一种运行方式是两组母线同时工作,互为备用(暗备用),此时母联断路器及母联隔离开关均为闭合状态。

4. 桥式接线

对于具有两条电源进线、两台变压器的企业总降压变电所,可采用桥式接线。其特点是在两条电源进线之间有一条跨接的“桥”。它比单母线分段接线简单,可减少断路器的数量。根据跨接桥横跨位置的不同,分为内桥式接线和外桥式接线两种。

1)内桥式主接线

一次侧采用内桥式接线,二次侧采用单母线分段的变电所主电路图如图 4-34 所示。这种主接线,其一次侧的高压断路器 QF10 跨接在两路电源进线之间,犹如一座桥梁,而且处在线路断路器 QF11 和 QF12 的内侧,靠近变压器,因此称为内桥式接线。这种主接线的运行灵活性较好,供电可靠性较高,适用于一、二级负荷的企业。如果某路电源,例如 WL1 线路停电检修或发生故障,则断开 QF11,投入 QF10(其两侧 QS 先合),即可由 WL2 恢复对变压器 T_1 供电。这种内桥式接线多用于电源线路较长,发生故障和停电检修的机会较多,并且变电所的变压器不需经常切换的总降压变电所。

2)外桥式主接线

一次侧采用外桥式接线,二次侧采用单母线分段的变电所主电路图如图 4-35 所示。这种主接线,其一次侧的高压断路器 QF10 也跨接在两路电源进线之间,但处在线路断路器 QF11 和 QF12 的外侧,靠近电源方向,因此称为外桥式接线。这种主接线的运行灵活性较好,供电可靠性同样较高,适用于一、二级负荷的企业,但与内桥式接线适用的场合不同。如果某台变压器,例如 T_1 停电检修或发生故障,则断开 QF11,投入 QF10(其两侧 QS 先合),使两路电源进线恢复并列运行。这种外桥式接线适用于电源线路较短,变电所负荷变动较大,经济运行,需经常切换的总降压变电所。当一次电源电网采用环形接线时,也宜采用这种接线,使环形电网的穿越功率不通过进线断路器 QF11、QF12,这对改善线路断路器的工作及其继电保护的整定都极为有利。

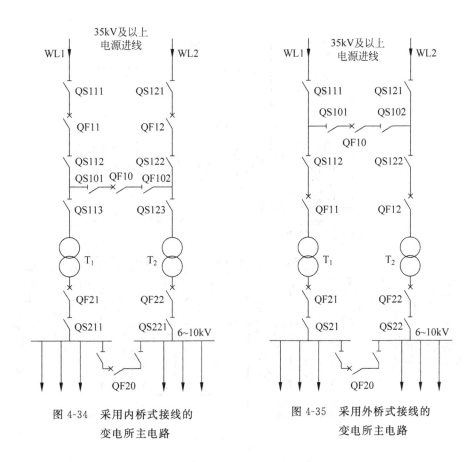

图 4-34　采用内桥式接线的　　　图 4-35　采用外桥式接线的
　　　　　变电所主电路　　　　　　　　　变电所主电路

4.7.2　主接线实例

电气主接线应按国家标准的图形符号和文字符号绘制。为了阅读方便,常在图上标明主要电气设备的型号和技术参数。

图 4-36 所示是某中型企业供电系统中高压配电所及其附设 2 号车间变电所的主接线,它具有一定的代表性。下面按顺序简要分析。

1. 电源进线

该高压配电站有两路 6kV 电源进线,一路是架空线 WL1,另一路是电缆线 WL2。最常见的进线方案是:一路电源来自备发电厂或电力系统变电所,作为正常工作电源;另一路电源来自邻近单位的高压联络线,作为备用电源。

2. 母线

母线又称汇流排,是配电装置中用来汇集和分配电能的导体。高压配站通常采用单母线制。如果是两路及以上的电源进线,采用母线分段制。

图 4-36 所示高压配电站通常采用一路电源工作,另一路电源备用的运行方式,因此母线分段开关通常是闭合的。如果工作电源进线发生故障或检修,在切除该进线后,投入备用电源即可使整个高压配电站恢复供电。

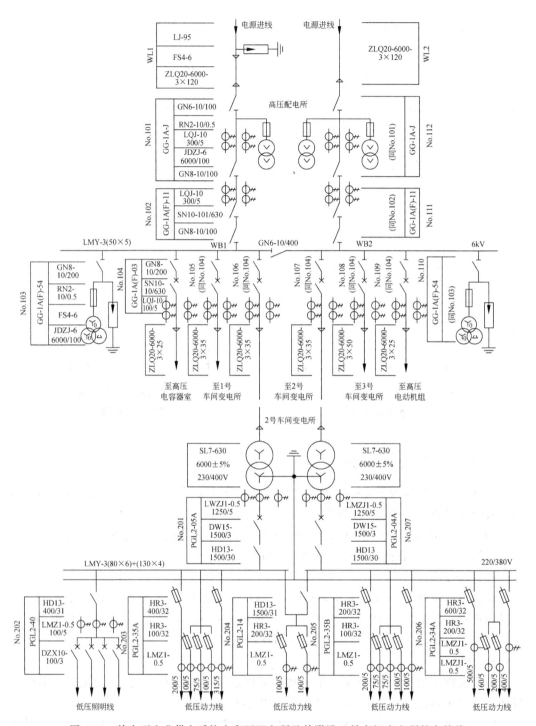

图 4-36 某中型企业供电系统中高压配电所及其附设 2 号车间变电所的主接线

为了测量、监视、保护和控制一次电路设备的需要,每段母线上都接有电压互感器,进线和出线上均串接有电流互感器。该高压电流互感器均有两个二次绕组,其中一个接测量仪表,另一个接继电保护装置。为了防止雷电波侵入高压配电站时击毁其中的电气设备,各段母线上都装设了避雷器。避雷器和电压互感器装在同一个高压柜中,共用一组高压隔离开关。

3. 高压配电出线

高压配电站共有六路高压配电出线。第一路由左段母线 WB1 经隔离开关—断路器,供电给无功补偿用的高压电容器组;第二路由左段母线 WB2 经隔离开关—断路器,供电给 1 号车间变电所;第三路、第四路分别由两段母线经隔离开关—断路器,供电给 2 号车间变电所;第五路由右段母线 WB2 经隔离开关—断路器,供电给 3 号车间变电所;第六路由右段母线 WB2 经隔离开关—断路器,供电给 6kV 高压电动机。

由于配电出线为母线侧来电,因此只在断路器的母线侧装设隔离开关,就可以保证断路器和出线的安全检修。

4. 2 号车间变电所

该车间变电所是由 6～10kV 降至 380/220V 的终端变电所。由于该厂有高压配电站,因此该车间的高压侧开关电器、保护装置和测量仪表等按通常情况安装在高压配出线的首端,即高压配电站的户内。该车间变电所采用两个电源、两台变压器供电,说明其一、二级负荷较多。低压侧母线(380/220V)采用单母线分段接线,并装有中性线。380/220V 母线后的低压配电采用低压配电屏(共五台),分别配电给动力和照明。其中,照明线采用低压刀开关—低压断路器控制;低压动力线均采用刀熔开关控制。对于低压配出线上的电流互感器,其二次绕组均为一个绕组,供低压测量仪表和继电保护使用。

4.8 企业变电所的位置、布局和结构

4.8.1 变配电所所址选择的一般原则

1. 10kV 及以下变配电所所址选择

(1) 变配电所所址选择,应根据下列要求,经技术、经济比较后确定:①为减少配电线路的投资、电压降和电能耗损,尽可能接近负荷中心;②进、出线方便;③接近电源侧;④设备运输方便;⑤不应设在有剧烈振动或高温的场所,如不能避开,应采取相应措施;⑥不宜设在多尘或有腐蚀性气体的场所,当无法远离时,不应设在污染源盛行风向的下风侧;⑦不应设在厕所、浴室或其他经常积水场所的正下方,且不宜与上述场所相贴邻;⑧不应设在有爆炸危险环境的正上方或正下方,且不宜设在有火灾危险环境的正上方或正下方。正上方和正下方指相邻层。当与爆炸或火灾危险环境的建筑物毗邻时,应符合GB 50058—1992《爆炸和火灾危险环境电力装置设计规范》的规定;⑨不应设在地势低洼和可能积水的场所。

（2）装有可燃性油浸电力变压器的车间内变电所，不应设在三、四级耐火等级的建筑物内；当设在二级耐火等级的建筑物内时，建筑物应采取局部防火措施。这是考虑油浸变压器室虽已按最小耐火等级为一级设计，但为了防止变压器发生火灾事故时，火舌从变压室的排风窗向外窜出而危及燃烧体的屋顶承重构件或周围环境有火灾危险的场所，致使事故扩大。

（3）多层建筑中，装有可燃性油电气设备的变、配电所应设置在底层靠外墙部位，且不应设在人员密集场所的正上方、正下方、贴邻和疏散出口的两旁。这是考虑一旦装有可燃性油的电气设备发生爆炸或火灾事故时，不致危及大量人员，且便于疏散。此外，设置在底层是为了便于控制事故和设备运输方便。

（4）高层主体建筑内不宜设置装有可燃性油的电气设备的变、配电所，当条件限制必须设置时，应设在底层靠外墙部位，且不应设在人员密集场所的正上方、正下方、贴邻和疏散出口的两旁，并应按 GB 50045—1995《高层民用建筑设计防火规范》(2005 年版)有关规定，采取相应的防火措施。因为高层建筑内人员多，造价高，一旦发生火灾，造成的危害和损失严重。因此应采用具有非燃性能的电气设备，例如干式变压器、真空或 SF_6 断路器。

（5）露天或半露天的变电所，不应设置在下列场所。

① 有腐蚀性气体的场所。因为一般变压器和电气设备不适用于该场所，如无法避开，应采用防腐型变压器和电气设备。

② 挑檐为燃烧体或难燃体，以及耐火等级为四级的建筑物旁。这是为了防止变压器发生火灾事故时，燃及它们扩大事故面。

③ 附近有棉、粮及其他易燃、易爆物品集中的露天堆场，是指这些场所距离变压器在 50m 以内，如变压器油量在 2500kg 以下，距离可适当减小。

④ 容易沉积可燃粉尘、可燃纤维、灰尘或导电尘埃且严重影响变压器安全运行的场所。因为变压器上容易沉积这些物质，容易引起变压器瓷套管闪络造成事故，甚至引起火灾。

2．35～110kV 变电所所址选择

变电所的所址选择应符合下列要求。

（1）靠近负荷中心。

（2）进、出线方便，架空线和电缆线路的走廊应与所址同时确定。

（3）与企业发展规划相协调，并根据工程建设需要留有扩建的可能。

（4）节约用地，位于厂区外部的变电所应尽量不占或少占耕地。

（5）交通运输方便，便于主变压器等大型设备搬运。

（6）尽量不设在污秽区，否则应采取措施，或放在受污染源影响最小处。

（7）尽量避开剧烈震动的场所。

（8）位于厂区内的变电所，所址标高一般与厂区标高一致；位于厂区外的变电所，所址标高宜在 50 年一遇的高水位之上，否则应有防洪措施。

（9）具有适宜的地质条件，山区变电所应避开滑坡地带。

4.8.2 各级变配电所布置设计要求

1. 10kV 及以下变配电所布置设计要求

1）变配电所形式

变电所的形式根据用电负荷的分布情况和周围环境情况确定，并应符合下列规定。

（1）负荷较大的车间宜设附设变电所或半露天变电所。

（2）对于负荷较大的多跨厂房，负荷中心在厂房的中部，且环境许可时，宜设车间内变电所或组合式成套变电站。外壳为封闭式的组合式成套变电站占地小，可深入负荷中心，当其内部配用干式变压器、真空或 SF_6 断路器、难燃型电容器等电气设备时，可直接放在车间内或大楼非专用房间内。

（3）高层或大型民用建筑内，宜设室内变电所或组合式成套变电站。负荷小而分散的工业企业和大中城市的居民区宜设独立变电所；有条件时，也可设附设变电所或户外箱式变电站。户外箱式变电站具有缩短建设周期、占地较少，以及便于整体运输等优点。

（4）对于环境允许的中小城镇居民区和工厂生活区，当变压器容量在 315kV 及以下时，宜设杆上式或高台式变电所。

2）变配电所的布置要求

（1）布置应紧凑、合理，便于设备的操作、维修、巡视和搬运。

（2）变电所宜采用单层布置，在用地面积受限制或布置有特殊需要时，也可设计成多层，但一般不超过两层。在采用多层布置时，为便于搬运和便于采取防火措施，变压器应设在低层。上层配电室应设搬运设备的通道、平台或孔洞。

（3）有人值班的变配电所，应设单独的值班室。当低压配电室兼作值班室时，低压配电室面积应适当增大。高压配电室与值班室应直通或经过通道相通，值班室应有直接通向户外或走道的门。

（4）尽量利用自然采光和自然通风，变压器室和电容器室尽量避免日晒，值班室尽可能朝南。

（5）高、低压配电室内宜留有适当数量配电装置的备用位置。

（6）供给一级负荷用电的两路电缆不应通过同一条电缆沟，以免当一条电缆沟内的电缆发生事故或火灾时，影响另一条电缆运行。在电缆通道安排有困难而放置在同一条电缆沟内时，两条回路均应采用阻燃电缆，且为了防止当电缆短路放炮时可能发生的相互影响，两条回路电缆应分别架设在电缆沟两侧的支架上，其间应保持大于 400mm 的距离。

2. 35～110kV 变电所布置设计要求

1）变电所结构形式

（1）变电所一般为独立的，但企业总变电所为了高压深入负荷中心，也可采用附设式。

（2）变电所按配电装置的形式分为屋内式和屋外式。主变压器一般布置在室外，在特别污秽地区，其外绝缘应加强；或将主变压器也设在屋内，成为全屋内的变电所。

2）变电所的布置要求

（1）变电所的总平面布置应紧凑、合理。

（2）变电所宜设置不低于 2.2m 高的实体围墙。

（3）为满足消防要求，变电所内的主要道路宽度应为 3.5m。主要设备运输道路的宽度根据运输要求确定，并应具备回车条件。

（4）独立变电所的场地设计坡度应根据设备布置、土质条件、排水方式和道路纵坡确定，宜为 0.5%～2%，最小不应小于 0.3%，局部最大坡度不宜大于 6%。

（5）变电所所区场地宜绿化，以改善运行条件和美化环境，但严防绿化物影响电气设备安全运行。

（6）变电所控制室的布置设计要求有以下几点：①控制室应位于运行方便、电缆较短、朝向良好和便于观察屋外主要设备的地方；②控制室一般毗连于高压配电室。当变电所为多层建筑时，控制室一般设在上层；③控制屏（台）的排列布置宜与配电装置的排列次序相对应，以便值班人员记忆，缩短判别和处理事故的时间，减少误操作；④控制室的建筑应按变电所的规划容量在第一期工程中一次建成；⑤对于无人值班变电所的控制室，仅需考虑临时性的巡回检查和检修人员的工作需要，面积可适当减小。

4.8.3　各级变配电所配电装置安全净距的确定及校验方法

1. 3～110kV 配电装置

1）屋外配电装置

屋外配电装置的安全净距不应小于表 4-4 所列数值，并按图 4-37～图 4-39 所示校验。电气设备外绝缘体最低部距地小于 2500mm 时，应装设固定遮拦。

表 4-4　屋外配电装置的安全净距　　　　　单位：mm

符号	适 用 范 围	图号	系统标称电压/kV					
			3～10	15～20	35	66	110J	110
A_1	1. 带电部分至接地部分之间 2. 网状遮拦向上延伸线距地 2.5m 处与遮拦上方带电部分之间	4-37 4-38	200	300	400	650	900	1000
A_2	1. 不同相的带电部分之间 2. 断路器和隔离开关的断口两侧引线带电部分之间	4-37 4-39	200	300	400	650	1000	1100
B_1	1. 设备运输时，其设备外廓至无遮拦带电部分之间 2. 交叉的不同时停电检修的无遮拦带电部分之间 3. 栅状遮拦至绝缘体和带电部分之间 4. 带电作业时，带电部分至接地部分之间	4-37 4-38 4-39	950	1050	1150	1400	1650	1750
B_2	网状遮拦至带电部分之间	4-38	300	400	500	750	1000	1100
C	1. 无遮拦裸导体至地面之间 2. 无遮拦裸导体至建筑物、构筑物顶部之间	4-38 4-39	2700	2800	2900	3100	3400	3500
D	1. 平行的不同时停电检修的无遮拦带电部分之间 2. 带电部分与建筑物、构筑物的边沿部分之间	4-37 4-38	2200	2300	2400	2600	2900	3000

注：①110J 指中性点有效接地系统。②海拔超过 1000m 时，A 值应修正。③本表所列各值不适用于制造厂的成套配电装置。④带电作业时，对于不同相或交叉的不同回路带电部分之间，B_1 值可取 A_2＋750mm。

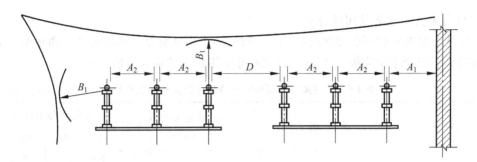

图 4-37　屋外 A_1、A_2、B_1、D 值校验图

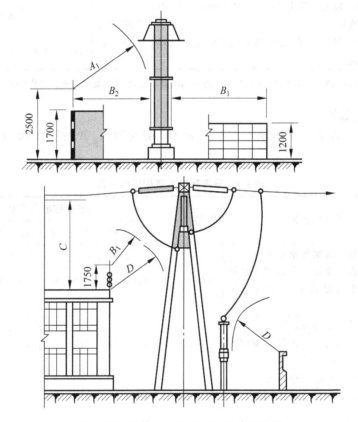

图 4-38　屋外 A_1、B_1、B_2、C、D 值校验图

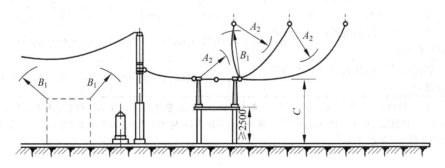

图 4-39　屋外 A_2、B_1、C 值校验图

2）屋外配电装置使用软导线

屋外配电装置使用软导线时，在不同条件下，带电部分至接地部分和不同相带电部分之间的最小安全净距应按表 4-5 所示校验，并采用其中的最大数值。

表 4-5　不同条件下屋外软导线的计算风速和安全净距　　　　单位：mm

条　件	校 验 条 件	计算风速/(m/s)	A 值	系统标称电压/kV			
				35	66	110J	110
雷电过电压	雷电过电压和风偏		A_1	400	650	900	1000
			A_2	400	650	1000	1100
工频过电压	1. 最大工作电压、短路和风偏（取 10m/s 风速）	10 或最大设计风速	A_1	150	300	300	450
	2. 最大工作电压和风偏（取最大设计风速）		A_2	150	300	500	500

注：在气象条件恶劣的地区（如最大设计风速为 35m/s 及以上，以及雷暴时风速较大的地区）用 15m/s。

3）屋内配电装置

屋内配电装置的安全净距不应小于表 4-6 所列数值，并按图 4-40 和图 4-41 所示校验。

表 4-6　屋内配电装置的安全净距　　　　单位：mm

符号	适 用 范 围	图号	系统标称电压/kV								
			3	6	10	15	20	35	66	110J	110
A_1	带电部分至接地部分之间 网状和板状遮拦向上延伸线距地 2300mm 处与遮拦上方带电部分之间	4-40	75	100	125	150	180	300	550	850	950
A_2	不同相的带电部分之间 断路器和隔离开关的断口两侧引线带电部分之间	4-40	75	100	125	150	180	300	550	900	1000
B_1	栅状遮拦至带电部分之间 交叉的不同时停电检修的无遮拦带电部分之间	4-40 4-41	825	850	875	900	930	1050	1300	1600	1700
B_2	网状遮拦至带电部分之间	4-40	175	200	225	230	280	400	650	950	1050
C	无遮拦裸导体至地（楼）面之间	4-40	2500	2500	2500	2500	2500	2600	2850	3150	3250
D	平行的不同时停电检修的无遮拦裸导体之间	4-40	1875	1900	1925	1950	1980	2100	2350	2650	2750
E	通向屋外的出线套管至屋外通道的路面	4-41	4000	4000	4000	4000	4000	4000	4500	5000	5000

注：①110J 指中性点有效接地系统。②海拔超过 1000m 时，A 值应修正。③当为板状遮拦时，其 B_2 值可取 A_1+30mm。④通向屋外配电装置的出线套管至屋外地面的距离，不应小于表 4-4 所列屋外部分的 C 值。⑤本表所列各值不适用于制造厂的产品设计。

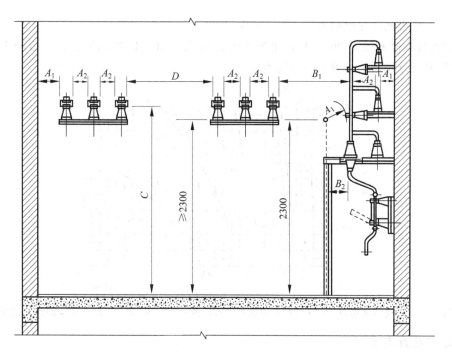

图 4-40　屋内 A_1、A_2、B_1、B_2、C、D 值校验图

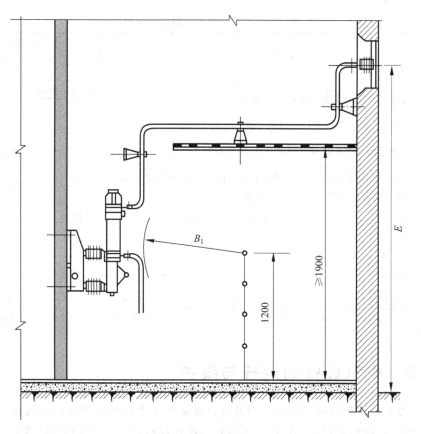

图 4-41　屋内 B_1、E 值校验图

4) 高海拔地区配电装置

当海拔高度超过 1000m 时,配电装置的 A 值应按图 4-42 所示修正。A 值修正后,其 B、C、D 值应分别增加 A 值的修正差值。

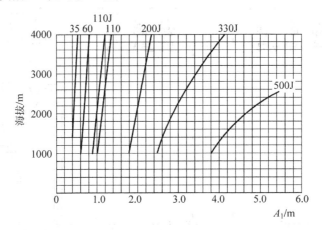

图 4-42　海拔高度超过 1000m 时,A 值的修正(A_2 值和屋内的 A_1、A_2 值可按本图比例递增)

2. 低压配电装置

低压屋内、外配电装置的安全净距应符合表 4-7 所示规定。

表 4-7　屋内、外配电装置的安全净距　　　　　　　　单位:mm

符号	适 用 范 围	场所	额定电压/kV <0.5
	无遮拦裸带电部分至地(楼)面之间	室内	屏前 2500,屏后 2300
		室外	2500
	有 IP2X 防护等级遮拦的通道净高	室内	1900
A	裸带电部分至接地部分和不同相的裸带电部分之间	室内	20
		室外	75
B	距地(楼)面 2500mm 以下裸带电部分的遮拦防护等级为 IP2X 时,裸带电部分与遮护物间水平净距	室内	100
		室外	175
	不同时停电检修的无遮拦裸导体之间的水平距离	室内	1875
		室外	2000
	裸带电部分至无孔固定遮拦	室内	50
C	裸带电部分至用钥匙或工具才能打开或拆卸的栅栏	室内	800
		室外	825
	低压母排引出线或高压引出线的套管至屋外人行通道地面	室外	3650

注:海拔高度超过 1000m 时,表中符号 A 项数值应按每升高 100m 增大 1% 修正。B、C 两项数值应相应地加上 A 项的修正值。

4.9　电气设备的运行与维护

电气设备应定期巡视、检查,以便及时发现运行中出现的设备缺陷和故障,在有人值班的变电所内,配电装置应每班或每天进行一次外部检查。在无人值班的变电所内,电气设备应至少每月检查一次。如遇短路引起开关跳闸或其他特殊情况(如雷击),应对设备进行特别检查。下面简单介绍几种主要电气设备的维护。

4.9.1　断路器的正常巡视、检查

由于断路器在电网安全运行中占有很重要的地位,为使断路器始终处于完好状态,巡视检查工作非常重要,特别是对容易造成事故的部分(如操动机构、瓷套、油位、压力表等)的巡回检查,大部分缺陷是可以及时被发现和处理的。所以,运行中的巡视、检查、监视和维护等工作十分重要。

1. 目测项目

1) 油位检查

在油断路器中,油位应正常,油应在油位表上、下限油位监视线中。

2) 油色的检查

油断路器的油色检查虽不能直接、准确地判明断路器中的油质是否合格,但可简便、粗略地判别油质的优劣程度。经验表明,根据运行中油的颜色、透明度、气味能初步确定油质的优劣。

3) 检查是否有渗漏油

为保证油断路器安全、可靠地运行,运行中的油断路器应无渗漏油。若渗漏油,一则使设备和环境油污,影响美观;二则渗油严重时,使断路器油位降低,油量不足,将影响开断容量。因此,凡发现有渗漏油现象,尤其渗漏严重时,应及时汇报处理。

4) 表计检查

液压机构上都装有压力表。额定工作压力应符合制造厂的规定,活塞杆行程及微动开关位置应正常。对于六氟化硫断路器,应每班定时记录六氟化硫气体压力和温度,对照"压力温度"曲线进行比较,其表计指示数值折算到当时环境温度下的数值应在标准范围内。如压力降低,在同一温度下两次表压力读数差值超过规定值,说明有漏气现象,应及时检查并汇报工段(区)处理。例如,进入六氟化硫开关室,应开启通风机一般不少于15min。当六氟化硫密度继电器报警时,不得进入该开关室,如果工作人员进入,须戴防毒面具、手套,穿防护衣。

5) 瓷套检查

检查断路器的瓷套应清洁、无裂纹、无破损和无放电痕迹。

6) 真空断路器的检查

真空断路器应检查真空灭弧室有无异常,玻璃泡应清晰,屏蔽罩内颜色应无变化,在分闸时弧光呈蓝色为正常。

7) 断路器导电回路和机构部分

检查导电回路应良好。软铜片连接部分应无断片、断股现象。与断路器连接的接头接触应良好,无过热现象。机构部分应紧固,开口销应完整、开口。转动、传动部分应有润滑油,断路器分、合位置指示器应正确,与实际运行工况相符。

8) 操动机构的检查

操动机构的作用是使断路器分闸、合闸,并保持断路器在合闸状态。由于操动机构的

性能在很大程度上决定了断路器的性能及质量优劣,因此,对于断路器来说,操动机构非常重要。由于断路器动作是靠操动机构实现的,操动机构又容易发生故障,因此巡视、检查中,必须引起重视。

2. 耳听判断检查项目

(1)瓷套应无污损产生的放电声。

(2)断路器引线应无接触不良引起的放电声。

(3)油断路器内部应无"吱吱"放电声或油的翻滚声。

(4)六氟化硫断路器及管道应无气体泄漏声和振动声,管道夹头应正常。若有异状,应及时汇报并处理。

3. 鼻嗅判别项目

(1)检查分、合闸线圈,接触器、电机应无焦臭味,或因放电而产生的臭氧味。如嗅到上述味道,必须全部进行详细检查,消除隐患。

(2)六氟化硫断路器各部件与管道连接处应无漏气异味。若有异味,应及时汇报并处理。

4.9.2　隔离开关在运行中的监视及检查

一般检查项目如下所述。

(1)检查隔离开关绝缘子时,绝缘子应清洁,无裂纹,无砸伤和放电现象。

(2)转轴、齿轮、框架连杆、拐臂、"十"字头及销子,位置应正确,无歪斜、松动、脱落等不正常现象。

(3)锁住机构及连锁。闭锁装置应良好;在隔离开关拉开后,应检查电磁闭锁或机械闭锁的销子确已锁牢;操动机构的联动切换触点位置应正确。

(4)刀片和刀嘴的消弧角应无烧伤、不变形、不锈蚀、不倾斜,否则使触头接触不良。在触头接触不良的情况下,会有较大的电流通过消弧角,引起两个消弧角发热、发红。当夜间巡视、检查时,在远处就可以看到像一个小红火球似的,严重时会焊接在一起,使隔离开关无法拉开。

(5)接地开关接地应牢固、可靠,并注意检查其接地体可见部分应完好,特别是易损坏的可烧部分。

(6)拉开的隔离开关,其断口的空气距离应符合厂家要求,三相触头应平衡、平行。

(7)检查操动机构各部件有无变形锈蚀和机械损伤,部件之间应连接牢固和无松动脱落现象。

(8)基础应良好,应无下沉、无倾斜和无损坏。

(9)隔离开关的触头应接触良好,无脏污,无烧伤痕迹;弹簧片及铜辫子应无断股、折断现象,不偏斜、不振动、不发热及不锈蚀。这是因为隔离开关在运行中,刀片和刀嘴的弹簧片会锈蚀或过热,使弹力减低;隔离开关在断开后,刀片及刀嘴暴露在空气中,容易发生氧化和脏污;隔离开关在操作过程中,电弧会烧伤、静触头的接触面,而各个联动机件会发生磨损或变形,影响接触面的接触;在操作过程中若用力不当,还会使接触位置不正,触头压力不足,及产生机械磨损。上述这些情况均会导致隔离开关动、静触头接触不良,值班人员应加强检查和维护,及时消除设备缺陷,保证隔离开关安全运行。

4.9.3　熔断器的巡视检查

熔断器本体的巡视检查项目和隔离开关相同。另外,要注意以下几点。

(1) 熔断器在每次熔体熔断后,应检查熔体管;如果烧坏,应更换新的。

(2) 熔体管投入后应严密,不得过紧或过松,以免不易跳开或自动脱落。

(3) 熔体管的各接触部分应无音响及火花放电现象。

(4) 按规定,定期更换熔体和熔体管。

(5) 更换熔体时,不应任意采用自制熔体,不可用低压熔体代替高压熔体,以免引起非选择性动作等故障,破坏正常供电。

本章小结

本章主要介绍一次回路、一次设备的概念;电弧的产生与熄灭;常用高、低压电器的结构、形式、型号、技术参数、用途、动作原理、灭弧原理以及适用场合等;电流、电压互感器的概念、工作原理和主要功能;电流、电压互感器的分类、型号、接线方案和使用注意事项;企业变电所常用主接线的基本形式;企业变电所的位置、布局和结构;新型变压器、新型开关设备简单介绍。高压电气设备的运行与维护等。

通过本章的学习,可以使同学们对配电系统中使用的各种开关以及保护电器有一个深刻的认识,基本了解电气设备的操作知识,掌握企业变电所各种主接线形式等。了解新型电气设备的发展趋势。为以后的工作打下初步的基础。

习题

4-1　电弧是一种什么现象?其基本特征是什么?它对电气设备的安全运行有哪些影响?

4-2　开关触头间产生电弧的原因是什么?发生电弧有哪些游离方式?

4-3　使电弧熄灭的条件是什么?电弧熄灭的去游离方式有哪些?开关电器中有哪些常用的灭弧方法?其中最常用、最基本的灭弧方法是哪一种?

4-4　变压器是根据什么原理工作的?它有哪些主要用途?

4-5　变压器的主要组成部分是什么?各部分的作用是什么?

4-6　什么是电力变压器的额定容量?其负荷能力与哪些因素有关?

4-7　我国6~10kV变配电所采用的电力变压器按绕组绝缘和冷却方式分,有哪些类型?各适用于什么场合?

4-8　变压器的正常过负荷能力有何规定?

4-9　变压器故障的分析方法有哪几种?

4-10　变压器常见故障的部位有哪些?

4-11　熔断器的主要功能是什么?什么叫"限流"熔断器?

4-12 高压隔离开关有哪些功能？它为何不能带负荷操作？它为什么能作为隔离电器来保证安全检修？

4-13 高压负荷开关有哪些功能？在采用高压负荷开关的电路中,采用什么措施保护短路？

4-14 高压断路器有哪些功能？少油断路器和多油断路器中的油各起什么作用？

4-15 对于高压少油断路器、六氟化硫断路器和真空断路器,各自的灭弧介质是什么？灭弧性能各如何？各适用于什么场合？

4-16 低压断路器有哪些功能？按结构分为哪两大类型？

4-17 高压熔断器、高压隔离开关、高压负荷开关、高压断路器及低压刀开关在选择时,哪些需要校验断流能力？哪些需校验短路动、热稳定度？

4-18 电流互感器和电压互感器有哪些功能？电流互感器工作时,二次侧开路有何后果？

4-19 企业供电系统由什么组成？

4-20 企业变配电站的作用和类型是什么？

4-21 企业变配电所的电气主接线有哪些类型？

4-22 线路—变压器组单元接线有什么优缺点？

4-23 什么是内桥式接线和外桥式接线？各适用于什么场合？

电气设备的选择

知识点

1. 电气设备选择和校验的条件。
2. 电力变压器和互感器的选择。
3. 高、低压开关设备的选择和校验。
4. 低压保护电器的选择和校验。
5. 限流电抗器的选择和校验。

5.1 常用电气设备选择和校验的条件

5.1.1 电气设备选择的一般原则

(1) 应满足正常运行、检修、短路和过电压情况下的要求,并考虑远景发展。

(2) 应按当地环境条件校核。

(3) 应力求技术先进和经济合理。

(4) 与整个工程的建设标准应协调一致。

(5) 同类设备应尽量减少品种。

(6) 选用的新产品均应具有可靠的试验数据,并经正式鉴定合格。

5.1.2 技术条件

1. 长期工作条件

(1) 额定电压:电气设备的额定电压 U_N 应不小于设备所在回路的最高运行电压 U_z,即

$$U_N \geqslant U_z \tag{5-1}$$

三相交流 3kV 及以上设备的最高电压如表 5-1 所示。

表 5-1 额定电压与设备最高电压   单位：kV

用电设备或系统额定电压	供电设备额定电压	设备最高电压
3	3.15	3.5
6	6.3	6.9
10	10.5	11.5
35		40.5
63		69
110		126

（2）额定电流：电气设备的额定电流应不小于设备所在回路在各种可能运行方式下的持续工作电流 I_z，即

$$I_N \geqslant I_z \tag{5-2}$$

不同回路的持续工作电流按表 5-2 中所列原则计算。

表 5-2 回路持续工作电流

回 路 名 称		计算工作电流	说 明
出线	带电抗器出线	电抗器额定电流	
	单回路	线路最大负荷电流	包括线路损耗与事故时转移过来的负荷
	双回路	1.2～2 倍一回线的正常最大负荷电流	包括线路损耗与事故时转移过来的负荷
	环形与一台半断路器接线回路	两条相邻回路正常负荷电流	考虑断路器事故或检修时，一条回路加另一条最大回路负荷电流的可能
	桥形接线	最大元件负荷电流	桥回路尚需考虑系统穿越功率
变压器回路		1.05 倍变压器额定电流	1. 根据在 0.95 额定电压以上时，其容量不变 2. 带负荷调压变压器应按变压器的最大工作电流计算
		1.3～2 倍变压器额定电流	若要求承担另一台变压器事故或检修时转移的负荷，需考虑继电保护后确定
母线联络回路		1 个最大电源元件的计算电流	
母线分段回路		分段电抗器额定电流	1. 考虑电源元件事故跳闸后仍能保证该段母线负荷 2. 分段电抗器：一般发电厂为最大一台发电机额定电流的 50%～80%，变电所应满足用户的一级负荷和大部分二级负荷
旁路回路		需旁路的回路最大额定电流	

（3）机械荷载：电器端子的允许荷载应大于电器引线在正常运行和短路时的最大作用力。电器机械荷载的安全系数，由制造部门在产品制造中统一考虑。具体数据见产品使用说明或查相关设计手册。

注意：①由于变压器短路过载能力很大，双回路出线的工作电流变化幅度也很大，故

工作电流应根据实际需要确定；②高压电器没有明确的过载能力，所以在选择其额定电流时，应满足各种可能运行方式下回路持续工作电流的要求。

2. 短路稳定条件

（1）动稳定校验：应满足动稳定的条件，即

$$i_{max} \geqslant i_{sh} \quad 或 \quad I_{max} \geqslant I_{sh} \tag{5-3}$$

式中：i_{max} 和 I_{max} 分别为电器的极限通过电流峰值和有效值。

（2）热稳定校验：应满足热稳定的条件，即

$$I_t^2 t \geqslant I_\infty^2 t_{ima} \tag{5-4}$$

式中：I_t 为电气设备在 t 秒时间内的热稳定电流；t 为热稳定试验时间，s；t_{ima} 为假想时间，s。

（3）绝缘水平：在工作电压和过电压的作用下，电器的内、外绝缘应保证必要的可靠性。应按电网中出线的各种过电压和保护设备相应的保护水平来确定。当所选电器的绝缘水平低于国家标准数值时，应通过绝缘配合计算，选用适当的过电压保护设备。

5.1.3　环境条件

使用环境条件：包括设备的安装地点（户内或户外）、环境温度、海拔高度、相对湿度等，还应考虑防尘、防腐、防爆、防火等要求。

（1）温度：我国生产的电气设备是按环境温度 $\theta_0 = 40℃$ 设计的。如果安装地点的实际环境温度 $\theta_0' \neq 40℃$，则式（5-2）中额定电流应乘以温度校正系数 $K_\theta = \sqrt{\dfrac{\theta_{al} - \theta_0'}{\theta_{al} - \theta_0}}$。

当环境温度高于 40℃ 但不高于 60℃ 时，环境温度每增高 1℃，应减少额定电流 1.8%；当环境温度低于 40℃ 时，环境温度每降低 1℃，可相应地增加额定电流 0.5%，但增加总量不得超过 20%。

普通电器的一般环境温度最低为 -30℃，高寒地区需要选择 -40℃ 的高寒电器。年最高温度超过 40℃ 而长期处于低湿度的干热地区，应选型号为 TA 的干热带产品。

（2）日照：室外电器，日照强度取 $0.1W/cm^2$，风速取 0.5m/s。

（3）风速：最大风速为离地 10m 高，30 年一遇的 10min 平均最大风速。一般高压电器可在不大于 35m/s 的环境下使用。

（4）冰雪：隔离开关的破冰厚度一般为 10mm。

（5）湿度：一般电器可使用在 +20℃，相对湿度 90% 的环境中（电流互感器为 85%）。超过此值，可选湿热带型 TH 产品。

（6）污秽：各种气体、污秽物、盐雾等，较复杂，可参考相关设计手册。

（7）海拔：海拔高度超过 1000m 时，应选用高原型产品。

（8）地震：地震基本烈度 7 度及以下可不采取措施；7 度以上，应按照相关规范进行处理。

5.1.4　环境保护

1. 电磁干扰

频率大于 10kHz 的无线电干扰主要来自于电器的电流、电压突变和电晕放电。电器

及金具在最高工作相电压下,晴天的夜晚不应出现可见电晕。110kV 电器户外晴天无线电干扰电压不应大于 $2500\mu V$。经验表明,110kV 以下电器一般可不校验无线电干扰电压。

2. 噪声

在距离电器 2m 处,噪声不应大于下列水平。

(1) 连续性噪声水平：85dB。

(2) 非连续性噪声水平：屋内 90dB；屋外 110dB。

5.2 电力变压器的选择

5.2.1 变压器选择条件

应按表 5-3 所列技术条件选择变压器,并按表中使用环境条件校验。

表 5-3 变压器参数选择

项 目		参 数
技术条件		形式、容量、绕组电压、相数、频率、冷却方式、连接组别、短路阻抗、绝缘水平、调压方式、调压范围、励磁涌流、并联运行特性、损耗、温升、过载能力、中性点接地方式、附属设备、特殊要求
环境条件	环境	环境温度、日温差、最大风速、相对湿度、污秽、海拔高度、地震烈度
	环境保护	噪声、电磁干扰

5.2.2 10kV 及以下变电所变压器的选择

1. 变压器台数的选择

(1) 变压器台数应根据负荷特点和经济运行进行选择。当符合下列条件之一时,宜装设两台及以上变压器：①有大量一级负荷或二级负荷；②季节性负荷变化较大；③集中负荷较大。

(2) 装两台及以上变压器的变电所,当其中任一台变压器断电时,其余变压器的容量应满足一级负荷及二级负荷的用电。

(3) 变电所中单台变压器的容量不宜大于 1250kV·A。当用电设备容量较大、负荷集中且运行合理时,可选用较大容量的变压器。

(4) 在一般情况下,动力和照明宜共用变压器。当属于下列情况之一时,可设专用变压器：

① 当照明负荷较大或动力和照明采用共用变压器严重影响照明质量及灯泡寿命时,可设照明专用变压器。

② 单台单相负荷较大时,宜设单相变压器。

③ 冲击性负荷较大,严重影响电能质量时,可设冲击负荷专用变压器。

④ 在电源系统不接地或经阻抗接地,电气装置外露导电体就地接地系统的低压电网中,照明负荷应设专用变压器。

(5) 多层或高层主体建筑内变电所,宜选用不燃或难燃型变压器。

(6) 在多尘或有腐蚀性气体严重影响变压器安全运行的场所,应选用防尘型或防腐型变压器。

2. 变压器容量的选择

(1) 装有一台变压器的变电所:主变压器的容量应满足全部用电设备总计负荷的需要,即 $S_{NT} \geq S_{30}$。

(2) 装有两台变压器的变电所:每台变压器的容量应同时满足以下两个条件。

① 任一台变压器单独运行,应满足总计负荷 S_{30} 大约 70% 的需要,即 $S_{NT} \approx 0.7 S_{30}$。

② 任一台变压器单独运行,应满足全部一、二级负荷 $S_{30(I+II)}$ 的需要,即 $S_{NT} \geq S_{30(I+II)}$。

(3) 车间变电所变压器容量的上限值:一般不宜大于 1250kV·A。对装设在二层以上的电力变压器,应考虑其垂直和水平运输时对通道及楼板荷载的影响。如果采用干式变压器,其容量不宜大于 630kV·A。对于住宅小区变电所内的油浸式变压器,单台容量不宜大于 630kV·A。

变电所主变压器台数和容量,应结合变电所主接线方案的选择,通过对几个较合理的方案进行技术经济比较后择优确定。

例 5-1 某 10/0.4kV 车间变电所的总计算负荷为 1400kV·A,其中一、二级负荷为 750kV·A。试初步确定主变压器台数和单台容量。

解 由于变电所有一、二级负荷,所以变电所应选用两台变压器。

根据公式得

$$S_{NT} \geq 0.7 S_{30} = 0.7 \times 1400 = 980 (kV·A)$$
$$S_{NT} \geq S_{(I+II)} = 750 kV·A$$

因此,单台变压器容量选为 1000kV·A。

3. 电力变压器的连接组别

电力变压器的连接组标号,是指变压器一、二次(或一、二、三次)绕组因采取不同的连接方式而形成变压器一、二次(或一、二、三次)侧对应的线电压之间不同的相位关系。

6~10kV 变压器通常采用 Dyn11 接线和 Yyn0 接线的连接组别。近年来,Dyn11 接线的配电变压器逐步推广和应用,它有以下优点。

(1) Dyn11 接线变压器能有效地抑制 3 的整数倍高次谐波电流的影响。

(2) Dyn11 接线变压器较 Yyn0 接线变压器更有利于低压侧单相接地短路故障的切除。

(3) Dyn11 接线变压器承受单相不平衡负荷的能力远比 Yyn0 接线的变压器大。

规程规定:Yyn0 接线的变压器中性线电流不得超过二次绕组额定电流的 25%,Dyn11 接线变压器中性线电流不得超过二次绕组额定电流的 75%。

5.2.3 35~110kV 变电所主变压器的选择

1. 选择原则

(1) 主变压器的台数和容量应根据地区供电条件、负荷性质、用电容量和运行方式等条件综合考虑、确定。

（2）在有一、二级负荷的变电所中宜装设两台主变压器；当技术、经济比较合理时，可装设两台以上主变压器。如变电所可由中、低压侧电力网取得足够容量的备用电源，可装设一台主变压器。

（3）对于装有两台及以上主变压器的变电所，当断开一台时，其余主变压器的容量不应小于 60% 的全部负荷，并应保证用户的一、二级负荷。

（4）具有三种电压的变电所，如通过主变压器各侧绕组的功率均达到该变压器容量的 15% 以上，主变压器宜采用三绕组变压器。

（5）电力潮流的变化大和电压偏差大的变电所，如经计算，普通变压器不能满足电力系统和用户对电压质量的要求时，应采用有载调压变压器。

（6）选择变压器连接组标号时，配电侧同级电压相位角要一致。

（7）变压器结构性能和运行特性要根据实际情况确定，并满足运行要求。

（8）中性点接地方式可选择直接接地或非直接接地两种。一般要由中性点引出。

2. 双绕组电力变压器连接组别选择

（1）YNd11 接线：用于高压侧为 110kV 及以上的大电流接地系统中的变压器。

（2）Yd11 接线：用于高压侧为 35～60kV，低压侧为 6～10kV 的输配电系统。其低压侧采用三角形接法，可以改善电网的电压波形，使三次谐波电流只能在三角形绕组内形成环流，不至于传输到用户和供电线路中去。

（3）Yyn0 接线：用于高压侧为 6～10kV，低压侧为 380/220V 的配电变压器，其低压侧引出中性线，构成三相四线制供电。

5.2.4 变压器阻抗和电压调整方式的选择

（1）变压器的阻抗大小主要决定于变压器的结构和采用的材料。从电力系统稳定和供电电压质量考虑，希望主变压器的阻抗越小越好，但阻抗偏小会使系统短路电流增加，高、低压电器选择困难。所以，主变压器阻抗的选择要考虑各个方面的因素，并应以对工程起决定性作用的因素来确定。对于双绕组的普通变压器，一般按标准规定值选择。

（2）对三绕组的普通型和自耦型变压器，目前有升压型和降压型两种结构。升压型的绕组排列顺序自铁心向外，依次为中、低、高；降压型的绕组排列顺序自铁心向外，依次为低、中、高。所以，升压型的高、中压侧阻抗最大，降压型的高、低压侧阻抗最大。

（3）电压调整方式选择是用分接开关切换变压器的分接头改变变比来实现的。一种是不带电切换，称为无励磁调压，调整范围通常在 ±5% 以内；另一种是带电切换，称为有载调压，调整范围可达 30%。

对于 110kV 及以下的变压器，宜考虑至少有一级电压的变压器采用有载调压方式。

分接头一般按以下原则设置：在高压绕组或中压绕组上，而不是在低压绕组上；尽量在星形连接绕组上，而不是在三角形连接的绕组上；在电网电压变化大的绕组上。

5.3　互感器的选择和校验

5.3.1　电流互感器选择

1. 形式选择

35kV以下屋内配电装置的电流互感器采用树脂浇注绝缘结构；35kV及以上配电装置一般采用油浸瓷箱式绝缘结构的独立式电流互感器,树脂浇注绝缘电流互感器。

2. 一次额定电压、电流

(1) 一次绕组额定电压：应不低于安装地点电网的额定电压。

(2) 当电流互感器用于测量时,一次绕组额定电流应尽量选择得比回路中正常工作电流大 1/3 左右,或者取线路最大工作电流或变压器额定电流的 1.2～1.5 倍。

(3) 电力变压器中性点电流互感器的一次额定电流应按大于变压器允许的不平衡电流选择,一般可按变压器额定电流的 1/3 选择。

3. 准确度等级

准确度等级与二次侧负荷的选择：电流互感器二次侧的实际负荷应小于其准确度等级所规定的额定二次负荷,即

$$S_{2N} \geqslant S_2 = I_{2N}^2 Z_2 = I_{2N}^2 \left(\sum Z_i + R_{WL} + R_{XC} \right)$$

或

$$S_2 \approx \sum S_i + I_{2N}^2 (R_{WL} + R_{XC}) \tag{5-5}$$

式中：Z_2 为二次侧总阻抗；$\sum Z_i$ 为二次侧串接的所有仪表、继电器等的阻抗值之和,可由手册查出；R_{WL} 为连接导线的电阻；R_{XC} 为接触电阻,一般取 0.1Ω。

因此,满足准确度等级的连接导线电阻为

$$R_1 \leqslant \frac{S_{2N} - I_{2N}^2 \left(\sum Z_i + R_{XC} \right)}{I_{2N}^2} \tag{5-6}$$

则连接导线的截面为

$$A = \frac{l_c}{\gamma R_1} \tag{5-7}$$

式中：l_c 为连接导线的计算长度,m,与电流互感器的接线方式有关。一相式接线 $l_c = 2l$；三相完全星形接线 $l_c = l$；两相不完全星形接线和两相电流差接线 $l_c = \sqrt{3} l$。其中,l 为从电流互感器二次端子到仪表、继电器接线端子的单向长度。

注意：选择电流互感器二次侧连接导线截面时,还应按机械强度进行校验。一般要求铜线截面不得小于 $1.5\mathrm{mm}^2$,铝线截面不得小于 $2.5\mathrm{mm}^2$。

4. 稳定度校验

(1) 动稳定校验：满足动稳定的条件为

$$\sqrt{2} K_{es} I_{1N} \geqslant i_{sh} \tag{5-8}$$

式中：K_{es} 为电流互感器的动稳定倍数，且 $K_{es} = \dfrac{i_{max}}{\sqrt{2}\,I_{1N}}$。

（2）热稳定校验：满足热稳定的条件为

$$(K_t I_{1N})^2 t \geqslant I_\infty^2 t_{i \cdot max} \tag{5-9}$$

式中：K_t 为电流互感器的热稳定倍数，且 $K_t = \dfrac{I_t}{I_{1N}}$。

例 5-2　某变电所 10kV 母线处，三相短路电流为 10kA，三相短路冲击电流为 25kA，假想时间为 1.2s。现拟在母线的一条出线处安装两只 LQJ-10 型电流互感器，分别装于 U、W 两相。其中，0.5 级二次绕组用于测量，接有三相有功电能表和三相无功电能表的电流线圈各一只，每一个电流线圈消耗功率 0.5V·A；电流表一只，消耗功率 3V·A。电流互感器二次回路采用 BV-500-1×2.5mm² 的铜心塑料线，互感器距仪表的单向长度为 2m。若线路负荷计算电流为 50A，试选择电流互感器变比并校验其动稳定度、热稳定度和准确度。

解　查相关手册或附表 13，根据线路计算电流 50A，初选变比为 75/5 的 LQJ-10 型电流互感器，如下所示。

$$K_{es} = 225, \quad K_t = 90, \quad 0.5 \text{ 级二次绕组的 } S_{2N} = 10\text{V·A}$$

（1）动稳定度校验：

$$K_{es} \times \sqrt{2}\,I_{1N} = 225 \times 1.414 \times 0.075 = 23.86(\text{kA}) < 25\text{kA}$$

不满足动稳定度要求。

重选变比为 160/5，$K_{es} = 160$，$K_t = 75$，则

$$K_{es} \times \sqrt{2}\,I_{1N} = 160 \times 1.414 \times 0.16 = 36.2(\text{kA}) > 25\text{kA}$$

满足动稳定度要求。

（2）热稳定度校验：

$$(K_t I_{1N})^2 t = (75 \times 0.16)^2 \times 1 = 144 > I_\infty^{(3)2} t_{i \cdot max} = 10^2 \times 1.2 = 120$$

满足热稳定度要求。

（3）准确度校验：

$$S_2 \approx \sum S_i + I_{2N}^2(R_{WL} + R_{XC})$$
$$= (0.5 + 0.5 + 3) + 5^2 \times [\sqrt{3} \times 2/(53 \times 2.5) + 0.1]$$
$$= 7.15(\text{V·A}) < 10\text{V·A}$$

满足准确度要求。

5.3.2　电压互感器选择

1. 形式选择

（1）6～35kV 电压互感器在高压开关柜中，或在布置地位狭窄的地方，可采用树脂浇注绝缘结构；当需要零序电压时，一般采用三相五柱电压互感器，或三个单相三绕组电压互感器。

（2）35～110kV 屋外配电装置一般采用油浸绝缘结构电磁式电压互感器。

2. 连接方式的选择

在满足二次电压和负荷要求的条件下,电压互感器应尽量采用简单接线。

3. 电压的选择

电压互感器一次绕组的额定电压应与安装地点电网的额定电压相同,二次绕组的额定电压通常为100V,如表5-4所示。

表 5-4 电压互感器的额定电压选择

形式		一次电压/V	二次电压/V	第三绕组电压/V	
单相	接于一次线电压上	U_N	100	—	
	接于一次相电压上	$U_N/\sqrt{3}$	$100/\sqrt{3}$	中性点非直接接地系统	$100/3$、$100/\sqrt{3}$
				中性点直接接地系统	100
三相		U_N	100	$100/3$	

4. 准确度等级和二次侧负荷的选择

电压互感器二次侧的实际负荷必须小于其准确度等级所规定的额定二次负荷,即

$$S_{2N} \geq S_2 = \sqrt{\sum_{i=1}^{n} (S_i\cos\varphi_i)^2 + (S_i\sin\varphi_i)^2} \tag{5-10}$$

式中:S_i、$\cos\varphi_i$ 分别为二次侧所接仪表并联线圈消耗的功率及其功率因数。

注意:①电压互感器的三相负荷通常并不相等,为了满足准确度要求,应按最大负荷相进行选择。②连接电压互感器与测量仪表的铜线截面不得小于1.5mm²,铝线截面不得小于2.5mm²。③对于在中性点非直接接地系统中的电压互感器,为了防止铁磁谐振过电压,应采取消谐措施,并选用全绝缘。④电磁式电压互感器可兼作并联电容器的泄能设备。

5.4 高压开关设备的选择和校验

5.4.1 高压断路器

1. 参数选择

断路器及其操动机构应按表5-5所列技术条件选择,并按表中使用环境条件校验。

表 5-5 断路器参数选择

项 目		参 数
技术条件	正常工作条件	电压、电流、频率、机械荷载
	短路稳定性	动稳定电流、热稳定电流和持续时间
	承受过电压能力	对地和断口间的绝缘水平、泄漏比距
	操作性能	开断电流、短路关合电流、操作循环、操作次数、操作相数、分合闸时间及同期性、对过电压的限制、某些特需的开断电流、操动机构
环境条件	环境	环境温度、日温差①、最大风速①、相对湿度②、污秽①、海拔高度、地震烈度
	环境保护	噪声、电磁干扰

注:①当在屋内使用时,可不校验;②当在屋外使用时,可不校验。

表 5-5 中的一般项目按 5.1 节所述有关要求进行选择,补充说明如下:

①断路器的额定电压应不低于系统的最高电压;额定电流应大于运行中可能出现的任何负荷电流。②频率的要求主要针对进出口产品。③断路器的额定关合电流不应小于短路冲击电流值。④当断路器的两端为互不联系的电源时,设计中应按以下要求校验:a.断路器断口间的绝缘水平应满足另一侧出现工频反相电压的要求;b.在反相下操作时的开断电流不超过断路器的额定反相开断性能;c.断路器同极断口间的泄漏比距为对地的 1.15～1.3 倍。⑤在变压器中性点绝缘等级低于相电压的系统中,断路器的分合闸操作不同期时间宜小于 10ms。⑥不应选用手动操动机构。

2. 形式选择

对于断路器形式的选择,除应满足各项技术条件和环境条件外,还应考虑便于施工调试和运行维护,经技术、经济比较后确定。

3. 关于开断能力的几个问题

(1)校验开断能力的量:在校核断路器的断流能力时,应用开断电流代替断流容量。一般取断路器实际开断时间(继电保护的工作时间与断路器固有分闸时间之和)的短路电流作为校验条件。

(2)首相开断系数:在中性点直接接地或经小阻抗接地的系统中,选择断路器时,应取首相开断系数为 1.3 的额定开断电流;在 110kV 及以下的中性点非直接接地的系统中,应取首相开断系数为 1.5 的额定开断电流。

(3)当断路器安装地点的短路电流直流分量不超过断路器额定短路开断电流幅值的 20% 时,额定短路开断电流仅由交流分量来表征,不必校验断路器的直流分断能力;如果短路电流直流分量超过 20%,应与制造厂协商,并在技术协议书中明确所要求的直流分量百分数。

(4)用于切合并联补偿电容器的断路器,应校验操作时的过电压倍数,并采取相应的限制过电压措施,宜用真空断路器或 SF_6 断路器。

(5)断路器应根据其使用条件校验下列开断性能:①近区故障条件下的开合性能;②异相接地条件下的开合性能;③失步条件下的开合性能;④小电感电流开合性能;⑤容性电流开合性能;⑥二次侧短路开断性能。

(6)当系统单相短路电流计算值在一定条件下有可能大于三相短路电流值时,所选断路器的额定开断电流值应不小于所计算的单相短路电流值。

(7)重合闸:装有自动重合闸装置的断路器,应考虑重合闸对额定开断电流的影响。对于按自动重合闸操作循环完成试验的断路器,不必再因为重合闸而降低其断流能力。如要求断路器具备二次快速重合的能力,应与制造部门协商。

4. 机械荷载

断路器接线端子允许的水平机械荷载如表 5-6 所示。

表 5-6　断路器接线端子允许的水平机械荷载

额定电压/kV	10 及以下	35～63	110
接线端子水平机械拉力/N	250	500	750

注:①本表引自 GB 1984—2003《交流高压断路器》;②超过本表所列数值时,应与制造厂商定。

例 5-3 某 10kV 开关柜出线处,线路计算电流为 400A,三相最大短路电流为 3.2kA,三相短路容量为 55MV·A,冲击电流为 8.5kA,继电保护动作时间为 1.6s。该线路可能频繁操作,请选择断路器。

解 因线路需频繁操作且为户内型,故选择户内真空断路器。查相关手册或附表 9,根据线路计算电流,选择 ZN5-10/630 型真空断路器,其相关技术参数及安装地点、电气条件和计算选择结果如表 5-7 所示。从中可以看出,断路器的参数均大于装设地点的电气条件,故所选断路器合格。

表 5-7 高压断路器选择校验表

序号	ZN5-10/630		选择要求	装设地点电气条件		结论
	项 目	数 据		项 目	数 据	
1	U_N	10kV	$\geqslant$	U_{WN}	10kV	合格
2	I_N	630A	$\geqslant$	I_c	400A	合格
3	$I_{oc \cdot N}$	20kA	$\geqslant$	$I_k^{(3)}$	3.2kA	合格
4	$I_{oc \cdot max}$	50kA	$\geqslant$	$i_{sh}^{(3)}$	8.5kA	合格
5	$I_t^2 \times 4$	$20^2 \times 4 = 1600(kW)$	$\geqslant$	$I_\infty^2 \times t_{i \cdot max}$	$3.2^2 \times (1.6+0.1) = 17.5(kW)$	合格

5.4.2 高压隔离开关

(1) 参数选择:隔离开关及其操动机构应按表 5-8 所列技术条件选择,并按表中使用环境条件校验。

表 5-8 中的一般项目按 5.1 节有关要求进行选择,补充说明如下:

① 当安装的 63kV 及以下隔离开关的相间距离小于产品规定的相间距离时,其实际动稳定电流值应与厂家联系确定。

② 单柱垂直开启式隔离开关在分闸状态下,动、静触头间的最小电气距离不应小于配电装置的最小安全净距 B 值。

表 5-8 隔离开关参数选择

项 目		参 数
技术条件	正常工作条件	电压、电流、频率、机械荷载
	短路稳定性	动稳定电流、热稳定电流和持续时间
	承受过电压能力	对地和断口间的绝缘水平、泄漏比距
	操作性能	分合小电流、旁路电流和母线环流,单柱式隔离开关的接触区,操动机构
环境条件	环境	环境温度、最大风速①、覆冰厚度①、相对湿度②、污秽①、海拔高度、地震烈度
	环境保护	电磁干扰

注:①当在屋内使用时,可不校验;②当在屋外使用时,可不校验。

(2) 形式选择:隔离开关的形式,应根据配电装置的布置特点和使用要求等因素,进行综合技术、经济比较后确定。

(3) 为保证检修安全,63kV 及以上断路器两侧的隔离开关和线路隔离开关的线路侧宜配置接地开关。隔离开关的接地开关应根据其安装处的短路电流进行动、热稳定校验。

（4）选用的隔离开关应具有切合电感、电容小电流的能力,应使用电压互感器、避雷器、空载母线、励磁电流不超过 2A 的空载变压器及电容电流不超过 5A 的空载线路等;在正常情况下,操作时能可靠切断,并符合有关电力工业技术管理的规定。当隔离开关的技术性能不能满足上述要求时,应向制造部门提出,否则不得进行相应的操作。隔离开关应能可靠切断断路器的旁路电流及母线环流。

（5）屋外隔离开关接线端的机械荷载不应大于规定值。机械荷载应考虑母线（或引下线）的自重、张力、风力和冰雪等施加于接线端的最大水平静拉力。当引下线采用软导线时,接线端机械荷载中不需再计入短路电流产生的电动力。但对采用硬导体的设备间连线,考虑短路电动力。

5.4.3 高压负荷开关

（1）参数选择:高压负荷开关及其操动机构应按表 5-9 所列技术条件选择,并按表中使用环境条件校验。

表 5-9 高压负荷开关参数选择

项目		参数
技术条件	正常工作条件	电压、电流、机械荷载
	短路稳定性	动稳定电流、额定关合电流、热稳定电流和持续时间
	承受过电压能力	对地和断口间的绝缘水平、泄漏比距
	操作性能	开断和关合电流、操动机构
环境条件		环境温度、最大风速[①]、覆冰厚度[①]、相对湿度[②]、污秽[①]、海拔高度、地震烈度

注:①当在屋内使用时,可不校验;②当在屋外使用时,可不校验。

表 5-9 中的一般项目按 5.1 节有关要求进行选择。配置手动操动机构的负荷开关,仅限于 10kV 及以下,其关合电流不大于 8kA（峰值）。

（2）开断和关合性能:高压负荷开关主要用于切断和关合负荷电流,与高压熔断器联合使用,可代替断路器实现短路保护,带有热脱扣器的负荷开关还具有过载保护性能。35kV 及以下通用型负荷开关具有以下开断和关合能力:①开断有功负荷电流和闭环电流,其值等于负荷开关的额定电流;②开断不大于 10A 的电缆电容电流或限定长度的架空线充电电流;③开断 1250kV·A 配电变压器的空载电流;④关合额定的短路关合电流。

当开断电流超过上述限额,或开断其电容电流为额定电流 80% 以上的电容器组时,应与制造部门协商,选用专用的负荷开关。

5.4.4 高压熔断器

1. 参数选择

高压熔断器应按表 5-10 所列技术条件选择,并按表中使用环境条件校验。

表 5-10　高压熔断器的参数选择

项　目	参　数
技术条件	电压、电流、开断电流、保护熔断特性
环境条件	环境温度、最大风速*、污秽*、海拔高度、地震热度

注：* 当在屋内使用时可不校验。

表 5-10 中的一般项目按 5.1 节有关要求进行选择。

2. 补充说明

(1) 高压熔断器的额定开断电流应大于回路中可能出现的最大预期短路电流周期分量有效值。

(2) 限流式高压熔断器不宜使用在工作电压低于其额定电压的电网中,以免因过电压而使电网中的电器损坏。

(3) 高压熔断器熔管的额定电流应不小于熔体的额定电流。熔体的额定电流应按高压熔断器的保护熔断特性选择。

(4) 选择熔体时,应保证前、后两级熔断器之间,熔断器与电源侧继电保护之间,以及熔断器与负荷侧继电保护之间动作的选择性。

(5) 高压熔断器熔体在满足可靠性和下一段保护选择性的前提下,当在本段保护范围内发生短路时,应能在最短的时间内切断故障,以防熔断时间过长,加剧被保护电器的损坏。

(6) 保护 35kV 及以下电力变压器的高压熔断器,其熔体的额定电流按下式选择:

$$I_{rr} = KI_{Tmax} \tag{5-11}$$

式中：I_{rr} 为熔体的额定电流,A。K 是系数,当不考虑电动机自起动时,取 1.1～1.3;当考虑电动机自起动时,取 1.5～2。I_{Tmax} 为电力变压器回路最大工作电流,A。

为了防止变压器突然投入时产生的励磁涌流损伤熔断器,变压器的励磁涌流通过熔断器产生的热效应可按 10～20 倍的变压器满载电流持续 0.1s 计算,必要时可再按 20～25 倍的变压器满载电流持续 0.01s 计算。

(7) 保护电压互感器的高压熔断器,只需按额定电压和断流容量选择,熔体的选择只限能承受电压互感器的励磁冲击电流,不必校验额定电流。

(8) 保护并联电容器的高压熔断器熔体的额定电流,按下式选择:

$$I_{rr} = KI_{rc} \tag{5-12}$$

式中：K 为系数。对于限流式熔断器,当保护一台电力电容器时,系数取 1.5～2.0;当保护一组电力电容器时,系数取 1.43～1.55。I_{rc} 为电力电容器回路的额定电流,A。

(9) 电动机回路熔断器的选择应符合下列规定:①熔断器应能安全通过电动机的容许过负荷电流;②电动机的起动电流不应损伤熔断器;③电动机在频繁地投入、开断或反转时,其反复变化的电流不应损伤熔断器。

5.4.5　高压负荷开关—熔断器组合电器

组合电器中高压负荷开关和熔断器的选择除应分别满足相关要求外,还应进行转移电流或交接电流的校验。

1. 转移电流和交接电流的校验

对于负荷开关—熔断器组合电器,当采用撞击器操作负荷开关分闸时,在熔断器与负荷开关转换开断职能时的三相对称电流值,称为组合电器的额定转移电流。当预期短路电流低于额定转移电流值时,首开相电流由熔断器开断,后两相电流由负荷开关开断;当预期短路电流大于额定转移电流值时,三相电流仅由熔断器开断。

对于负荷开关—熔断器组合电器,当采用脱扣器操作负荷开关分闸时,两种过电流保护装置(负荷开关脱扣器和熔断器)的时间—电流特性曲线交点对应的电流值,称为组合电器的额定交接电流。预期短路电流小于额定交接电流值时,熔断器把开断电流的任务交给由脱扣器触发的负荷开关承担。

当采用高压负荷开关—熔断器组合电器保护变压器时,因一次侧保护装置专门保护变压器二次保护装置前面的故障,当变压器二次侧端子直接短路时,变压器一次侧故障电流必须由高压熔断器单独开断,不能转移到负荷开关开断,以保证组合电器中负荷开关的安全使用。

2. 实际转移电流和实际交接电流的确定方法

高压负荷开关—熔断器组合电器的实际转移电流取决于两个因素,即熔断器触发的负荷开关分闸时间和熔断器的时间—电流特性。

对于给定用途的组合电器,其实际转移电流由制造厂家提供;厂家不能提供时,按下述方法确定。

在熔断器的最小弧前时间—电流特性(基于电流偏差－6.5%)曲线上,T_{ml} 对应的电流值就是确定的实际转移电流值。T_{ml} 按下式计算:

$$T_{ml} = 0.9T_0 \tag{5-13}$$

式中:T_{ml} 为三相故障电流下,首先动作的熔断器在最小时间—电流特性曲线上的熔断时间,s;T_0 为熔断器触发的负荷开关分闸时间,s。

高压负荷开关—熔断器组合电器的实际交接电流也取决于两个因素,即脱扣器触发的负荷开关的分闸时间和熔断器的时间—电流特性。

对于给定用途的组合电器,其最大交接电流由制造厂提供,也可通过下述方法确定。

在熔断器的最大弧前时间—电流特性(基于电流偏差＋6.5%)曲线上,时间坐标为最小的脱扣器触发的负荷开关分闸时间。如果适用,再加上 0.02s(以代表外部继电器的最小动作时间)后的总时间,它对应的电流就是实际的交接电流值。

5.4.6　中性点设备选择

1. 消弧线圈

(1)参数及形式选择:消弧线圈应按表 5-11 所列技术条件选择,并按表中使用环境条件校验。

表 5-11　消弧线圈的参数选择

项　目	参　数
技术条件	电压、频率、容量、补偿度、电流分接头、中性点位移电压
环境条件	环境温度、日温差①、相对湿度②、污秽①、海拔高度、地震烈度

注：①当在屋内使用时，可不校验；②当在屋外使用时，可不校验。

消弧线圈一般选用油浸式。装设在屋内相对湿度小于 80% 场所的消弧线圈，也可选用干式。

（2）容量及分接头选择：消弧线圈的补偿容量一般按下式计算：

$$Q = KI_c U_n / \sqrt{3} \qquad (5-14)$$

式中：Q 为补偿容量，kV·A；K 是系数，过补偿取 1.35，欠补偿按脱谐度确定；U_n 为电网的额定线电压；I_c 为电网的电容电流，A。

消弧线圈应避免在谐振点运行。一般需将分接头调谐到接近谐振点的位置，以提高补偿成功率。为便于运行调谐，选用的容量宜接近计算值。

装在电网变压器中性点的消弧线圈应采用过补偿方式，防止运行方式改变时，电容电流减少，使消弧线圈处于谐振点运行。在正常情况下，脱谐度一般不大于 10%（脱谐度 $v = (I_c - I_L)/I_L$，其中 I_L 为消弧线圈电感电流）。

消弧线圈的分接头数量应满足调节脱谐度的要求，接于变压器的一般不小于 5 个。

（3）电容电流计算：电网的电容电流应包括有电气连接的所有架空线路、电缆线路、发电机、变压器以及母线和电器的电容电流，并应考虑电网 5～10 年的发展。

① 架空线路的电容电流可按下式估算：

$$I_c = (2.7 \sim 3.3) U_N L \times 10^{-3} \qquad (5-15)$$

式中：L 为线路的长度，km；系数 2.7 适用于无架空地线的线路；系数 3.3 适用于有架空地线的线路。

同杆双回线路的电容电流为单回路的 1.3 ～ 1.6 倍。

② 电缆线路的电容电流可按下式估算：

$$I_c = 0.1 U_N L \qquad (5-16)$$

③ 对于变电所增加的接地电容电流如表 5-12 所示。

表 5-12　变电所增加的接地电容电流值

额定电压/kV	6	10	15	35	63	110
附加值/%	18	16	15	13	12	10

（4）中性点位移校验：长时间中性点位移电压不应超过下列数值。

中性点经消弧线圈接地的电网 $15\% \times \dfrac{U_N}{\sqrt{3}}$。

中性点位移电压一般按下式计算：

$$U_0 = \frac{U_{bd}}{\sqrt{d^2 + v^2}} \tag{5-17}$$

式中：U_{bd} 为消弧线圈投入前,电网中性点的不对称电压值,一般取 0.8% 相电压；d 为阻尼率,一般对 $63\sim110\text{kV}$ 架空线路取 3%,35kV 及以下架空线路取 5%,电缆线路取 $2\%\sim4\%$；v 是脱谐度。

（5）在选择消弧线圈的台数和容量时,应考虑消弧线圈的安装地点,并遵循下列原则。

① 在任何运行方式下,大部分电网不得失去消弧线圈的补偿。不应将多台消弧线圈集中安装在一处,并应避免电网仅装一台消弧线圈。

② 在变电站中,消弧线圈宜装在变压器中性点上。

③ 安装在接线双绕组或接线三绕组变压器中性点上的消弧线圈的容量,不应超过变压器三相总容量的 50%,并且不得大于三绕组变压器的任一绕组容量。

④ 安装在 YNyn 接线的内铁心式变压器中性点上的消弧线圈容量,不应超过变压器三相绕组总容量的 20%。消弧线圈不应接于零序磁通经铁心闭路的 YNyn 接线变压器的中性点上。

⑤ 如变压器无中性点或中性点无引出,应装设容量相当的专用接地变压器。接地变压器可与消弧线圈采用相同的额定工作时间。

2. 接地电阻

（1）参数选择：接地电阻应按表 5-13 所列技术条件和环境条件选择。

表 5-13　接地电阻参数选择

项　目	参　数
技术条件	电压、频率、正常运行电流、电阻值、热稳定电流和持续时间、中性点位移电压
环境条件	环境温度、日温差、相对湿度、污秽、海拔高度、地震烈度

（2）中性点电阻材质可选用金属、非金属或金属氧化物线性电阻。

（3）系统中性点经电阻接地方式可根据系统单相接地电容电流值来确定。当接地电容电流小于规定值时,采用高电阻接地方式；当接地电容电流值大于规定值时,采用低电阻接地方式。

（4）当中性点采用高电阻接地方式时,高电阻选择计算如下。

① 经高电阻直接接地。

电阻的额定电压为

$$U_R \geqslant 1.05 U_N / \sqrt{3} \tag{5-18}$$

电阻值为

$$R = \frac{U_N}{I_R \sqrt{3}} \times 10^3 = \frac{U_N}{K I_c \sqrt{3}} \times 10^3 \tag{5-19}$$

电阻消耗功率为

$$P_R = \frac{U_N}{\sqrt{3}} I_R \tag{5-20}$$

式中：R 为中性点接地电阻值，Ω；U_N 为系统额定线电压，kV；U_R 为电阻额定电压，kV；I_R 为电阻电流，A；I_c 为系统单相对地短路时的电容电流，A；K 为单相对地短路时电阻电流与电容电流的比值，一般取 1.1。

② 经单相配电变压器接地。

电阻的额定电压应不小于变压器二次侧电压，一般选用 110V 或 220V。

电阻值为

$$R_{2N} = \frac{U_N \times 10^3}{1.1\sqrt{3}\,I_c K_T^2} \tag{5-21}$$

式中：R_{2N} 为间接接入电阻，Ω；K_T 为降压变压器变比。

（5）当中性点采用低阻接地方式时，接地电阻选择计算如下。

电阻的额定电压与式（5-18）相同。

电阻值为
$$R_N = \frac{U_N}{\sqrt{3}\,I_d} \tag{5-22}$$

接地电阻消耗功率为
$$P_R = I_d U_R$$

式中：R_N 为中性点接地电阻，Ω；I_d 为选定的单相接地电流，A。

短时耐受接地电流按 10s 时间考虑。

3. 接地变压器

（1）参数选择：接地变压器应按表 5-14 所列技术条件和环境条件选择。

表 5-14　接地变压器参数（技术条件和环境条件）选择

项　目	参　数
技术条件	形式、容量、绕组电压、频率、电流、绝缘水平、温升、过载能力
环境条件	环境温度、日温差[①]、最大风速[①]、相对湿度[②]、污秽[①]、海拔高度、地震烈度

注：①当在屋内使用时，可不校验；②当在屋外使用时，可不校验。

（2）当系统中性点可以引出时，宜选用单相接地变压器；系统中性点不能引出时，应选用三相变压器。有条件时，宜选用干式无励磁调压接地变压器。

（3）接地变压器参数选择：

① 接地变压器的额定电压。安装在发电机或变压器中性点的单相接地变压器额定一次电压为

$$U_{Nb} = U_N \tag{5-23}$$

式中：U_N 为发电机或变压器额定一次线电压，kV。

接于系统母线的三相接地变压器额定一次电压应与系统额定电压一致。接地变压器二次电压可根据负载特性确定。

② 接地变压器的绝缘水平应与连接系统绝缘水平相一致。

③ 接地变压器的额定容量计算如下。

对于单相接地变压器：

$$S_N \geqslant \frac{U_N I_2}{\sqrt{3}\,K K_T} \tag{5-24}$$

式中：U_N 为接地变压器一次侧电压，kV；I_2 为二次电阻电流，A；K 为变压器的过负荷系数（由变压器制造厂提供）。

三相接地变压器的额定容量应与消弧线圈或接地电阻容量相匹配。若带有二次绕组，还应考虑二次负荷容量。

对 Z 型或 YNd 接线三相接地变压器，若中性点接消弧线圈或电阻，接地变压器容量为

$$S_N \geqslant Q_X, \quad S_N \geqslant P_r \tag{5-25}$$

式中：Q_X 为消弧线圈额定容量；P_r 为接地电阻额定容量。

对 丫/△（星形/开口三角形）接线接地变压器（三台单相），若中性点接消弧线圈或电阻，接地变压器容量为

$$S_N \geqslant \sqrt{3}Q_X/3, \quad S_N \geqslant \sqrt{3}P_r/3$$

4. 避雷器

（1）参数选择：阀式避雷器应按表 5-15 所列技术条件和环境条件选择。

表 5-15　阀式避雷器参数选择

项　目		参　数
技术条件	正常工作条件	避雷器额定电压、避雷器持续运行电压、额定频率、机械荷载
	承受过电压能力	工频放电电压、冲击放电电压和残压、通流容量
环境条件		环境温度、最大风速*、污秽*、海拔高度、地震烈度

注：* 当在屋内使用时，可不校验。

（2）采用阀式避雷器进行雷电过电压保护时，除旋转电机外，对不同电压范围、不同系统接地方式的避雷器选型如下：

① 有效接地系统，范围Ⅱ（$U_m > 252$kV）应该选用金属氧化物避雷器；范围Ⅰ（3.6kV $\leqslant U_m \leqslant 252$kV）宜采用金属氧化物避雷器。

② 气体绝缘全封闭组合电器和低电阻接地系统应选用金属氧化物避雷器。

③ 不接地、消弧线圈接地和高电阻接地系统，根据系统中谐振过电压和间歇性电弧接地过电压等发生的可能性及严重程度，任选金属氧化物避雷器或碳化硅普通阀式避雷器。

④ 旋转电机的雷电侵入波过电压保护，宜采用旋转电机金属氧化物避雷器或旋转电机磁吹阀式避雷器。

（3）阀式避雷器标称放电电流下的残压（U_{res}）不应大于被保护电气设备（旋转电机除外）标准雷电冲击全波耐受电压（BIL）的 71%。

（4）有串联间隙金属氧化物避雷器和碳化硅阀式避雷器的额定电压，在一般情况下应符合下列要求。

① 110kV 有效接地系统不低于 $0.8U_m$。

② 3～10kV 和 35kV、66kV 系统分别不低于 $1.1U_m$ 和 U_m；3kV 及以上具有发电机的系统不低于 1.1 倍发电机最高运行电压。

③ 中性点避雷器的额定电压，对 3～20kV 和 35kV、66kV 系统，分别不低于 $0.64U_m$ 和 $0.58U_m$；对 3～20kV 发电机，不低于 0.64 倍发电机最高运行电压。

(5) 采用无间隙金属氧化物避雷器作为雷电过电压保护装置时,应符合下列要求。

① 避雷器持续运行电压和额定电压应不低于表 5-16 所列数值。

② 避雷器能承受所在系统作用的暂时过电压和操作过电压能量。

表 5-16　无间隙金属氧化物避雷器持续运行电压和额定电压

系统接地方式	持续运行电压/kV		额定电压/kV	
	相　地	中性点	相　地	中性点
110kV 有效接地	$U_m/\sqrt{3}$	$0.45U_m$	$0.75U_m$	$0.57U_m$
3~20kV、35kV、66kV 不接地	$1.1U_m$；U_{mg}；U_m	$0.64U_m$；$U_{mg}/\sqrt{3}$；$U_m/\sqrt{3}$	$1.38U_m$；$1.25U_{mg}$；$1.25U_m$	$0.8U_m$；$0.72U_{mg}$；$0.72U_m$
消弧线圈	U_m；U_{mg}	$U_m/\sqrt{3}$；$U_{mg}/\sqrt{3}$	$1.25U_m$；$1.25U_{mg}$	$0.72U_m$；$0.72U_{mg}$
低电阻	$0.8U_m$		U_m	
高电阻	$1.1U_m$；U_{mg}	$1.1U_m/\sqrt{3}$；$U_{mg}/\sqrt{3}$	$1.38U_m$；$1.25U_{mg}$	$0.8U_m$；$0.72U_{mg}$

注：①110kV 变压器中性点不接地且绝缘水平低于标准时,避雷器的参数需另行确定；②U_m 为系统最高电压, U_{mg} 为发电机最高运行电压。

(6) 保护变压器中性点绝缘的避雷器形式分为：①中性点非直接接地系统中保护变压器中性点绝缘的避雷器；②中性点直接接地系统中保护变压器中性点绝缘的避雷器。具体可参见设计手册。

(7) 对中性点为分级绝缘的 110kV、220kV 变压器,如使用同期性能不良的断路器,变压器中性点宜用金属氧化物避雷器保护。当采用阀型避雷器时,变压器中性点宜增设棒型保护间隙,并与阀型避雷器并联。

(8) 系统额定电压 35kV 及以上的避雷器宜配备放电动作记录器。保护旋转电机的避雷器,应采用残压低的动作记录器。

5. 阻容吸收器

(1) 阻容吸收器应按表 5-17 所列技术条件和环境条件选择。

表 5-17　阻容吸收器技术条件和环境条件选择

项　目		参　数
技术条件	正常工作条件	额定电压、额定频率、电阻值、电容值、布置形式
	承受过电压能力	绝缘水平
环境条件		环境温度、海拔高度

(2) 当用于中性点不接地系统时,应校验所装阻容吸收器电容值,不应影响系统的中性点接地方式。

(3) 当用于易产生高次谐波的电力系统时,应注意选用能适应谐波影响的阻容吸收器。

(4) 应校验所在回路的过电压水平,使其始终被限制在设备允许值之内。

5.4.7　高压电瓷选择

(1) 参数选择：绝缘子和穿墙套管应按表 5-18 所列技术条件选择,并按表中环境条件校验。

表 5-18　绝缘子和穿墙套管的参数选择

项　目		绝缘子的参数	穿墙套管的参数
技术条件	正常工作条件	电压、正常机械荷载	电压、电流
	短路稳定性	支柱绝缘子的动稳定	动稳定、热稳定电流及持续时间
	承受过电压能力	绝缘水平、泄漏比距	绝缘水平
环境条件		环境温度、日温差①、最大风速①、相对湿度②、污秽①、海拔高度、地震烈度	

注：①当在屋内使用时，可不校验；②当在屋外使用时，可不校验。

表 5-18 中的一般项目按第 5.1 节有关要求进行选择，补充说明如下：

① 对于变电所的 3～20kV 屋外支柱绝缘子和穿墙套管，当有冰雪时，宜采用高一级电压的产品。对 3～6kV 者，也可采用提高两级电压的产品。

② 母线型穿墙套管不按持续电流来选择，只需保证套管的形式与母线的尺寸相配合。

③ 当周围环境温度高于 +40℃ 但不超过 +60℃ 时，穿墙套管的持续允许电流 I_{xu} 应按下式修正

$$I_{xu} = I_N \sqrt{\frac{85-\theta}{45}} \qquad (5-26)$$

式中：θ 为周围实际环境温度，℃；I_N 为持续允许额定电流，A。

（2）形式选择。

① 屋外支柱绝缘子一般采用棒式支柱绝缘子。屋外支柱绝缘子需倒装时，宜用悬挂式支柱绝缘子。

② 屋内支柱绝缘子一般采用联合胶装的多棱式支柱绝缘子。

③ 穿墙套管一般采用铝导体穿墙套管，对铝有明显腐蚀的地区，如沿海地区可以例外。

④ 在污秽地区，应尽量选用防污盘形悬式绝缘子。

（3）动稳定校验：按短路动稳定校验支柱绝缘子和穿墙套管，要求

$$P \leqslant 0.6 P_{xu} \qquad (5-27)$$

式中：P_{xu} 为支柱绝缘子或穿墙套管的抗弯破坏负荷，N；P 为在短路时作用于支柱绝缘子或穿墙套管的力，N。

在校验 35kV 及以上水平安装的支柱绝缘子的机械强度时，应计及绝缘子自重、母线重量和短路电动力的联合作用。由于自重和母线重量产生的弯矩，将使绝缘子允许的机械强度减小，降低数值如表 5-19 所示。

表 5-19　绝缘子水平安装时机械强度降低数值

电压/kV	35	63	110
降低数值/%	1～2	3	6

注：对于 35kV 以下的产品，降低数值<1%，可不必考虑。

支柱绝缘子在力的作用下，将产生扭矩。在校验机械强度时，应校验抗扭机械强度。

（4）悬式绝缘子片数选择：悬式绝缘子的片数按下列条件选择。

① 按额定电压和泄漏比距选择：绝缘子串的有效泄漏比距不应小于各污秽等级下

的爬电比距分级值(具体见设计手册)。片数 n 按下式计算:

$$n \geqslant \frac{\lambda U_{\mathrm{d}}}{l_0} \qquad (5\text{-}28)$$

式中:λ 为泄漏比距,见设计手册;U_{d} 为额定电压;l_0 为每片绝缘子的泄漏距离。

② 按内过电压选择:110kV 及以下电压,根据内过电压倍数和绝缘子串的工频湿闪电压按下式选择:

$$U_{\mathrm{s}} \geqslant \frac{KU_{\mathrm{m}}}{K_{\Sigma}} \qquad (5\text{-}29)$$

式中:U_{s} 为绝缘子的湿闪电压;K 为内过电压计算倍数;K_{Σ} 为考虑各种因素的综合系数,一般 $K_{\Sigma} = 0.9$。由式(5-29)计算出 U_{s},然后查闪络电压曲线,可得所需片数。

③ 按大气过电压选择:大气过电压要求的绝缘子串正极性雷电冲击电压波 50% 放电电压 $U_{t \cdot 50}$ 应符合式(5-30)的要求,且不得低于变电所电气设备中隔离开关和支柱绝缘子的相应值。

$$U_{t \cdot 50} \geqslant KU_{\mathrm{ch}} \qquad (5\text{-}30)$$

式中:K 为绝缘子串大气过电压配合系数,$K = 1.45$;U_{ch} 为避雷器在雷电流下的残压,kV。110kV 及以下采用 5kA 雷电流下的残压。

绝缘子串的片数根据 $U_{t \cdot 50}$ 由闪络电压曲线查出。

若要选择悬式绝缘子,除以上条件外,还应考虑绝缘子的老化,每串绝缘子要预留的零值绝缘子为:35~110kV 耐张串 2 片,悬垂串 1 片;选择 V 形悬挂的绝缘子串片数时,应注意邻近效应对放电电压的影响,取得试验数据。在海拔高度为 1000m 及以下的一级污秽地区,当采用 X-4.5 型或 XP-6 型悬式绝缘子时,耐张绝缘子串的绝缘子片数不宜小于表 5-20 所列数值。

表 5-20 X-4.5 型或 XP-6 型悬式绝缘子耐张串片数

电压/kV	35	63	110
绝缘子片数	4	6	8

在空气清洁、无明显污秽的地区,悬垂绝缘子串的绝缘子片数可比耐张绝缘子串的同型绝缘子少 1 片。污秽地区的悬垂绝缘子串的绝缘子片数应与耐张绝缘子串相同。

在海拔高度为 1000~3500m 的地区,需要增加绝缘子数量来加强绝缘,耐张绝缘子串的片数可按高海拔地区配电装置的有关内容进行修正。

5.5 低压开关设备的选择和校验

5.5.1 低压配电电器选择要求

选用的低压配电电器,首先应符合国家现行有关标准的规定,并应符合下列要求:
①电器的额定电压应与所在回路标称电压相适应;②电器的额定电流不应小于所在回路的计算电流;③电器的额定频率应与所在回路的频率相适应;④电器应适应所在场所的

环境条件;⑤电器应满足短路条件下的动稳定与热稳定的要求;⑥用于断开短路电流的保护电器,应满足短路条件下的通断能力。

另外,应按使用环境条件选择电器,需考虑:①多尘环境;②封闭电器的外壳防护等级;③化学腐蚀环境;④高原地区;⑤热带地区;⑥爆炸和火灾危险环境等。

5.5.2　开关电器和隔离电器的选择

1. 装设要求

(1) 隔离电器。

① 当维护、测试和检修设备需要断开电源时,应装设隔离电器。

② 在 TN-C 系统中,PEN 线不应装设隔离电器;在 TN-S 系统中,N 线不需要装设隔离电器。

(2) 功能性开关电器。

① 需要独立控制电气装置的电路的每一部分都应装设功能性开关电器。

② 功能性开关电器应能执行可能出现的最繁重的工作制。

③ 功能性开关电器可仅控制电流,而不断开其相应的极。

(3) 在下列情况下,应选用带中性极的开关电器:①TN 系统、TT 系统与 IT 系统之间的电源转换开关电器;②TT 系统的隔离电器(负荷侧无中性导体的除外);③引出中性线的 IT 系统时选用的开关电器;④剩余电流动作保护器(负荷侧无中性导体的除外)。

2. 隔离电器和操作电器的选择

(1) 隔离电器应采用隔离开关、隔离器、隔离插头;也可用熔断器或有隔离功能的断路器;还可用连接片、插头与插座,以及不需要拆除导线的特殊端子;但严禁用半导体电器作为隔离。

(2) 功能性开关电器可采用开关、隔离开关、断路器、接触器,也可用继电器或半导体电器,小电流者还可用 10A 及以下的插头与插座。严禁用隔离器、熔断器或连接片作为功能性开关电器。

3. 开关、隔离开关(含与熔断器组合电器)的功能

根据 GB 14048.3—2002《低压开关设备和控制设备　第 3 部分:开关、隔离器、隔离开关及熔断器组合电器》的描述,各电器的定义和功能如下所述。

(1) 开关:在正常电路条件下(包括规定的过载),能接通、承载和分断电流,并在规定的非正常电流条件(如短路)下,能在规定时间内承载电流的机械开关电器,可以接通,但不能分断短路电流。

(2) 隔离器:在断开状态下能符合规定隔离功能要求的电器,应满足触头断开距离、泄漏电流要求,以及断开位置指示可靠性和加锁等附加要求;能承载正常电路条件下的电流和一定时间内非正常电路条件下的电流(短路电流);如分断或接通的电流可忽略(如线路分布电容电流、电压互感器等的电流),也能断开和闭合电路。

(3) 隔离开关:在断开状态能符合隔离器的隔离要求的开关。

(4) 熔断器组合电器:它是熔断器开关电器的总称,是将开关电器或隔离电器与一个或多个熔断器组装在同一单元内的组合电器,通常包括 6 种组合。

以上各电器的功能和图形符号如表 5-21 所示。

表 5-21 各电器功能和图形符号

类　型		功　能		
		接通、承载、分断正常电流;承载规定时间内的短路电流;可接通短路电流	隔离功能(开距、泄漏小,断开位置指示,加锁)	同时有左侧的两个功能
开关、隔离电器		开关	隔离	隔离开关
熔断器组合器	熔断器串联	开关熔断器组	隔离器熔断器组	隔离开关熔断器组
	熔断体作动触头	熔断器式开关	熔断器式隔离器	熔断器式隔离开关

5.6 低压保护电器的选择和校验

按 GB 50054—2011《低压配电设计规范》的规定,配电线路应装设短路保护、过负载保护和接地故障保护。

保护电器一般采用低压熔断器和低压断路器两类,应在每一段配电线路的首端装设;同时,应在配电干线引接出的分支线的分接处和配电线路截面减少处装设。

保护电器应在电路故障时切断电源,在正常运行或设备正常起动时不动作,这是一对矛盾;另外,保护电器在电路故障时应较快速动作,而配电线路的上、下级保护电器要选择性地动作,即故障时,应使最靠近故障点的保护电器动作,而上级保护电器不应动作,使停电范围最小,这又是一对矛盾。这就使设计时选择保护电器更为复杂,必须经过计算,认真选择保护电器类型,确定其电流和动作时间等参数。

5.6.1 短路保护和保护电器选择

1. 短路保护要求

保护电器应在短路电流对导体和连接件产生的热效应和机械力造成危害之前分断该短路电流。

2. 短路保护电器应满足的两个条件

(1) 分断能力不应小于保护电器安装处的预期短路电流。

(2) 应在短路电流使导体达到允许的极限温度之前分断该短路电流。

当短路持续时间不大于 5s 时,导体从正常运行的允许最高温度上升到极限温度的持续时间 t 可近似地用下式计算:

$$t \leqslant \frac{K^2 S^2}{I^2} \quad \text{或} \quad S \geqslant \frac{I}{K}\sqrt{t} \tag{5-31}$$

式中：S 为绝缘导体的线芯截面；I 为预期短路电流有效值（均方根值）；t 为在已达到允许最高持续工作温度的导体内短路电流持续作用的时间。K 为计算系数，按相关设计手册取值，取决于导体的物理特性，如电阻率、导热能力、热容量以及短路时的初始温度和最终温度（这两种温度取决于绝缘材料）。

当短路持续时间小于 0.1s 时，应计入短路电流非周期分量对热作用的影响。这种情况应校验 $K^2 S^2 \geqslant I^2 t$（$I^2 t$ 为保护电器制造厂提供的允许通过的能量值），以保证保护电器在分断短路电流前，导体能承受包括非周期分量在内的短路电流的热作用。当短路持续时间大于 5s 时，校验时应计及散热的影响。

3. 校验导体短路热稳定的简化方法

（1）采用熔断器保护时，由于熔断器的反时限特性，用式（5-31）校验较麻烦。先要计算出预期短路电流值，再按选择的熔断体电流值查熔断器特性曲线，找出相应的全熔断时间 t，代入式（5-31）。为方便使用，将电缆、绝缘导线截面与允许最大熔断体电流的配合关系列于表 5-22。

表 5-22　电缆、绝缘导线截面与允许最大熔断体电流配合关系

材料／线芯材料／线缆截面	PVC		EPR/XLPE		橡胶	
	铜 $K=115$	铝 $K=76$	铜 $K=143$	铝 $K=94$	铜 $K=141$	铝 $K=93$
1.5	16	—	—	—	16	
2.5	25	16	—	—	32	20
4	40	25	50	32	50	32
6	63	40	63	50	63	50
10	80	63	100	63	100	63
16	125	80	160	100	160	100
25	200	125	200	160	200	160
35	250	160	315	200	315	200
50	315	250	425	315	400	315
70	400	315	500	425	500	400
95	500	425	550	500	550	500
120	550	500	630	500	630	500
150	630	550	800	630	630	550

注：①表中 t 按最不利条件 5s 计算。②表中熔断体电流值适用于符合 GB 13539.1—2002 的产品。本表按 RT16、RT17 型熔断器编制。

（2）采用断路器保护时，导体热稳定的校验比较简单。

① 瞬时脱扣器的全分断时间（包括灭弧时间）极短，一般为 10～20ms，甚至更小，因此应按 $K^2 S^2 \geqslant I^2 t$ 校验。虽然短路电流很大，一般都能符合要求，但应注意，当配电变压器容量很大，从低压配电屏直接引出馈线时，其截面不应太小。

② 短延时脱扣器的动作时间一般为 0.1～0.8s。根据经验，选用带短延时脱扣器的

断路器所保护的配电干线截面不会太小,一般能满足式(5-31)的要求,可不校验。

5.6.2 过负载保护和保护电器选择

1. 一般要求

(1) 保护电器应在过负载电流引起的导体温升对导体的绝缘、接头、端子或导体周围的物质造成损害之前,分断该过负载电流。

(2) 对于突然断电比过负载造成的损失更大的线路,如消防水泵之类的负荷,其过负载保护应作用于信号,而不应作用于切断电路。

2. 过负载保护电器的动作特性

过负载保护电器的动作特性应同时满足以下两个条件:

$$I_{30} \leqslant I_r \leqslant I_z \quad 或 \quad I_{30} \leqslant I_{set1} \leqslant I_z \tag{5-32}$$

$$I_2 \leqslant 1.45 I_z \tag{5-33}$$

式中:电流单位均为 A。I_{30} 为线路计算电流;I_r 为熔断器熔体额定电流;I_{set1} 为断路器长延时脱扣器整定电流;I_z 为导体允许持续载流量;I_2 是保证保护电器可靠动作的电流。当保护电器为断路器时,I_2 为约定时间内的约定动作电流;当保护电器为熔断器时,I_2 为约定时间内的约定熔断电流。I_2 由产品标准给出,或由制造厂给出。如按 GB 14048.2—2001《低压开关设备和控制设备低压断路器》规定,约定动作电流 I_2 为 $1.3I_{set1}$,只要满足 $I_{set1} < I_z$,则满足 $I_2 < 1.45I_z$,即要求满足 $I_{30} \leqslant I_{set1} \leqslant I_z$ 即可。

采用熔断器保护时,由于式(5-33)中有约定熔断电流 I_2,使用不方便,变换如下。

(1) 根据 GB 13539.2—2002《低压熔断器基本要求 专职人员使用熔断器补充要求》,16A 及以上的过流选择比为 1.6∶1 的 g 熔断体的约定熔断电流 $I_2 = 1.6I_r$。GB 50054—1995 的条文说明第4.3.4条中指出,因熔断器产品标准测试设备的热容量比实际使用的大许多,即测试所得的熔断时间较实际使用中的熔断时间长,I_2 应乘以 0.9 的系数,则 $I_2 = 0.9 \times 1.6I_r = 1.44I_r$,代入式(5-33),得 $1.44I_r < 1.45I_z$,近似认为 $I_r < I_z$。

(2) 对小于 16A 的熔断器说明如下。

① 螺栓连接熔断器:$I_2 = 1.6I_r$。

② 刀型触头熔断器和圆筒帽形熔断器:$I_2 = 1.9I_r (4A < I_r < 16A)$;$I_2 = 2.1I_r (I_r \leqslant 4A)$。

③ 偏置触刀熔断器:$I_2 = 1.6I_n (4A < I_r < 16A)$;$I_2 = 2.1I_n (I_r \leqslant 4A)$。

综合(1)和(2),将计算结果列于表 5-23。

表 5-23 用熔断器做过载保护时,熔体电流(I_r)与导线载流量(I_z)的关系

专职人员用熔断器类型	I_r 值范围/A	I_r 与 I_z 的关系
螺栓连接熔断器	全值范围	$I_r \leqslant I_z$
刀型触头熔断器和圆筒 V 形帽熔断器	$I_r \geqslant 16$	$I_r \leqslant I_z$
	$4 < I_r < 16$	$I_r \leqslant 0.85I_z$
	$I_r \leqslant 4$	$I_r \leqslant 0.77I_z$
偏置触刀熔断器	$I_r > 4$	$I_r \leqslant I_z$
	$I_r \leqslant 4$	$I_r \leqslant 0.77I_z$

5.6.3 按接地故障保护要求选择保护电器

1. 接 TN 系统接地故障保护要求选择保护电器

（1）TN 系统配电线路接地故障保护的动作特性应符合式(5-34)的要求：

$$Z_s \cdot I_a \leqslant U_0 \tag{5-34}$$

式中：Z_s 为接地故障回路的阻抗，Ω；U_0 为相线对地标称电压，V；I_a 为保证保护电器在规定时间内切断故障回路的电流。规定时间是指对配电线路及仅供固定用电设备的末端回路，不大于 5s；对供给手握式、移动式用电设备的末端回路或插座回路，不应大于 0.4s。

（2）TN 系统采用过电流保护电器（即熔断器或断路器）兼作接地故障保护；当不能满足式(5-34)的要求时，宜采用零序电流保护，或剩余电流动作保护。

（3）采用熔断器做接地故障保护时，符合式(5-35)的条件，即满足式(5-34)的要求：

$$I_d \geqslant K_r I_r \tag{5-35}$$

式中：I_d 为线路末端接地故障电流，A；I_r 为熔断器的熔断体额定电流，A；K_r 为故障电流为 I_r 值的倍数，其值不小于表 5-24 所示的规定。

表 5-24　熔断器做接地故障保护的 K_r 最小值

熔断体额定电流/A		4～10	12～32	40～63	80～200	250～500
切断接地故障回路的最大允许时间/s	5	4.5		5	6	7
	0.4	8	9	10	11	—

（4）采用断路器做接地故障保护：

① 用断路器的瞬时过电流脱扣器做接地故障保护，符合式(5-36)，即满足式(5-34)的要求：

$$I_d \geqslant 1.3 I_{set3} \tag{5-36}$$

式中：I_{set3} 为瞬时过电流脱扣器整定电流，A；1.3 为可靠系数。

② 用断路器的短延时过电流脱扣器做接地故障保护，符合式(5-37)，即满足式(5-34)的要求：

$$I_d \geqslant 1.2 I_{set2} \tag{5-37}$$

式中：I_{set2} 为短延时脱扣器整定电流，A；其他同式(5-36)。

③ 采用带接地故障保护的断路器时，分两种方式，即零序电流保护和剩余电流保护。

a. 零序电流保护：三相四线制配电线路正常运行时，如三相负载完全平衡，无谐波电流，忽略正常泄漏电流，则流过中性线（N）的电流为 0，即零序电流 $I_N=0$；如果三相负载不平衡，则产生零序电流，$I_N \neq 0$；如果某一相发生接地故障，零序电流 I_N 将大大增加，达到 $I_{N(G)}$。因此，通过检测零序电流值发生的变化，可取得接地故障的信号。

检测零序电流，通常是在断路器后 3 个相线（或母线）上各装 1 只电流互感器（TA），取 3 只 TA 二次电流矢量和乘以变比，即零序电流 $\dot{I}_N = \dot{I}_U + \dot{I}_V + \dot{I}_W$。

零序电流保护整定值 I_{set0} 必须大于正常运行时 PEN 线中流过的最大三相不平衡电

流、谐波电流和正常泄漏电流之和；在发生接地故障时,必须动作。零序电流保护整定值应符合式(5-38)和式(5-39)的要求：

$$I_{set0} \geqslant 2I_N \tag{5-38}$$

$$I_{N(G)} \geqslant 1.3I_{set0} \tag{5-39}$$

式中：$I_{N(G)}$ 为发生接地故障时检测的零序电流。

零序电流保护适用于 TN-C、TN-S、TN-C-S 系统,但不适用于谐波电流较大的配电线路。

b. 剩余电流保护：剩余电流保护检测的是三相电流加中性线电流的相量和,即剩余电流 $\dot{I}_{PE} = \dot{I}_U + \dot{I}_V + \dot{I}_W + \dot{I}_N$。

三相四线配电线路正常运行时,即使三相负载不平衡,剩余电流只是线路泄漏电流,当某一相发生接地故障时,检测的三相电流加中性电流的相量和不为零,等于接地故障电流 $I_{PE(G)}$。

检测剩余电流,通常是在断路器后三相线和中性线上各装 1 只 TA,取 4 只 TA 二次电流相量和,或采用专用的剩余电流互感器,乘以变比,即剩余电流 $\dot{I}_{PE} = \dot{I}_U + \dot{I}_V + \dot{I}_W + \dot{I}_N$。

为避免误动作,断路器剩余电流保护整定值应大于正常运行时线路和设备的泄漏电流总和的 2.5～4 倍；同时,断路器接地故障保护的整定值 I_{set4} 应符合式(5-40)的要求：

$$I_{PE(G)} \geqslant 1.3I_{set4} \tag{5-40}$$

可见,采用剩余电流保护比零序电流保护的动作灵敏度更高。剩余电流保护适用于 TN-S 系统,但不适用于 TN-C 系统。

2. 按 TT 系统接地故障保护要求选择保护电器

TT 系统的接地故障电流比较小,应采用剩余电流动作保护器(RCD)。对于供电给手握式或移动式用电设备的末端回路和插座回路,RCD 的动作电流($I_{\Delta n}$)应不大于 30mA,瞬时动作；而上一级装设的 RCD 和建筑物进线处装设的应有不大于 1.0s 的延时；对于有火灾危险的场所,RCD 的 $I_{\Delta n}$ 值应选为 100～500mA；对于一般场所,可大于 500mA。

3. 按 IT 系统接地故障保护要求选择保护电器

IT 系统发生第一次接地故障时,由于故障电流更小,不构成对人身的危害,也不影响用电设备运行,不需要切断电源,这正是 IT 系统的优点。但是应装绝缘监测器以及时发出信号,便于及时排除接地故障,以免在继续运行中再发生另外两相接地故障,而酿成相间短路,破坏其可靠性。

如果发生第二次接地故障(异相),当各用电设备的外露导电部分共用接地时,其保护电器和 TN 系统相同；当外露导电部分单独接地时,则和 TT 系统相同。

5.6.4　按设备起动时不误动作要求选择保护电器

对于保护电器的选型和整定电流等参数,应保证设备起动过程中不致动作。这是起码的要求。这种动作就是误动作,将导致无法正常运行。

1. 按用电设备起动要求选择熔断器

(1) 单台笼型电动机直接起动时。

① 选用 aM 型熔断器时，应符合式(5-41)的要求：

$$I_r \geqslant (1.05 \sim 1.1) I_N \tag{5-41}$$

式中：I_r 为 aM 型熔断器熔断体额定电流，A；I_N 为笼型电动机额定电流，A。

② 选用 gG 型熔断器时，应使其安秒特性曲线计及偏差略高于电动机的起动电流和起动时间的交点。根据经验，一般不应小于电动机额定电流 I_N 的 $1.5 \sim 2.3$ 倍。

(2) 笼型电动机起动时，配电线路的熔断体选择应符合式(5-42)的要求：

$$I_r \geqslant K_r (I_{N \cdot \max} + I_{30(n-1)}) \tag{5-42}$$

式中：I_r 为熔断体的额定电流；$I_{N \cdot \max}$ 为线路中起动电流最大的一台电动机的额定电流；$I_{30(n-1)}$ 为除起动电流最大的一台电动机以外的线路计算电流；K_r 为线路熔断体选择计算系数，取决最大一台电动机的额定电流($I_{N \cdot \max}$)与线路计算电流(I_{30})的比值，可参见手册。

(3) 照明线路熔断体(I_r)选择应符合式(5-43)的要求：

$$I_r \geqslant K_m I_{30} \tag{5-43}$$

式中：K_m 为照明线路熔断体选择计算系数，取决于电光源起动状况和熔断时间—电流特性，参见相关设计手册。

2. 按用电设备起动要求选择断路器

(1) 反时限(即长延时)过电流脱扣器整定电流(I_{set1})应符合以下要求：

① 单台笼型电动机直接起动时，应符合下式要求：

$$I_{set1} \geqslant I_N \tag{5-44}$$

② 对于配电线路，应符合下式要求：

$$I_{set1} \geqslant I_{30} \tag{5-45}$$

(2) 定时限(指短延时)过电流脱扣器的整定值 I_{set2}。

定时限过电流脱扣器主要用于保证保护电器动作的选择性。

① 定时限过电流脱扣器整定电流，应躲过短时间出现的负荷尖峰电流，即

$$I_{set2} \geqslant K_{rel2} (I_{st \cdot \max} + I_{30(n-1)}) \tag{5-46}$$

式中：K_{rel2} 为低压断路器定时限过电流脱扣器可靠系数，取 1.2；$I_{st \cdot \max}$ 为线路中最大一台电动机的起动电流。

② 单台笼型电动机直接起动时，应躲过起动电流，即

$$I_{set2} \geqslant K_{rel2} \cdot I_{st \cdot \max} \tag{5-47}$$

式中参数同式(5-46)。

③ 定时限过电流脱扣器的整定时间通常有 0.1s(或 0.2s)、0.3s、0.4s、0.5s 等几种，根据需要确定。其整定时间要比下级任一组熔断器可能出现的最大熔断时间大一个级量。上、下级时间级差不小于 $0.1 \sim 0.2$s。

(3) 瞬时过电流脱扣器整定值。

① 瞬时过电流脱扣器整定电流 I_{set3}，应躲过配电线路的尖峰电流，即

$$I_{set3} \geqslant K_{rel3} (I'_{st \cdot \max} + I_{30(n-1)}) \tag{5-48}$$

式中：K_{rel3}为低压断路器瞬时脱扣器可靠系数，取 1.2；$I'_{st\cdot max}$为线路中最大一台电动机全起动电流，它包括周期分量和非周期分量，其值取电动机起动电流 $I_{st\cdot max}$ 的 1.5～2.2 倍。

② 单台笼型电动机直接起动时，I_{set3} 应躲过该电动机的全起动电流，即

$$I_{set3} = (2 \sim 2.5)I_{st\cdot max} \tag{5-49}$$

③ 为满足被保护线路各级间选择性要求，选择型低压断路器的瞬时脱扣器电流整定值还应大于下一级保护电器所保护线路的故障电流。

(4) 保护照明线路的断路器的过电流脱扣器的整定。

反时限过电流脱扣器整定电流(I_{set1})和瞬时过电流脱扣器整定电流(I_{set3})应分别符合式(5-50)的要求：

$$I_{set1} \geqslant K_{rel1} I_{30}, \quad I_{set3} \geqslant K_{rel3} I_{30} \tag{5-50}$$

式中：K_{rel1} 和 K_{rel3} 为反时限和瞬时过电流脱扣器可靠系数，取决于电光源起动特性和断路器特性，其值参见设计手册。

5.7 限流电抗器的选择和校验

1. 参数选择

限流电抗器应按表 5-25 所列技术条件选择，并按表中环境条件校验。

表 5-25 中的一般项目，按第 5.1 节有关要求进行选择，补充说明如下。

(1) 普通电抗器 $X_k\% > 3\%$ 时，制造厂已考虑连接于无穷大电源、额定电压下，电抗器端头发生短路时的动稳定度。但由于短路电流计算是以平均电压为准，因此在一般情况下，仍应进行动稳定校验。

(2) 分裂电抗器动稳定保证值有两个，其一为单臂流过短路电流时之值，其二为两臂同时流过反向短路电流时之值。后者比前者小很多。在校验动稳定时，应分别针对这两种情况，选定对应的短路方式进行。

(3) 安装方式是指电抗器的布置方式。普通电抗器一般有水平布置、垂直布置和品字布置 3 种。进、出线端子角度一般有 90°、120°和 180° 三种，分裂电抗器推荐使用 120°。

表 5-25 限流电抗器参数选择

项 目		参 数
技术条件	正常工作条件	电压、电流、频率、电抗百分值
	短路稳定性	动稳定电流、热稳定电流和持续时间
	安装条件	安装方式、进出线端子角度
环境条件		环境温度、相对湿度、海拔高度、地震烈度

2. 普通电抗器的额定电流选择

(1) 电抗器几乎没有过负荷能力，所以主变压器或出线回路的电抗器应按回路最大工作电流选择，而不能用正常持续工作电流选择。

(2) 变电所母线分段回路的电抗器应满足用户的一级负荷和大部分二级负荷的要求。

3. 电抗百分值选择

普通电抗器的电抗百分值应按下列条件选择和校验：

（1）将短路电流限制到要求值。此时必需的电抗器的电抗百分值（$X_k\%$）按下式计算：

$$X_k\% \geqslant \left(\frac{I_d}{I''} - X_L^*\right)\frac{I_N U_d}{U_N I_d} \times 100\% \qquad (5\text{-}51)$$

或

$$X_k\% \geqslant \left(\frac{S_d}{S''} - X_L^*\right)\frac{I_N U_d}{U_N I_d} \times 100\% \qquad (5\text{-}52)$$

式中：U_d、I_d 和 S_d 分别为基准电压、基准电流和基准容量；X_L^* 是以 U_d 和 I_d 为基准，从网络计算至所选用电抗器前的电抗标幺值；U_N 和 I_N 分别为电抗器的额定电压和额定电流；I'' 为被电抗限制后所要求的短路次暂态电流；S'' 为被电抗限制后所要求的零秒短路容量。

当系统电抗等于零时，电抗器的额定电流和电抗百分值与短路电流的关系曲线如图 5-1 所示。

（2）正常工作时，电抗器上的电压损失（$\Delta U\%$）不宜大于额定电压的 5%，可由图 5-2 所示曲线查得，或按下式计算：

$$\Delta U\% = X_k\% \frac{I_g}{I_N} \sin\varphi \qquad (5\text{-}53)$$

式中：I_g 为正常通过的工作电流；φ 为负荷功率因数角（一般取 $\cos\varphi=0.8$，则 $\sin\varphi=0.6$）。

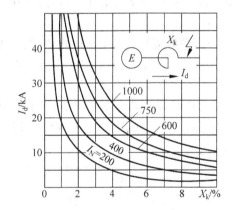

图 5-1　电抗器的额定电流 I_N 和电抗百分值 $X_k\%$
与短路电流 I_d 的关系曲线（$X_s=0$）

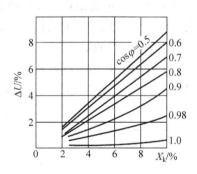

图 5-2　电抗器的电压损失曲线

对于出线电抗器，应计及出线上的电压损失。

（3）校验短路时母线上的剩余电压：当出线电抗器的继电保护装置带有时限时，应按在电抗器后发生短路计算，并按下式校验：

$$U_y\% = X_k\% \frac{I''}{I_N} \qquad (5\text{-}54)$$

式中：$U_y\%$ 为母线必须保持的剩余电压，一般为 60%～70%。若电抗器接在 6kV 发电机主母线上,母线剩余电压应尽量取上限值。

若剩余电压不能满足要求,可在线路继电保护及线路电压降允许范围内增加出线电抗器的电抗百分值,或采用快速继电保护切除短路故障。对于母线分段电抗器、带几回出线的电抗器及其他具有无时限继电保护的出线电抗器,不必按短路时母线剩余电压校验。

本章小结

本章主要介绍了企业常用高、低压电气设备选择校验的一般原则,包括电气设备型号的选择;电气设备额定电压、额定电流的选择;短路时有短路电流通过,均需校验动稳定度和热稳定度,如隔离开关、电流互感器、母线等;电流互感器还需选择变比、准确度,对各准确度需校验二次绕组的负荷是否符合要求;低压熔断器和低压断路器要保证选择性配合。

习题

5-1　电气设备选择的一般原则是什么?

5-2　如何选择高压断路器?

5-3　对于电压互感器,为什么不需要校验动稳定度和热稳定度?

5-4　按哪些条件选择电流互感器?

5-5　绝缘子的作用是什么? 按什么条件选择?

5-6　在低压线路中,前、后级熔断器间在选择性方面如何配合?

第6章

企业电力线路

知识点

1. 高、低压配电线路的接线方式及其用途。
2. 企业供配电线路的结构与敷设。
3. 导线和电缆截面选择需要遵循的条件。
4. 电力线路运行及维护常识等。

企业电力线路是企业供配电系统的重要组成部分,它担负着输送和分配电能的重要任务,因此在整个供配电系统中有着重要的作用。

6.1 电力线路的接线方式

6.1.1 高压配电线路的接线方式

企业的高压配电线路有放射式、树干式和环式等基本接线方式。

1. 放射式接线

放射式接线是指每个负荷都有独立的线路供电,都来自于总配电房,线路之间互不影响,因此供电可靠性较高,而且便于装设自动装置;但是高压开关设备用得较多,并且每台高压断路器或负荷开关须装设一个高压开关柜,使投资增加。

2. 树干式接线

树干式接线是指许多负荷共用一条线路。树干式接线与放射式接线相比,具有以下优点:多数情况下,能减少线路的有色金属消耗量;采用的高压开关数量较少,投资较省。但有下列缺点:供电可靠性较低,当高压配电干线发生故障或检修时,接于该干线的所有负荷都要停电;在实现自动化方面,适应性较差。

3. 环式接线

环式接线实质上是两端供电的树干式接线。为了避免环形线路上发生故障时影响整个电网正常运行,也为了便于实现线路保护的选择性,绝大多数环形线路采取"开口"运行方式,即环形线路中有一处开关正常时是断开的。这种环式接线在现代城市电网中应用很广。

6.1.2 低压配电线路的接线方式

企业的低压配电线路也有放射式、树干式和环式等基本接线方式。

1. 放射式接线

放射式接线的特点是:配电出线发生故障时,不致影响其他配电出线的运行,因此供电可靠性较高,如图 6-1 所示。

2. 树干式接线

树干式接线的特点:正好与放射式接线相反。一般情况下,树干式采用的开关设备较少,有色金属消耗量也较少,但在干线发生故障时,影响范围大,因此供电可靠性较低,如图 6-2 所示。

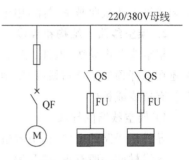

图 6-1 放射式接线

链式接线就是负荷之间相互连接,下一负荷电源来自于上一负荷接线处。链式接线的特点与树干式基本相同,适于用电设备彼此相距很近、容量均较小的次要用电设备。

3. 环式接线

环式接线的供电可靠性较高。任一段线路发生故障或检修时,都不致造成供电中断,或只是短暂停电,一旦切换电源的操作完成,即可恢复供电,如图 6-3 所示。环式接线可使电能损耗和电压损耗减少,但是环形系统的保护装置及其整定配合比较复杂,如配合不当,容易发生误动作,反而扩大故障停电范围。

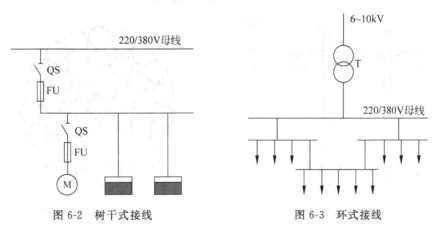

图 6-2 树干式接线   图 6-3 环式接线

6.2 电力线路的结构和技术要求

1. 供配电线路的结构类型及特点

供配电线路按结构形式分为架空线路、电缆线路和车间配电线路三类。

(1)架空线路:是利用电杆架空敷设导线的露天线路。架空线造价较低,架设施工容易,巡视检修方便,易于发现和排除故障,因此被广泛采用。

(2)电缆线路:是利用电力电缆敷设的线路。电缆可避免雷电危害和机械损伤,不影响厂区地面设施,整齐美观,但造价高,维护检修不便,通常在不适于采用架空线时采用。

(3)车间配电线路:是指车间内、外敷设的各类配电线路,包括用绝缘导线沿墙、沿屋架或沿天花板明敷的线路,用绝缘导线穿管沿墙、沿屋架或埋地敷设的线路。

2. 架空线路的结构和敷设

架空线路由导线、电杆、绝缘子和线路金具等主要元件组成。为了防雷,有的架空线路还在电杆顶端架避雷线(架空地线),如图 6-4 所示。为了加强电杆的稳固性,有的电杆安装有拉线或板桩。

1) 架空线路的导线

导线是线路的主体,担负着输送电能(电力)的任务。

导线材质一般有铜、铝和钢 3 种。

架空线路一般采用多股绞线,架设在杆塔上,线路要承受自重、风压、冰雪载荷等机械力的作用,以及剧烈的温度变化和化学腐蚀,所以要求导线具有优良的导电性能、机械强度和很好的耐腐蚀能力。绞线又有铜绞线(TJ)、铝绞线(LJ)和钢芯铝绞线(LGJ)之分。

其中,铜的导电性能好,机械强度大,抗拉强度高,抗腐蚀能力强;铝的导电性能仅次于铜,机械强度较差,但价格便宜;钢的导电性能差,但其机械强度较高。所以,为了加强铝的机械强度,采用多股绞成,并用抗拉强度较高的钢作为线芯,把铝线绞在线芯外面,作为导电部分。这种绞线称为钢芯铝绞线,其截面如图 6-5 所示。

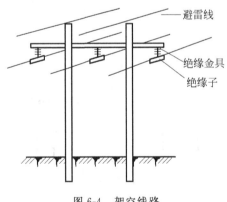

图 6-4 架空线路

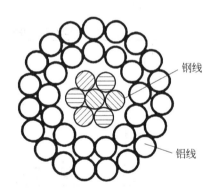

图 6-5 钢芯铝绞线

钢芯铝绞线集中了铝和钢的优点,导电率与铝绞线接近,但机械强度大大增强,广泛应用于机械强度要求较高和 35kV 及以上的架空线路中。

2) 电杆、横担和拉线

电杆是支持导线的支柱,是架空线路的重要组成部分。对电杆的要求主要是有足够的机械强度,同时尽可能经久耐用、价廉,便于搬运和安装。

电杆按其采用的材料,有木杆、水泥杆和铁塔 3 种。电杆按其在架空线路中的功能和地位,有直线杆、分段杆、转角杆、终端杆、跨越杆和分支杆等形式。图 6-6 所示是上述各种杆型在低压架空线路中应用的示意图。

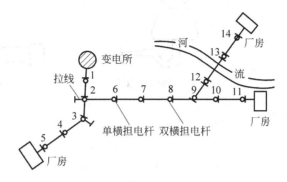

图 6-6　各种杆型在低压架空线路中的应用

横担安装在电杆的上部,用来安装绝缘子,以便架设导线。常用的横担有木横担、铁横担和瓷横担。现在普遍采用铁横担和瓷横担。瓷横担用于高压架空线路,兼有绝缘子和横担的双重功能,能节约大量木材和钢材,降低线路造价。它能在断线时转动,避免因断线而扩大事故,同时其表面便于雨水冲洗,可减少线路维护工作。

拉线是为了平衡电杆各方面的作用力,并抵抗风压,以防止电杆倾倒用的,如终端杆、转角杆、分段杆等,往往都装有拉线。

3)线路绝缘子和金具

绝缘子又称瓷瓶。线路绝缘子用来将导线固定在电杆上,并使导线与电杆绝缘。图 6-7 所示是线路绝缘子的外形结构图。

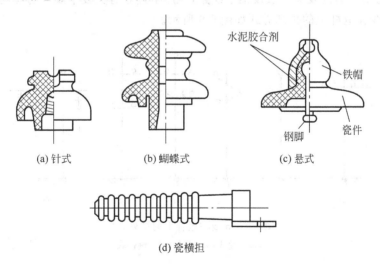

(a) 针式　　　(b) 蝴蝶式　　　(c) 悬式

(d) 瓷横担

图 6-7　高压线路绝缘子

线路金具是用来连接导线,安装横担和绝缘子,固定和紧固拉线等的金属附件。常见的线路金具如图 6-8 所示,有安装针式绝缘子的直脚、弯脚;安装碟式绝缘子的穿心螺钉;固定横担的 U 形抱箍;调节拉线松紧的花篮螺钉等。

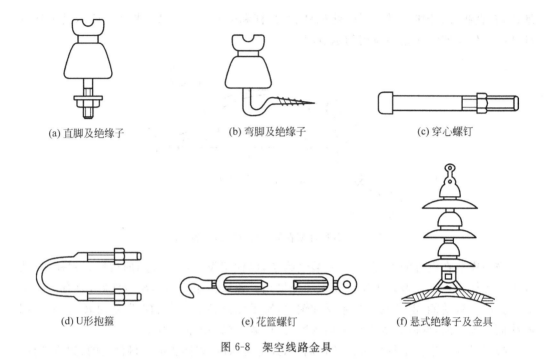

(a) 直脚及绝缘子　　　　　(b) 弯脚及绝缘子　　　　　(c) 穿心螺钉

(d) U形抱箍　　　　　(e) 花篮螺钉　　　　　(f) 悬式绝缘子及金具

图 6-8　架空线路金具

4）架空线路的敷设

（1）架空线线路的选择：正确选择线路路径，排定杆位，要求路径要短，转角要少，交通运输方便，便于施工架设和维护，尽量避开江河、道路和建筑物，运行可靠，地质条件好。另外，还要考虑今后的发展。敷设架空线路，要严格遵守有关技术规程的规定。

（2）导线在电杆上的排列方式如图 6-9 所示。

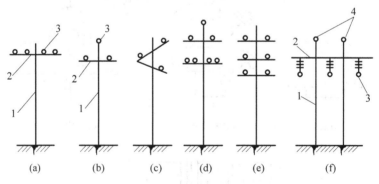

(a)　　　(b)　　　(c)　　　(d)　　　(e)　　　(f)

图 6-9　导线在电杆上的排列方式

1,3—导线；2—横担；4—避雷线

（3）架空线路的档距与弧垂：架空线路的档距（又称跨距）是指同一条线路的两根相邻电杆之间的水平距离。对于厂区架空线路的档距，低压为 25～40m，高压（10kV 及以下）为 35～50m。

导线的弧垂（又称弛垂）是指架空线路一个档距内导线最低点与两端电杆上导线固定点间的垂直距离。

5）架空线路设计的一般要求

（1）架空线路不应采用单股的铝线或铝合金线。高压线路不应采用单股铜线。

架空线路导线截面不应小于表 6-1 所列数值。

表 6-1 导线最小截面　　　　　　单位：mm²

导 线 种 类	35kV 线路	3～10kV 线路		3kV 以下线路
		居民区	非居民区	
铝绞线及铝合金线	35	35	25	16
钢芯铝绞线	35	25	16	16
铜线		16	16	10(线直径 3.2mm)

注：①居民区指厂矿地区、港口、码头、火车站、城镇及乡村等人口密集地区；②非居民区指居民区以外的其他地区。此外，虽有车辆、行人或农业机械到达，但未建房屋或房屋稀少地区，亦属非居民区。

（2）架空线路的导线与地面的距离，在最大计算弧垂情况下，不应小于表 6-2 所列数值。

表 6-2 导线与地面的最小距离　　　　　　单位：m

线路经过地区	线路电压/kV		
	35	3～10	<3
居民区	7.0	6.5	6.0
非居民区	6.0	5.5	5.0
交通困难地区	5.0	4.5	4.0

（3）架空线路的导线与建筑物之间的距离，不应小于表 6-3 所列数值。

表 6-3 导线与建筑物间的最小距离　　　　　　单位：m

线路经过地区	线路电压/kV		
	35	3～10	<3
导线跨越建筑物垂直距离(最大计算弧垂)	4.0	3.0	2.5
边导线与建筑物水平距离(最大计算风偏)	3.0	1.5	1.0

（4）架空线路的导线与街道行道树间的距离，不应小于表 6-4 所列数值。

表 6-4 导线与街道行道树间的最小距离　　　　　　单位：m

线路电压/kV	35	3～10	<3
最大计算弧垂情况下的垂直距离	3.0	1.5	1.0
最大计算风偏情况下的水平距离	3.5	2.0	1.0

（5）3～10kV 高压接户线的截面，不应小于下列数值：铜绞线 16mm²，铝绞线 25mm²。

（6）1kV 以下低压接户线应采用绝缘导线；导线截面应根据允许载流量选择，但不应小于表 6-5 所列数值。

表 6-5　低压接户线的最小截面

敷设方式	档距/m	最小截面/mm²	
		绝缘铝线	绝缘铜线
自电杆引下	<10	4.0	2.5
	10~25	6.0	4.0
沿墙敷设	<6	4.0	2.5

注：接户线的档距不宜大于 25m。如超过，宜增设接户杆。

其他设计要求需查阅相关规范。

3. 电缆线路的结构和敷设

1）电力电缆的结构

电缆是一种特殊的导线，由导电芯、绝缘层、铅包（或铝包）和保护层几个部分组成。保护层又分内护层和外护层，内护层用来直接保护绝缘层，外护层用来防止内护层遭受机械损伤和腐蚀。外护层通常为钢丝或钢带构成的钢缆，外覆沥青、麻被或塑料护套，如图 6-10 所示。

电缆的类型很多。电力电缆按其缆芯材质，分铜芯和铝芯两大类；按芯数，分为单芯、双芯、三芯及四芯等；按其采用的绝缘介质，分油浸纸绝缘的和塑料绝缘的两大类。塑料绝缘电缆又有聚氯乙烯绝缘及护套电缆和交联聚乙烯绝缘聚乙烯护套电缆两种。

2）电缆头的结构

电缆头包括将两段电缆连接在一起的中间接头、电缆始端和终端连接导线及电气设备的终端头。电缆终端头分户外型和户内型两种。户内型电缆终端头形式较多，常用的是铁皮漏斗型、塑料干封型和环氧树脂终端头。环氧树脂终端头具有工艺简单，绝缘和密封性能好，体积不大，重量轻，成本低等优点，被广泛使用。经验表明，电缆头是电缆线路中的薄弱环节，线路中的大部分故障都发生在接头处，因此电缆头的制作要求很严格，必须保证电缆密封完好，具有良好的电气性能，较高的绝缘强度和机械强度。

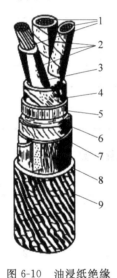

图 6-10　油浸纸绝缘
电力电缆

1—缆芯；2—油浸纸绝缘层；3—麻筋；4—油浸纸；5—铅包；6—涂沥青的纸带；7—浸沥青的麻被；8—铜铠；9—麻被

3）电缆的敷设方式

敷设电缆一定要严格按有关规程和设计要求进行。电缆敷设的路径要最短，力求减少弯曲；尽量减少外界因素，如机械的、化学的等对电缆的损坏；散热要好；尽量避免与其他管道交叉；避开规划中要挖土的地方。

企业中常见的电缆敷设方式有直接埋地敷设、利用电缆沟和电缆桥架等几种，电缆隧道和电缆排管等敷设方式较少采用。

（1）直接埋地敷设：通常沿敷设路径挖一条壕沟，深度不得小于 0.7m，离建筑物基础不得小于 0.6m,在沟底铺以 100mm 厚的软土或沙层,再敷设电缆,然后在其上铺 100mm 厚的软土或沙层,盖以混凝土保护层,如图 6-11 所示。这种敷设方法散热性能好,载流量大,敷设方便,设有专门的设施,准备期短,比较经济;但维护、更换电缆麻烦,对外来机械损伤的抵御能力差,易受土壤腐蚀物质损害。一般大型工厂车间与变电站之间的较长干线宜采用这种方式。

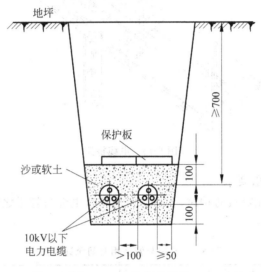

图 6-11 直接埋地敷设

(2) 电缆沟:电缆敷设在预先修建好的水泥沟内,上面用盖板覆盖。这种方式占地少,走向灵活,敷设检修、更换和增设电缆均较方便,并且可以多根或多种电缆并敷,但投资较直埋敷设大,载流量比直埋敷设小,在容易积水的场所不宜使用,如图 6-12 所示。

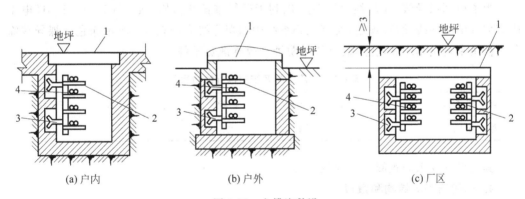

(a) 户内   (b) 户外   (c) 厂区

图 6-12 电缆沟敷设
1—盖板;2—电缆支架;3—预埋铁件;4—电缆

(3) 电缆隧道:电缆隧道具有敷设、检修、更换和增设电缆十分方便的优点,可以同时敷设几十根各种电缆;缺点是投资很大,防火要求很高,一般用于大型企业变电所、发电厂引出区部位的区段。

(4) 电缆桥架:利用车间空间、墙、柱、梁等,用支架固定电缆,排列整齐,结构简单,维护检修方便；缺点是积灰严重，易受热力管道影响，不够美观，如图 6-13 所示。

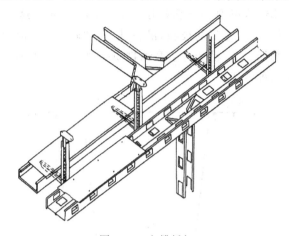

图 6-13　电缆桥架

4）电缆敷设的一般要求

电缆与管道之间无隔板防护时，相互间距应符合电缆与管道之间允许距离的规定，如表 6-6 所示。

表 6-6　电缆与管道相互间允许距离　　　　　　　　　　单位：mm

电缆与管道之间走向		电力电缆	控制和信号电缆
热力管道	平行	1000	500
	交叉	500	250
其他管道	平行	150	100

为了识别裸导线（含母线）的相序，以利于运行维护和检修，按 GB 2681—1981《电工成套装置中的导线颜色》规定，交流三相系统中的裸导线应按表 6-7 所示涂色。裸导线涂色不仅用来辨别相序和用途，而且能够防蚀和改善散热条件。

表 6-7　交流三相系统中裸导线的涂色

裸导线类别	A 相	B 相	C 相	N 线和 PEN 线	PE 线
涂漆颜色	黄	绿	红	淡蓝	黄绿双色

其他设计要求需查阅相关规范。

4. 车间线路的结构和敷设

车间线路包括室内配电线路和室外配电线路。

室内配电线路多采用绝缘导线，但配电干线多采用裸导线（或硬母线），少数情况下用电缆；室外配电线路指沿着车间外墙或屋檐敷设的低压配电线路和引入建筑物的进户线，以及各车间之间短距离架空线路，一般均采用绝缘导线。

1）绝缘导线

绝缘导线按芯线材料不同，分为铜芯和铝芯导线；按绝缘材料不同，分为橡胶绝缘和塑料绝缘导线;按芯线构造不同,分为单芯、多芯导线和软线。

绝缘导线的敷设方式分明敷设和暗敷设两大类。导敷设于墙壁、桁梁架或天花板等的表面,称为明敷;导线穿管埋设在墙内、地坪内或装设在顶棚里,称为暗敷。

具体布线方式如下所述。

(1)瓷夹、瓷柱和瓷瓶配线:沿墙壁(桁架)或天花板明敷。

(2)木板配线:适用于干燥、无腐蚀的房屋内明敷。

(3)穿管配线:分为明敷和暗敷两种。钢管适用于防护机械损伤的场合,但不宜用于有严重腐蚀的场所;塑料管除不能用于高温和对塑料有腐蚀的场所外,其他场所均可选用。

(4)钢索配线:钢索横跨在车间或构架之间,一般用于厂房和露天场所。

2)裸导线

车间的配电干线或分支线通常采用硬母线(又称母排)的结构,截面形状有圆形、矩形和管形等,实际中以采用 LMY 型硬铝母线最普遍。采用裸导线作为导线的原因是安装简单,投资少,容许电流大,可以节省绝缘材料。裸导线的敷设主要是满足安全间距的要求,距地面不得低于 2.5m。

车间配电线路还可采用一种封闭式母线,由制造厂成套设备供应各种水平或垂直接头,构成插接式母线系统。接线方式方便、灵活,也较美观,适用于车间面积大,设备容量不大,用电设备多为布置均匀、紧凑,而又可能因工艺流程改变需经常调整位置的车间。其缺点是结构复杂,需钢材多,价格贵。

车间内的吊车滑触线通常采用角钢,但新型安全滑触线的载流导体为钢排,且外面有保护罩。

可见,车间低压线路敷设方式的选择,应根据周围环境条件、工程设计要求和经济条件决定。

6.3 导线和电缆截面的选择

导线和电缆的选择是供配电设计中的重要内容之一。导线和电缆是分配电能的主要器件,选择得合理与否,直接影响有色金属的消耗量与线路投资,以及电网的安全、经济运行。

6.3.1 导线和电缆形式的选择

高压架空线路一般采用铝绞线。当档距较大、电杆较高时,宜采用钢芯铝绞线。沿海地区及有腐蚀性介质的场所,宜采用铜绞线或防腐铝绞线。低压架空线路,也一般采用铝绞线。

对于高压电缆线路,在一般环境和场所,可采用铝芯电缆;但在有特殊要求的场所,例如在振动剧烈、有爆炸危险、高温及对铝有腐蚀的场所,应采用铜芯电缆。埋地敷设的电缆,应采用有外护层的铠装电缆;但在无机械操作可能的场所,可采用塑料护套电缆或带外护层的铅包电缆。在可能发生位移的土壤中埋地敷设的电缆,应采用钢丝铠装电缆。

敷设在电缆沟、桥架或穿管（排管）的电缆，一般采用裸铠装电缆或塑料护套电缆。交联电缆宜优先采用。

对于低压电缆线路，一般也采用铝芯电缆，但对于特别重要的或有特殊要求的线路，可采用铜芯绝缘线。

6.3.2 导线和电缆截面选择的条件

为了保证供配电线路安全、可靠、优质、经济地运行，供配电线路的导线和电缆截面的选择必须满足下述条件。

1. 发热条件

导线和电缆（包括母线）在通过正常最大负荷电流（即计算电流）时产生的发热温度，不应超过其正常运行时的最高允许温度。

2. 电压损耗条件

导线和电缆在通过正常最大负荷电流，即线路计算电流时产生的电压损耗，不应超过正常运行时允许的电压损耗。

3. 经济电流密度

35kV 及以上高压线路，以及电压 35kV 以下但距离长、电流大的线路，其导线和电缆截面按经济电流密度选择，以使线路的年费用支出最小。企业内的 10kV 及以下线路，通常不按此原则选择。

4. 机械强度

导线（包括裸导线和绝缘导线）截面应不小于其最小允许截面。架空裸导线的最小允许截面参见附表 21，绝缘导线线芯的最小允许截面参见附表 22。对于电缆，由于它有内外护套，机械强度一般满足要求，不需校验，但需校验短路热稳定度。母线也应校验其短路稳定度。对于绝缘导线和电缆，还应满足工作电压的要求。

6.3.3 按发热条件选择导线和电缆的截面

1. 三相系统相线截面的选择

按发热条件选择三相系统中的相线截面时，应使其允许载流量不小于通过相线的计算电流，即 $I_{al} \geqslant I_{30}$。

如果导线敷设地点的环境温度与导线允许载流量所采用的环境温度不同，导线的允许载流量应乘以温度校正系数，即

$$K_\theta = \sqrt{\frac{\theta_{al} - \theta_0'}{\theta_{al} - \theta_0}} \qquad (6\text{-}1)$$

式中：θ_{al} 为导线额定负荷时的最高运行温度；θ_0 为导线的允许载流量采用的环境温度；θ_0' 为导线敷设地点实际的环境温度。

对电容器的引入线，由于电容器充电时有较大的涌流，因此其计算电流应取为电容器额定电流的 1.35 倍。

必须注意，按发热条件选择导线和电缆截面时，必须校验导线和电缆截面与其保护装置（熔断器或低压断路器保护）是否配合得当。

2. 中性线、保护线和保护中性线截面的选择

1) 中性线（N 线）截面的选择

三相四线制线路中的 N 线要通过不平衡电流或零序电流,因此 N 线的允许载流量不应小于三相系统中的最大不平衡电流,同时应考虑谐波电流的影响。

(1) 一般三相四线制的中性线截面应不小于相线截面 A_φ 的 50%,即 $A_0 \geqslant 0.5A_\varphi$。

(2) 对于由三相四线制线路分支的两相三线线路和单相线路,由于其中性线电流与相线电流相等,因此其中性线截面 A_0 应与相线截面 A_φ 相同,即 $A_0 = 0.5A_\varphi$。

(3) 对于三次谐波电流相当突出的三相四线制线路,由于各相的三次谐波电流都要通过中性线,使得中性线电流可能接近甚至超过相电流,因此在这种情况下,中性线截面 A_0 宜等于或大于相线截面 A_φ,即 $A_0 \geqslant 0.5A_\varphi$。

2) 保护线（PE 线）截面的选择

PE 线要考虑三相线路发生单相短路故障时的单相短路热稳定度。

根据短路热稳定度的要求,对于 PE 线的截面 A_{PE},按 GB 50054—1995《低压配电设计规范》的规定:

(1) 当 $A_\varphi \leqslant 16\text{mm}^2$ 时,$A_{PE} \geqslant A_\varphi$。

(2) 当 $16\text{mm}^2 < A_\varphi \leqslant 35\text{mm}^2$ 时,$A_{PE} \geqslant 16\text{mm}^2$。

(3) 当 $A_\varphi > 35\text{mm}^2$ 时,$A_{PE} \geqslant 0.5A_\varphi$。

3) 保护中性线（PEN 线）截面的选择

PEN 线兼有 PE 线和 N 线的双重功能,因此其截面选择应同时满足上述 PE 线和 N 线的要求,取其中的最大值。

例 6-1　有一条采用 BLV-500 型铝芯塑料线室内明敷的 220/380V 的 TN-S 线路,计算电流为 50A。当地最热月的日最高温度平均值为 $+30℃$。试按发热条件选择此线路的导线截面。

解　此 TN-S 线路除 3 根相线外,尚有 N 线和 PE 线。

(1) 相线截面的选择。

环境温度对室内应为 $30℃ + 5℃ = 35℃$。查附表 28,$35℃$ 时,明敷的 BLV-500 型铝芯塑料线截面为 10mm^2 时,$I_{al} = 51\text{A} > I_{30} = 50\text{A}$,满足发热条件,因此,选择相线截面 $A_\varphi = 10\text{mm}^2$。

(2) N 线截面的选择。

按 $A_0 \geqslant 0.5A_\varphi$,选择 $A_0 = 6\text{mm}^2$。

(3) PE 线截面的选择。

由于 $A_\varphi < 16\text{mm}^2$,故选 $A_{PE} = A_\varphi = 10\text{mm}^2$。

所选线路的导线型号规格表示为 BLV-500-(3×10+1×6+PE10)。

例 6-2　对于上例所述线路,采用 BLV-500 型铝芯塑料线穿硬塑料管（VG）埋地敷设。当地最热月平均气温为 $25℃$。试按发热条件选择此线路的导线截面及穿线管内径。

解　查附表 28,得 $25℃$ 时 5 根单芯线穿硬塑料管的 BLV-500 型导线截面为 25mm^2 的 $I_{al} = 57\text{A} > I_{30} = 50\text{A}$。因此按发热条件,选择 $A_\varphi = 25\text{mm}^2$。

N 线截面按 $A_0 \geqslant 0.5A_\varphi$,选择 $A_0 = 16\text{mm}^2$。

PE 线截面按式(5-15),选择 $A_{PE}=16mm^2$。

对于穿线的硬塑料管(VG)内径,查附表 28,得穿线管径 $D=50mm$。

所选导线和管径表示为 BLV-500-(3×25+1×16+PE16)-PC50。

6.3.4　按经济电流密度选择导线和电缆的截面

导线(或电缆,下同)的截面越大,电能损耗越小,但是线路投资、维修管理费用和有色金属消耗量增加。因此从经济方面考虑,导线应选择比较合理的截面,既使电能损耗小,又不致过分增加线路投资、维修管理费用和有色金属消耗量。

我国现行经济电流密度规定如表 6-8 所示。

表 6-8　导线和电缆经济电流密度　　　　单位：A/mm

线路类别	导线材质	年最大负荷利用小时		
		3000h 以下	300~5000h	5000h 以上
架空线路	铜	3.00	2.25	1.75
	铝	1.65	1.15	0.90
电缆线路	铜	2.50	2.25	2.00
	铝	1.92	1.73	1.54

按经济电流密度 j_{ec} 计算经济截面 A_{ec} 的公式为

$$A = \frac{I_{30}}{j_{ec}} \tag{6-2}$$

式中：I_{30} 为线路的计算电流。

例 6-3　有一条用 LGJ 型钢芯铝绞线架设的 35kV 架空线路,计算负荷 4500kW,$\cos\varphi=0.8$,$T_{max}=5600h$。试选择其经济截面,并校验发热条件和机械强度(当地最热月平均最高气温为 35℃)。

解　(1)选择经济截面：

$$I_{30} = \frac{P_{30}}{\sqrt{3}U_N\cos\varphi} = \frac{4500}{\sqrt{3}\times35\times0.8} = 92.8(A)$$

由表 6-8 查得 $j_{ec}=0.90A/mm^2$,因此

$$A_{ec} = \frac{92.8}{0.90} = 103(mm^2)$$

选标准截面 95mm²,即选 LGJ-95 型钢芯铝绞线。

(2)校验发热条件：

查附表 23 得 LGJ-95 的 $I_{al}=335A$(环境温度 35℃)。由于 $I_{al}>I_{30}=92.8A$,因此所选截面满足发热条件。

(3)校验机械强度：

查附表 21 得 35kV 架空 LGJ 线的最小截面 $A_{min}=35mm^2$。由于 $A=95mm^2>A_{min}$,因此所选截面满足机械强度要求。

6.3.5 线路电压损耗的计算

由于线路存在阻抗,所以线路通过电流时产生电压损耗。按规定,高压配电线路的电压损耗一般不超过线路额定电压的5%;从变压器低压侧母线到用电设备受电端的低压配电线路的电压损耗,一般不超过用电设备额定电压的5%;对视觉要求较高的照明线路,则为2%~3%。如线路的电压损耗值超过允许值,应适当加大导线截面,使之满足允许的电压损耗要求。

1. 集中负荷的三相线路电压损耗的计算

图 6-14 所示为带有两个集中负荷的三相线路。线路图中的负荷电流用 i 表示,各线段的长度、每相电阻和电抗分别用 l、r 和 x 表示。各负荷点至线路首段的长度、每相电阻和电抗分别用 L、R 和 X 表示。

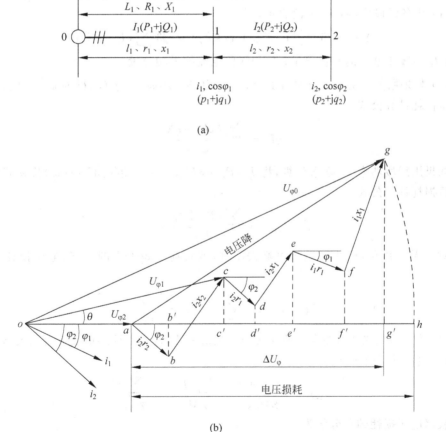

(a)

(b)

图 6-14 带有两个集中负荷的三相线路

以线路末端的相电压为参考轴,绘制线路的电压、电流相量图。

线路电压降的定义为:线路首段电压与末端电压的相量差。线路电压损耗的定义为:线路首段电压与末端电压的代数差。电压降在参考轴上的水平投影用 ΔU_φ 表示。

在企业供电系统中,由于线路的电压降相对于线路电压来说很小,因此,可近似地认为就是 ΔU_φ 电压损耗,即

$$\Delta U_\varphi = \overrightarrow{ab'} + \overrightarrow{b'c'} + \overrightarrow{c'd'} + \overrightarrow{d'e'} + \overrightarrow{e'f'} + \overrightarrow{f'g'}$$
$$= i_2 r_2 \cos\varphi_2 + i_2 x_2 \sin\varphi_2 + i_2 r_1 \cos\varphi_2 + i_2 x_1 \sin\varphi_2 + i_1 r_1 \cos\varphi_1 + i_1 x_1 \sin\varphi_1$$
$$= i_2 (r_1 + r_2)\cos\varphi_2 + i_2 (x_1 + x_2)\sin\varphi_2 + i_1 r_1 \cos\varphi_1 + i_1 x_1 \sin\varphi_1$$
$$= i_2 R_2 \cos\varphi_2 + i_2 X_2 \sin\varphi_2 + i_1 R_1 \cos\varphi_1 + i_1 X_1 \sin\varphi_1$$

将相电压损耗 ΔU_φ 换算为线电压损耗 ΔU,得

$$\Delta U = \sqrt{3}\,\Delta U_\varphi = \sqrt{3}\,(i_2 R_2 \cos\varphi_2 + i_2 X_2 \sin\varphi_2 + i_1 R_1 \cos\varphi_1 + i_1 X_1 \sin\varphi_1)$$

带多个集中负荷的一般电压损耗的计算公式为

$$\Delta U = \sqrt{3}\sum (ir\cos\varphi + ix\sin\varphi) = \sqrt{3}\sum (i_a r + i_r x) \tag{6-3}$$

式中:i_a 为负荷电流的有功分量;i_r 为负荷电流的无功分量。

若电压损耗用各线段的负荷电流、负荷功率、线段功率来表示,其计算公式如下所述。

(1) 用各线段中的负荷电流表示,则

$$\Delta U = \sqrt{3}\sum (Ir\cos\varphi + Ix\sin\varphi) = \sqrt{3}\sum (I_a r + I_r x) \tag{6-4}$$

式中:I_a 为线段电流的有功分量;I_r 为线段电流的无功分量。

(2) 如果用负荷功率 p、q 来计算,将 $i = p/(\sqrt{3}\,U_N \cos\varphi) = q/(\sqrt{3}\,U_N \sin\varphi)$ 代入式(6-3),得电压损耗计算公式

$$\Delta U = \frac{\sum (pR + qX)}{U_N} \tag{6-5}$$

如果用线段功率 P、Q 来计算,将 $I = P/(\sqrt{3}\,U_N \cos\varphi) = Q/(\sqrt{3}\,U_N \sin\varphi)$ 代入式(6-4),得电压损耗计算公式

$$\Delta U = \frac{\sum (Pr + Qx)}{U_N} \tag{6-6}$$

对于无感线路,即线路感抗可略去不计,或负荷 $\cos\varphi \approx 1$ 的线路,电压损耗计算公式为

$$\Delta U = \sqrt{3}\sum (iR) = \sqrt{3}\sum (Ir) = \frac{\sum (pR)}{U_N} = \frac{\sum (Pr)}{U_N} \tag{6-7}$$

对于均一无感线路,即全线的导线型号规格一致,且可不计感抗或负荷 $\cos\varphi \approx 1$ 的线路,电压损耗计算公式变为

$$\Delta U = \frac{\sum (pL)}{\gamma A U_N} = \frac{\sum (Pl)}{\gamma A U_N} = \frac{\sum M}{\gamma A U_N} \tag{6-8}$$

线路电压损耗的百分值为

$$\Delta U\% = \frac{\Delta U}{U_N} \times 100 \tag{6-9}$$

均一无感的三相线路电压损耗百分值为

$$\Delta U\% = \frac{\sum M}{\gamma A U_N^2} \times 100 = \frac{\sum M}{CA} \tag{6-10}$$

式中: C 为计算系数,如表 6-9 所示。

表 6-9 公式 $\Delta U\% = \sum M \big/ (CA)$ 中的计算系数 C 值

线路额定电压/V	线路类型	C 的计算式	计算系数 $C/(\text{kW} \cdot \text{m/mm}^2)$	
			铜线	铝线
220/380	三相四线	$\gamma U_N^2/100$	76.5	46.2
	两相三线	$\gamma U_N^2/225$	34.0	20.5
220	单相及直流	$\gamma U_N^2/200$	12.8	7.74
110			3.21	1.94

对于均一无感的单相交流线路和直流线路,由于其负荷电流(或功率)要通过来回两根导线,所以其总的电压损耗应为一根导线上电压损耗的 2 倍,而三相线路的电压损耗实际上只是一相(一根)导线上的电压损耗,所以这种单相和直流线路的电压损耗百分值为

$$\Delta U\% = \frac{200 \sum M}{\gamma A U_N^2} = \frac{\sum M}{CA} \tag{6-11}$$

式中: U_N 为线路额定电压,对单相线路为额定相电压; C 为计算系数,如表 6-9 所示。

例 6-4 有一条用 LJ-95 型铝绞线架设的 5km 长的 10kV 架空线路,计算负荷为 1380kW, $\cos\varphi = 0.75$。线路导线等距水平排列,线距 1m。试验算此线路是否满足允许电压损耗 5% 的要求。

解 由 $P_{30} = 1380\text{kW}$ 和 $\cos\varphi = 0.75$ 得:

$$Q_{30} = P_{30}\tan\varphi = 1380 \times 0.88 = 1214(\text{kvar})$$

又由 $a = 1\text{m}$ 和等距水平排列,得:

$$a_{av} = 1.26a = 1.26(\text{m})$$

根据 $A = 95\text{mm}^2$ 及 $a_{av} = 1.26\text{m}$,查附表 19,得 $R_0 = 0.36\Omega/\text{km}$, $X_0 = 0.35\Omega/\text{km}$。因此,线路的电压损耗为

$$\Delta U = \frac{pR + qX}{U_N} = \frac{1380 \times (5 \times 0.36) + 1214 \times (5 \times 0.35)}{10} = 461(\text{V})$$

线路的电压损耗百分值为

$$\Delta U\% = \frac{\Delta U}{U_N} \times 100\% = \frac{461}{10000} \times 100\% = 4.61\% < \Delta U_{al}\% = 5\%$$

所以,该线路的电压损耗满足要求。

2. 均匀分布负荷的三相线路电压损耗的计算

均匀分布负荷的三相线路指三相线路单位长度上的负荷是相同的。图 6-15 所示为负荷均匀分布的线路,其单位长度线路上负荷电流为 i_0。根据数学推导(略),它产生的电压损耗相当于全部分布负荷集中于分布线段的中点产生的电压损耗,计算公式如下:

$$\Delta U = \sqrt{3} I R_0 \left(L_1 + \frac{L_2}{2} \right) \tag{6-12}$$

由此可见,对于带有均匀分布负荷的线路,在计算电压损耗时,可将均匀分布负荷集中于分布线段的中点,按集中负荷来计算。

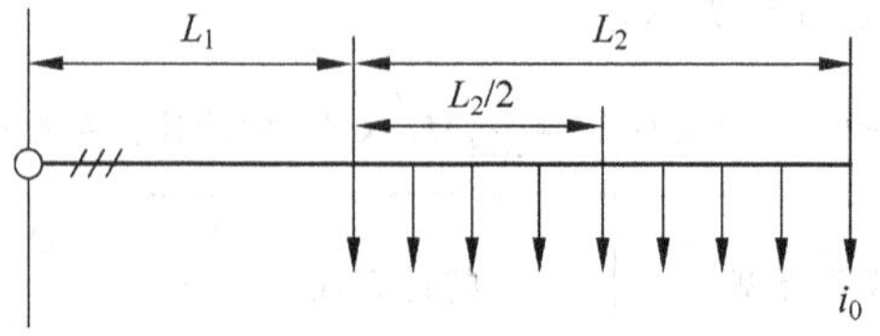

图 6-15 负荷均匀分布的线路

例 6-5 某 220/380V 的 TN-C 线路拟采用 BLX 型导线明敷,环境温度为 35℃,允许电压损耗为 5%。试选择导线截面。

解 (1) 线路等效变换。

将带均匀分布负荷的线路等效为带集中负荷的线路。

原集中负荷 $p_1 = 20\mathrm{kW}$,$\cos\varphi_1 = 0.8$,因此

$$q_1 = p_1\tan\varphi_1 = 20\tan(\arccos 0.8) = 15(\mathrm{kvar})$$

原分布负荷变换为集中负荷,有

$$p_2 = 0.5 \times 60 = 30(\mathrm{kW}), \quad \cos\varphi_2 = 0.7$$

因此

$$q_2 = p_2\tan\varphi_2 = 30\tan(\arccos 0.7) = 30(\mathrm{kvar})$$

(2) 按发热条件选择导线截面。

线路的总负荷为

$$P = p_1 + p_2 = 20 + 30 = 50(\mathrm{kW})$$

$$Q = q_1 + q_2 = 15 + 30 = 45(\mathrm{kvar})$$

$$S = \sqrt{P^2 + Q^2} = \sqrt{50^2 + 45^2} = 67.3(\mathrm{kV \cdot A})$$

$$I = \frac{S}{\sqrt{3}U_N} = \frac{67.3}{\sqrt{3} \times 0.38} = 102(\mathrm{A})$$

按 $I = 102\mathrm{A}$ 查附表 28,得 BLX 导线 $A = 35\mathrm{mm^2}$ 在 35℃时的 $I_{al} = 119\mathrm{A} > I = 102$,因此按发热条件选 BLX-500-1×35 型导线 3 根作为相线,另选 BLX-500-1×25 型导线 1 根作为 PEN 线明敷。

(3) 校验机械强度。

查附表 22,按明敷在绝缘支持件上,且按支持点间距最大来考虑,其最小允许截面为 $10\mathrm{mm^2}$。现所选相线和 PEN 线截面均大于 $10\mathrm{mm^2}$,故满足机械强度要求。

(4) 校验电压损耗。

按 $A = 35\mathrm{mm^2}$ 查有关资料,得 $R_0 = 1.06\Omega/\mathrm{km}$,$X_0 = 0.241\Omega/\mathrm{km}$。因此,线路的电压损耗为

$$\Delta U = \frac{(p_1 L_1 + p_2 L_2)R_0 + (p_1 L_1 + p_2 L_2)X_0}{U_N}$$

$$= [(20 \times 0.03 + 30 \times 0.05) \times 1.06 + (15 \times 0.03 + 30 \times 0.05) \times 0.24] \div 0.38$$

$$= 7.09(\mathrm{V})$$

$$\Delta U\% = \frac{\Delta U}{U_N} \times 100\% = \frac{7.09}{380} \times 100\% = 1.87\%$$

由于 $\Delta U\% = 1.87\% < \Delta U_{al} = 5\%$，因此以上所选导线满足允许电压损耗要求。

6.4 电力线路的运行与维护

6.4.1 架空线路的运行维护

1. 一般要求

对于厂区架空线路，一般要求每月进行一次巡视检查。如遇大风、大雨及发生故障等特殊情况，临时增加巡视次数。

2. 巡视项目

(1) 电杆有无倾斜、变形、腐朽、损坏及基础下沉等现象。如有，应设法修理。

(2) 沿线路的地面是否堆放有易燃、易爆和强腐蚀性物体。如有，应立即设法挪开。

(3) 沿线路周围有无危险建筑物，应尽可能保证在雷雨季节和大风季节里，这些建筑物不致对线路造成损坏。

(4) 线路上有无树枝、风筝等杂物悬挂。如有，应设法消除。

(5) 拉线和标桩是否完好，绑扎线是否紧固、可靠。如有缺陷，应设法修理或更换。

(6) 导线的接头是否接触良好，有无过热发红、严重氧化、腐蚀或断脱现象，绝缘子有无破损和放电现象。如有，应设法修理或更换。

(7) 避雷装置的接地是否良好，接地线有无锈断情况。在雷电季节到来之前，应重点检查，确保防雷安全。

(8) 其他危及线路安全运行的异常情况。

在巡视中发现的异常情况应记入专用记录本；重要情况应及时汇报上级，请示处理。

6.4.2 电缆线路的运行维护

1. 一般要求

电缆线路大多敷设在地下。要做好电缆的运行维护工作，就要全面了解电缆的敷设方式、结构布置、线路走向及电缆头位置等。对于电缆线路，一般要求每季进行一次巡视检查，并应经常监视其负荷大小和发热情况。如遇大雨、洪水及地震等特殊情况，或发生故障时，临时增加巡视次数。

2. 巡视项目

(1) 电缆头及瓷套管有无破损和放电痕迹；对填充有电缆胶(油)的电缆头，还应检查有无漏油溢胶现象。

(2) 对于明敷电缆，须检查电缆外皮有无锈蚀、损伤，沿线支架或挂钩有无脱落，线路上及附近有无堆放易燃、易爆及强腐蚀性物体。

(3) 对于暗敷及埋地电缆，应检查沿线的盖板和其他保护物是否完好，有无挖掘痕迹，路线标桩是否完整无缺。

(4) 电缆沟内有无积水或渗水现象，是否堆有杂物及易燃、易爆危险品。

(5) 线路上各种接地是否良好，有无松脱、断股和腐蚀现象。

(6) 其他危及电缆安全运行的异常情况。

在巡视中发现的异常情况,应记入专用记录本;重要情况应及时汇报上级,请示处理。

6.4.3 车间配电线路的运行维护

1. 一般要求

要搞好车间配电线路的运行维护工作,必须全面了解车间配电线路的布线情况、结构形式、导线型号规格及配电箱和开关、保护装置的位置等,并了解车间负荷的要求、大小及车间变电所的有关情况。对于车间配电线路,若有专门的维护电工,一般要求每周进行一次巡视检查。

2. 巡视项目

(1)检查导线的发热情况。例如裸母线在正常运行时的最高允许温度一般为70℃。如果温度过高,将使母线接头处氧化加剧,接触电阻增大,运行情况迅速恶化,最后可能引起接触不良或断线。所以,一般要在母线接头处涂以变色漆或示温蜡,检查其发热情况。

(2)检查线路的负荷情况。线路的负荷电流不得超过导线的允许载流量,否则导线要过热。对于绝缘导线,导线过热还可能引起火灾。因此,运行维护人员要经常注意线路的负荷情况,一般用钳形电流表来测量线路的负荷电流。

(3)检查配电箱、分线盒、开关、熔断器、母线槽及接地保护装置等的运行情况,检查母线接头有无氧化、过热变色和腐蚀等情况,接线有无松脱、放电和烧毛的现象,螺栓是否紧固。

(4)检查线路上和线路周围有无影响线路安全的异常情况。绝对禁止在绝缘导线上悬挂物体,禁止在线路近旁堆放易燃、易爆危险品。

(5)对敷设在潮湿、有腐蚀性物质的场所的线路和设备,要做定期的绝缘检查。绝缘电阻一般不得低于0.5MΩ。

在巡视中发现的异常情况,应记入专用记录本;重要情况应及时汇报上级,请示处理。

6.4.4 线路运行中突然停电的处理

电力线路在运行中如突然停电,可按不同情况分别处理。

(1)当进线没有电压时,说明是电力系统方面暂时停电。这时总开关不必拉开,但出线开关应全部拉开,以免突然来电时,用电设备同时起动,造成过负荷和电压骤降,影响供电系统正常运行。

(2)当双回路进线中的一回进线停电时,应立即进行切换操作(又称倒闸操作),将负荷,特别是其中的重要负荷转移给另一回路进线供电。

(3)厂内架空线路发生故障使开关跳闸时,如开关的断流容量允许,可以试合一次,争取尽快恢复供电。由于架空线路的多数故障是暂时性的,所以多数情况下可能试合成功。如果试合失败,开关再次跳闸,说明架空线路上的故障尚未消除,应该对线路故障进行停电隔离检修。

（4）对放射式线路中某一分支线上的故障检查，可采用"分路合闸检查"的方法。例如图 6-16 所示的供电系统，假设故障出现在线路 WL8 上，由于保护装置失灵或选择配合不当，致使线路 WL1 的开关越级跳闸。分路合闸检查故障的步骤如下所述。

① 将出线 WL2～WL6 的开关全部断开，然后合上 WL1 的开关，由于母线 WB1 正常，因此合闸成功。

② 依次试合 WL2～WL6 的开关，结果除 WL5 的开关因其分支线 WL8 存在故障又跳开外，其余出线开关均试合成功，恢复供电。

③ 将分支线 WL7～WL9 的开关全部断开，然后合上 WL5 的开关。

④ 依次试合 WL7～WL9 的开关，结果只有 WL8 的开关因线路存在故障又自动跳开外，其余线路均恢复供电。

采用这种分路合闸检查故障的方法，可将故障范围逐步缩小，迅速找出故障线路，并迅速恢复其他完好线路的供电。

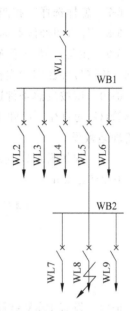

图 6-16 分路合闸检验电路

本章小结

本章首先介绍电力线路的 3 种接线方式：放射式、树干式和环式接线，以及 3 种接线方式的特点及适用场合；随后介绍架空和电缆线路的概念、结构和敷设，车间线路的结构和敷设等；导线和电缆截面的选择原则；按发热条件、电压损失、经济电流密度以及机械强度选择导线和电缆截面的方法；最后，简单介绍了架空和电缆线路的运行维护及车间配电线路的运行维护。

通过本章的学习，使学生能区别 3 种接线方式不同的使用范围，以及架空与电缆的不同运用；在选择导线和电缆截面时，掌握正确的方法；了解架空和电缆以及车间配电线路的运行维护；了解一些运行与维护的基本知识，培养学生的理论意识。

习题

6-1 试分别比较高压和低压放射式接线和树干式接线的优缺点，并分别说明高、低压配电系统各适宜采用哪种接线方式。

6-2 试比较架空线路和电缆线路的优缺点，并分别说明它们各适用于哪种场合。

6-3 铜、铝和钢 3 种材质的导线各有哪些优缺点？各适用于哪些场合？

6-4 LJ-95 表示什么导线？"95"代表什么？

6-5 什么叫架空线路的档距？什么叫弧垂？为什么弧垂不宜过大和过小？

6-6 导线和电缆截面的选择应考虑哪些条件？一般动力线路宜先按什么条件选择？照明线路宜先按什么条件选择？为什么？

6-7 怎样选择三相四线制低压动力线路的中性线截面？

6-8 什么叫经济截面？什么情况下的线路导线或电缆要按经济电流密度选择？

6-9 在某一动力平面图上，某线路旁标注有 BLX-1000-$(3\times70+1\times50)$G70-QM。试问：各符号和数字代表什么意思？

6-10 试按发热条件选择 220/380V、TN-S 系统中的相线、N 线和 PE 线的截面及穿墙套管（G）的直径。已知 $I_{30}=60$A，当地环境温度为 +30℃。拟用 BLV 型铝芯塑料线穿钢管埋地敷设。

6-11 求如图 6-17 所示干线的电压损失 ΔU 及 $\Delta U\%$。已知 LJ-35 的 $R_0=0.92\Omega/\text{km}$，$X_0=0.366\Omega/\text{km}$。

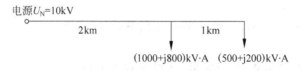

图 6-17 习题 6-11 图

6-12 设有 10kV 线路，向两个负荷点供电。导线采用 LJ 型绞线，线间距离 0.6m，其他参数如图 6-18 所示，允许电压损失 $\Delta U\%=5$。试选择导线截面，并按允许发热条件校验（空气中敷设，环境温度为 +35℃）。

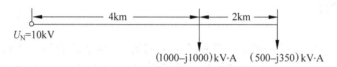

图 6-18 习题 6-12 图

第 7 章 — Chapter 7

供配电系统的继电保护

知识点

1. 继电保护装置的作用。

2. 对保护装置的基本要求。

3. 常用保护继电器的结构、工作原理、动作特性、调节方法和应用。

4. 高压电力线路和电力变压器常用继电保护装置的构成、原理接线图、工作原理、整定计算以及灵敏度校验。

5. 低压熔断器保护和自动开关保护的配置，熔断器及熔体电流的选择，自动开关脱扣器动作电流整定等。

7.1 继电保护基本知识

7.1.1 保护装置的作用

第 3 章讨论了短路故障产生的危害。在企业供配电系统中，无论是系统还是设备，有时会出现不正常的工作状态。因此在供配电系统中，一旦发生短路故障，必须尽快地将故障元件切离电源，还应及时发现和消除对系统或用电设备有危害的不正常工作状态，从而保证电气设备可靠运行。

保护装置是能及时发现各种故障和不正常工作状态，并能根据故障性质准确切除故障，将不正常工作状态通过信号装置报警的一种自动装置。它的作用如下所述。

(1) 当发生故障时，保护装置动作，并借助断路器自动地、迅速地、有选择地将故障元件迅速地从供电系统中切除，避免事故扩大，保证其他电气设备继续正常运行。

(2) 当出现不正常工作状态时，保护装置动作，及时发出报警信号，以便引起运行人员注意并及时处理。

(3) 保护装置还可以与供电系统的其他自动装置，如备用电源自动投入装置(APD)、自动重合闸装置(ARD)等配合，大大缩短了短路事故的停电时间，及时恢复正常供电，提高了供电系统的运行可靠性。

7.1.2 对保护装置的要求

根据保护装置的作用,对其有以下 4 个要求。

(1) 选择性:当供电系统发生故障时,只让离故障点最近的保护装置动作,切除故障元件,保证其他电气设备正常运行。这种有选择地切除故障元件的性能称为选择性。

(2) 快速性:当供电系统发生故障时,快速切除故障可以减轻短路电流对电气设备的破坏程度,尽快恢复供电系统的正常运行。因此,保护装置应力求动作迅速。

(3) 可靠性:保护装置必须经常处于准备状态,一旦在本保护区内发生短路或出现不正常工作状态,它都不应该拒绝动作或误动作,而必须可靠地动作。

(4) 灵敏性:保护装置对于本保护区内发生的故障或不正常运行状态,无论其位置如何,程度轻重,均应有足够的反应能力,保证动作。这种性能称为灵敏性。各种保护装置的灵敏性用灵敏度来衡量。

对于过电流保护装置,其灵敏度的定义为

$$K_s = \frac{I_{k \cdot \min}}{I_{op \cdot 1}} \tag{7-1}$$

式中:$I_{k \cdot \min}$ 为系统在最小运行方式下,在保护区末端发生短路时的最小短路电流;$I_{op \cdot 1}$ 为保护装置的一次侧(主电路)动作电流。

以上 4 项要求对于具体的保护装置来说,不一定同等重要,视情况有所侧重。

7.2 常用的保护继电器

7.2.1 电磁式电流继电器

电流继电器在继电保护装置中作为起动元件。

1. 内部结构

最常用的电磁式电流继电器如图 7-1 所示。

2. 动作电流、返回电流及返回系数

当继电器线圈 1 通过电流时,电磁铁 2 中产生磁通,使 Z 形衔铁(钢舌片)3 向磁极偏转,轴 4 上的反作用力弹簧 5 则阻止衔铁偏转。当继电器线圈中的电流增大到使衔铁所受转矩大于弹簧的反作用力矩时,衔铁被吸近磁极,使常开触点 7、8 闭合。此时称为继电器的动作。能使电流继电器动作的最小电流,称为电流继电器的动作电流,用 $I_{op \cdot KA}$ 表示。

继电器动作后,若线圈中的电流减小到一定数值,衔铁由于电磁力矩小于弹簧的反作用力矩而返回起始位置,常开触点 7、8 打开。此时称为继电器返回。能使电流继电器由动作状态返回到起始位置的最大电流,称

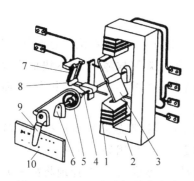

图 7-1　DL-10 系列电磁式电流继电器内部结构图

1—线圈;2—电磁铁;3—钢舌片;4—轴;5—反作用力弹簧;6—轴承;7—静触点;8—动触点;9—起动电流调节转杆;10—标度盘(铭盘)

为电流继电器的返回电流,用 $I_{re \cdot KA}$ 表示。

继电器的返回电流与动作电流之比,称为电流继电器的返回系数,用 K_{re} 表示,即

$$K_{re} = I_{re \cdot KA} / I_{op \cdot KA} \tag{7-2}$$

3. 动作电流的调节

继电器动作电流有两种调节方法:一种是粗调,即改变两个线圈的连接方式(串联或并联),线圈并联时,动作电流比串联时大 1 倍;另一种是细调,转动调节转杆 9,改变弹簧 5 的反作用力矩。

电流继电器的图形符号和文字符号如图 7-2 所示。

常用的电磁式电流继电器的技术数据参见附表 30。

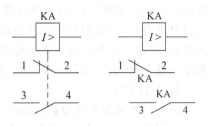

(a) 集中表示的图形　　(b) 分开表示的图形

图 7-2　电流继电器的图形符号和文字符号

7.2.2　电磁式时间继电器

时间继电器在继电保护和自动装置中作为时限元件,用来建立必需的动作时限。

1. 内部结构

常用的 DS-100 和 DS-120 系列电磁式时间继电器的内部结构如图 7-3 所示。它是由一个电磁起动机构带动一个钟表结构组成的。

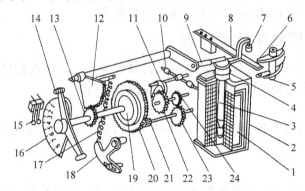

图 7-3　DS-100 和 DS-120 系列时间继电器的内部结构

1—线圈;2—电磁铁;3—可动铁心;4—返回弹簧;5、6—瞬时静触点;7—绝缘件;8—瞬时动触点;9—压杠;10—平衡锤;11—摆动卡板;12—扇形齿轮;13—传动齿轮;14—主动触点;15—主静触点;16—标度盘;17—拉引弹簧;18—弹簧拉力调节器;19—摩擦离合器;20—主齿轮;21—小齿轮;22—掣轮;23、24—钟表机构传动齿轮

2. 动作原理

在继电器线圈 1 中加上动作电压后,可动铁心(衔铁)3 即被瞬时吸入电磁线圈,扇形齿轮的压杆 9 被释放,在拉引弹簧 17 的作用下使扇形齿轮 12 按顺时针方向转动,并带动传动齿轮 13,经摩擦离合器 19,使同轴的主齿轮 20 转动,并传动钟表机构。因钟表机构中摆动卡板和平衡锤的作用,使主动触点 14 恒速运动,经过一定时间后与主静触点 15 相接触,完成时间继电器的动作过程。当加在线圈上的电压消失后,在返回弹簧 4 的作用下,衔铁被顶回原来位置,同时扇形齿轮的压杆立即被顶回原处,使扇形齿轮复原。因为

返回时动触点轴顺时针方向转动,因此摩擦离合器与主齿轮脱开。这时,钟表机构不参加工作,所以返回过程是瞬时完成的。

为了缩小时间继电器的尺寸,它的线圈一般不按长期通过电流来设计。因此,当需要长期(大于 30s)加电压时,必须在继电器线圈中串联一个附加电阻。在时间继电器线圈上没有加电压时,电阻被继电器下面的瞬动常闭触点短接。在动作电压加入继电器线圈的瞬间,全部电压加到时间继电器的线圈上,一旦继电器动作,其瞬动常闭触点断开,将电阻串入继电器线圈,以限制其电流,提高继电器的热稳定性能。

3. 时限调节

通过改变静触点的位置,也就是改变动触点的行程,可调整时间继电器的动作时间。

时间继电器的图形符号和文字符号如图 7-4 所示。

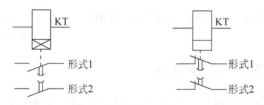

(a) 时间继电器的缓吸线圈　　　(b) 时间继电器的缓放线圈
　　 及延时闭合触点　　　　　　　　 及延时断开触点

图 7-4　时间继电器的图形符号和文字符号

常用的电磁式时间继电器的技术数据参见附表 32。

7.2.3　电磁式中间继电器

中间继电器的作用是在继电保护装置和自动装置中增加触点数量和触点容量,所以有触点数多、触点容量较大的特点,一般用在保护装置的出口处。

1. 内部结构

图 7-5 所示为 DZ 系列电磁式中间继电器结构,图 7-6 为中间继电器的图形符号和文字符号。

2. 动作原理

当电压加在线圈上时,衔铁被电磁铁吸向闭合位置,并带动触点转换。常开触点闭合,常闭触点断开。当断开电源时,衔铁被快速释放,触点全部返回到起始位置。

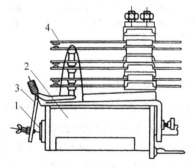

图 7-5　DZ 系列电磁式中间继电器内部结构

1—电磁铁;2—线圈;3—衔铁;4—触点

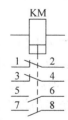

图 7-6　中间继电器的图形符号和
文字符号

常用的电磁式中间继电器的技术数据参见附表33。

7.2.4 电磁式信号继电器

信号继电器在继电保护和自动装置中用于信号指示。

1. 内部结构

常用的DX-11型信号继电器的内部结构如图7-7所示。

2. 动作原理

在正常情况下,继电器线圈1中没有电流通过,衔铁4被弹簧3拉住,信号牌5由衔铁的边缘支持着保护在水平位置。当线圈1中有电流流过时,电磁力吸引衔铁,释放信号牌。信号牌由于自重而下落,并且停留在垂直位置(机械自保持)。这时,在继电器外壳上的玻璃孔中可以看到带有颜色的信号标志。在信号牌落下时,固定信号牌的轴转动90°,固定在该轴上的动触点8与静触点9接通,使灯光或音响信号回路接通。复位时,用手转动复位旋钮7,由它再次把信号牌抬到水平位置,让衔铁4支持住,并保持在这个位置,准备下次动作。

图7-8所示为信号继电器的图形符号和文字符号。

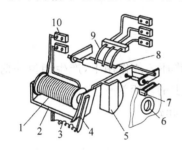

图 7-7 DX-11 型信号继电器的内部结构
1—线圈;2—电磁铁;3—弹簧;4—衔铁;5—信号牌;6—玻璃窗孔;7—复位旋钮;8—动触点;9—静触点;10—接线端子

图 7-8 信号继电器的图形符号和文字符号

常用的电磁式信号继电器的技术数据参见附表34。

7.2.5 感应式电流继电器

在供配电系统反时限过电流保护中,常用的是GL-10和GL-20系列感应式电流继电器。

1. 内部结构

内部结构由感应系统和电磁系统两部分组成。其中,感应系统实现反时限过电流保护,电磁系统实现瞬时动作的过电流保护,其内部结构如图7-9所示。

感应系统主要由带有短路环3的电磁铁2和圆形铝盘4组成。铝盘的另一侧装有制动永久磁铁8。铝盘的转轴放在活动铝框架6的轴承内,活动铝框架6可绕轴转动一个小角度。正常未起动时,铝框架6被调节弹簧7拉向止挡的位置。

电磁系统由装在电磁铁上侧的衔铁15等组成。衔铁左端有扁杆11,由它可瞬时闭合触点。正常时,衔铁左端重于右端,于是偏落于左边位置,常开触点不闭合。

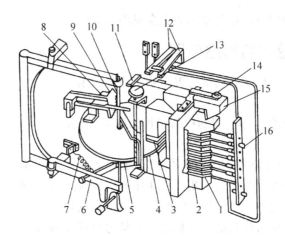

图 7-9　GL-10 和 GL-20 系列感应式电流继电器内部结构

1—线圈；2—电磁铁；3—短路环；4—铝盘；5—钢片；6—铝框架；7—调
节弹簧；8—制动永久磁铁；9—扇形齿轮；10—蜗杆；11—扁杆；12—继
电器触点；13—时限调节螺杆；14—速断电流调节螺钉；15—衔铁；
16—动作电流调节插销

2. 动作原理

1）铝盘转动

当线圈 1 有电流 I_{KA} 通过时，电磁铁 2 在短路环 3 的作用下，产生相位一前一后的两个磁通 φ_1 和 φ_2，穿过铝盘 4。这时，作用于铝盘上的转矩为

$$M_1 \propto \varphi_1 \varphi_2 \sin\varphi \qquad (7\text{-}3)$$

式中：φ 为 φ_1 与 φ_2 间的相位差。

由于 $\varphi_1 \propto I_{KA}$，$\varphi_2 \propto I_{KA}$，而 φ 为常数，因此

$$M_1 \propto I_{KA}^2 \qquad (7\text{-}4)$$

铝盘在转矩 M_1 作用下转动后，铝盘切割制动永久磁铁 8 的磁通，在其内部感生涡流；该涡流与制动永久磁铁的磁通相作用，产生一个与 M_1 反向的制动力矩 M_2。它与铝盘转速 n 成正比，即

$$M_2 \propto n \qquad (7\text{-}5)$$

当铝盘转速 n 增大到一定值时，$M_1 = M_2$，这时铝盘匀速转动。

2）框架摆出

继电器的铝盘在上述 M_1 和 M_2 的共同作用下，受到一个向外的合力，有使铝框架 6 绕轴顺时针方向偏转的趋势，但它受到调节弹簧 7 的阻力，如图 7-10 所示。

当流入继电器线圈的电流增大到继电器感应系统的动作电流 $I_{op \cdot KA}$ 时，铝盘受到的推力也增大到足以克服弹簧阻力的程度，使铝盘带动框架前摆出，使蜗杆 10 与扇形齿轮 9 啮合。

3）感应系统动作电流

把蜗杆 10 与扇形齿轮 9 啮合，叫作继电器的感应系统动作（此时，常开触点没有闭合）。

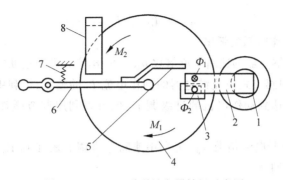

图 7-10 GL-10 系列继电器转矩示意图

1—线圈；2—电磁铁；3—短路环；4—铝盘；5—钢片；6—铝框架；7—调节弹簧；8—制动永久磁铁

4）感应系统动作（常开触点闭合）

由于铝盘继续转动，使扇形齿轮沿着蜗杆上升。经过一定时间后，扇形齿轮的杆臂碰到衔铁左边的突柄，突柄随即上升，衔铁沿轴旋转，使电磁铁的铁心与衔铁右边间隙减小。当空气隙减小到某一数值时，衔铁的右边吸向电磁铁的铁心，此时薄片和衔铁的左边一同上升，使触点闭合；同时使信号牌（图 7-9 中未画出）掉下，从观察孔可以看到其红色或白色的指示，表示继电器感应系统已经动作。

5）感应系统的反时限特性

继电器线圈中的电流越大，铝盘转得越快，扇形齿轮沿蜗杆上升的速度也越快，因此动作时间越短，这就是感应式电流继电器的反时限特性。如图 7-11 所示曲线 abc 的 ab 段，这一动作特性是感应系统产生的。

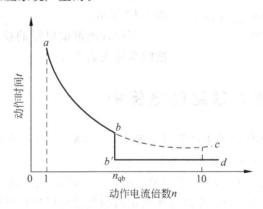

图 7-11 感应式电流继电器的动作特性曲线

abc—感应元件的反时限特性；bb'd—电磁元件的速断特性

6）电磁系统动作

当继电器线圈电流再增大到整定的速断电流 I_{qb} 时，电磁铁 2 瞬时将衔铁 15 吸下，使触点 12 切换，动作时间为 $0.05\sim0.1s$，同时使信号牌掉下。

7）电磁系统的速断特性与速断电流倍数

显然，电磁系统的作用使感应式电流继电器具有速断特性，如图 7-11 所示 bb'd 折线。将动作特性曲线上对应于开始速断时间的动作电流倍数，称为速断电流倍数，即

$$n_{qb} = I_{qb \cdot KA} / I_{op \cdot KA} \tag{7-6}$$

3. 动作电流、动作时间的调节

GL-10 系列电流继电器的速断电流倍数 $n_{qb} = 2 \sim 8$，它在调节速断电流螺钉 14 上标度。

对于 GL-10 系列感应式电流继电器的动作电流 I_{op} 的整定，可利用动作电流调节插销 16 来改变线圈匝数，达到动作电流的进级调节，也可以利用调节弹簧 7 的拉力来进行平滑的细调。

对于继电器的速断电流倍数 n_{qb}，可利用速断电流调节螺钉 14 改变衔铁 15 与电磁铁 2 之间的气隙大小来调节。

对于继电器感应系统的动作时间，是利用时限调节螺杆 13 来改变扇形齿轮顶杆行程的起点，使动作特性曲线上、下移动。不过要特别注意，继电器动作时限调节螺杆的标度尺是以"10 倍动作电流的动作时限"来标度的，也就是说，标度尺上标示的动作时间是继电器线圈通过的电流为其整定的动作电流的 10 倍时的动作时间。因此，继电器实际的动作时间与实际通过继电器线圈的电流大小有关，需从相应的动作特性曲线查得。

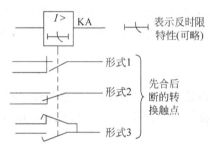

图 7-12　感应式电流继电器的图形
符号和文字符号

当继电器线圈中的电流减小到返回电流以下时，弹簧拉回框架，这时扇形齿轮的位置与铝盘是否转动已无关了；扇形齿轮脱离蜗杆后，靠本身的重量下跌到起始位置，继电器的其他机构也都返回到原来的位置。扇形齿轮与蜗杆离开时线圈中的电流叫作继电器的返回电流。

感应式电流继电器的图形符号和文字符号如图 7-12 所示。

感应式电流继电器的技术数据及其动作特性曲线参见附表 35。

7.3　高压电力线路继电保护

供配电系统的电力线路的电压等级一般为 $3 \sim 63 kV$。由于线路较短，容量也不是很大，因此所装设的继电保护通常比较简单。

高压配电线路通常装设的保护装置有：定时限的过流保护、电流速断保护、过负荷保护、单相接地保护等。本节只介绍最常用的定时限的过流保护和电流速断保护。

7.3.1　过电流保护

1. 定时限过电流保护

定时限过电流保护是指保护装置的动作时间固定不变，与故障电流的大小无关的一种保护。

1）原理接线图

线路的定时限过电流保护原理接线图如图 7-13 所示。它主要由检测元件的电流互感器、起动元件的电流继电器、时限元件的时间继电器、信号元件的信号继电器、出口元件

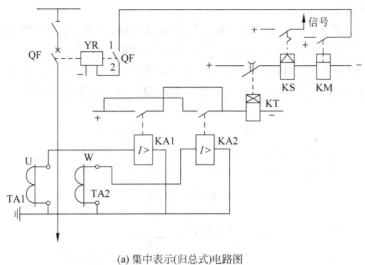

(a) 集中表示(归总式)电路图

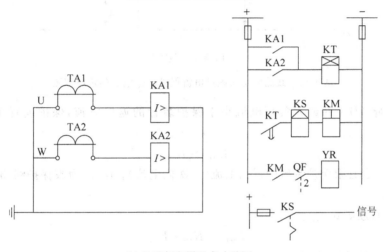

(b) 分开表示(展开式)电路图

图 7-13　线路的定时限过电流保护原理接线图

QF—断路器；KA—电流继电器；KS—信号继电器；KT—时间继电器；KM—中间继电器；
TA—电流互感器；YR—跳闸线圈；QF1,2—断路器辅助触点

的中间继电器等组成。

2) 工作原理

当一次电路发生相间短路时,短路电流流过电流互感器的一次,其二次电流成比例增大。此电流使电流继电器 KA1、KA2 至少有一个瞬时动作,常开触点闭合,起动时间继电器 KT。KT 经延时后,其延时触点闭合,接通信号继电器 KS 和中间继电器 KM。KM 动作后,其常开触点接通跳闸线圈 YR,使断路器 QF 跳闸,切除短路故障。与此同时,KS 动作,常开触点接通信号回路,发出声、光指示信号。断路器 QF 跳闸时,其辅助触点 QF1,2 随之断开跳闸回路,以减轻中间继电器触点和跳闸线圈的负担。在短路故障被切除后,KS 需要手动复归,其他各继电器均自动返回初始状态。

3）动作电流整定

如图 7-14(a)所示，对于定时限过电流保护装置 1 而言，它所保护的线路 WL1 在什么情况下有最大负荷电流流过，而在此电流下，定时限过电流保护装置 1 不应该动作呢？回答是：如果在线路 WL2 故障后被切除，母线电压回复，所有接到母线上的设备起动，必然在线路 WL1 上出现最大负荷电流，此时要求定时限过电流保护装置 1 绝对不应该动作。

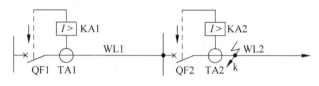

(a) 保护电路图

(b) 时限整定说明图

图 7-14   线路的定时限过电流保护动作电流整定原理图

如果线路 WL1 的最大负荷电流小于保护装置的返回电流，保护装置 1 就不会动作，即

$$I_{re \cdot 1} > I_{L \cdot max} \tag{7-7}$$

式中：$I_{re \cdot 1}$ 为定时限保护装置的返回电流（一次侧电流）；$I_{L \cdot max}$ 为被保护线路 WL1 的最大负荷电流。

将上式写成等式，有

$$I_{re \cdot 1} = K_{rel} \cdot I_{L \cdot max}$$

按返回系数的定义，有

$$K_{re} = I_{re \cdot 1} / I_{op \cdot 1}$$

所以保护装置一次动作电流为

$$I_{op \cdot 1} = \frac{I_{re \cdot 1}}{K_{re}} = \frac{K_{rel}}{K_{re}} \cdot I_{L \cdot max} \tag{7-8}$$

继电器的动作电流与一次动作电流之间的关系为

$$I_{op \cdot KA} = \frac{K_w}{K_i} \cdot I_{op \cdot 1}$$

所以，继电器的动作电流为

$$I_{op \cdot KA} = I_{op \cdot 1} \cdot \frac{K_w}{K_i} = \frac{K_w \cdot K_{rel}}{K_{re} \cdot K_i} \cdot I_{L \cdot max} \tag{7-9}$$

式中：K_{rel} 为可靠系数，对 DL 型继电器取 1.2；K_w 为接线系数；对两相两或三相三继电器式接线为 1，对两相差式接线为 $\sqrt{3}$；K_{re} 为返回系数，对 DL 型继电器取 0.85；K_i 为电流互感器变比；$I_{L \cdot max}$ 为被保护线路的最大负荷电流，当无法确定时，取 $(1.5 \sim 3)I_{30}$。

4）动作时限整定

如图 7-14(b)所示，当线路 WL2 上 k 点发生短路故障时，由于短路电流流经保护装置 1、2 均能使各保护装置的继电器起动。按照选择性要求，只应保护装置 2 动作，将 QF2 跳闸。故障切除后，保护装置 1 应返回。为了达到这一目的，各保护装置的动作时限应满足 $t_1 > t_2$。因此可以看出，离电源近的上一级保护的动作时限比离电源远的下一级保护的动作时限要长，即

$$t_n = t_{n+1} + \Delta t \tag{7-10}$$

式中：Δt 为时限阶段，取定时限保护 0.5s。

5）灵敏度校验

定时限过电流灵敏度校验的原则是：应以系统在最小运行方式下，被保护线路末端发生二相短路的短路电流进行校验，即

$$K_p = \frac{I_{k \cdot min}^{(2)}}{I_{op \cdot 1}} \geq 1.25 \sim 1.5 \tag{7-11}$$

式中：K_p 为灵敏度。作为主保护时，要求 $K_p \geq 1.5$；作为后备保护时，要求 $K_p \geq 1.25$。$I_{k \cdot min}^{(2)}$ 为系统在最小运行方式下，被保护区末端发生二相短路的短路电流。$I_{op \cdot 1}$ 为保护装置的一次动作电流。

2. 反时限过电流保护

反时限过电流保护装置的动作时限与故障电流的大小成反比。在同一条线路上，当靠近电源侧的始端发生短路时，短路电流大，其动作时限短；反之，当末端发生短路时，短路电流小，其动作时限较长。

图 7-15 所示是一个交流操作的反时限过流保护装置，KA1、KA2 为 GL 型感应式电流继电器。由于继电器本身动作带有时限，并有动作指示掉牌信号，所以该保护装置不需要接时间继电器和信号继电器。

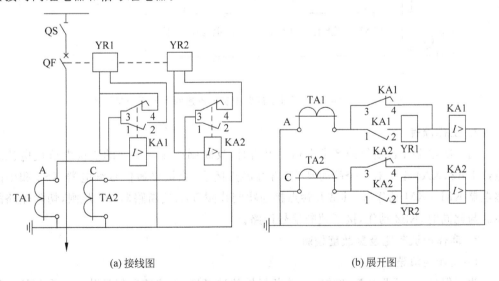

(a) 接线图 (b) 展开图

图 7-15 线路的反时限过电流保护原理接线图

QF—断路器；QS—隔离开关；TA1、TA2—电流互感器；KA1、KA2—电流继电器(GL 型)；YR1、YR2—跳闸线圈

当线路发生短路故障时,KA1、KA2 动作。经过一定时限后,其常开触点闭合,常闭触点断开。这时,断路器 QF 的交流操作跳闸线圈 YR1、YR2 通电动作,断路器 QF 跳闸,切除故障部分。在继电器去分流的同时,其信号牌自动掉下,指示保护装置已经动作。当故障切除后,继电器 KA1、KA2 返回,但其信号牌需手动复位。

关于反时限过电流保护的整定计算,可参考其他书籍,这里不再赘述。

7.3.2 电流速断保护

上述带时限的过流保护是靠牺牲时间来满足选择性的。对于单侧电源来说,越靠近电源,短路电流越大,动作时限越长。当定时限的过流保护的动作时限大于 0.7s 时,还应装设电流速断保护,作为快速动作的主保护。这种保护装置实际上是一种瞬时动作的过流保护。

1. 原理接线图

线路的定时限过电流保护和电流速断保护原理接线图如图 7-16 所示。其中,KA1、KA2、KT、KS1 和 KM 是定时限的过流保护的元件,KA3、KA4、KS2 和 KM 是电流速断保护的元件。

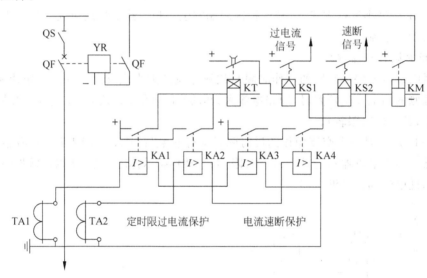

图 7-16 线路的定时限过电流保护和电流速断保护原理接线图

2. 工作原理

当一次电路在速断保护区发生相间短路时,反映到电流互感器的二次电流使电流继电器 KA3、KA4 至少有一个瞬时动作,常开触点闭合,直接接通信号继电器 KS2 和中间继电器 KM。KM 动作后,其常开触点接通跳闸线圈 YR,使断路器 QF 跳闸,切除短路故障。与此同时,KS2 动作,接通速断信号回路。

3. 动作电流整定及灵敏度校验

1) 动作电流整定

为了保证上、下两级瞬动的电流速断保护的选择性,电流速断保护装置一次侧的动作电流应该躲过系统在最大运行方式下,它所保护线路末端的三相短路电流,即

$$I_{qb \cdot 1} = K_{rel} \cdot I_{k \cdot max}^{(3)} \tag{7-12}$$

而继电器的动作电流与一次动作电流之间的关系为

$$I_{qb \cdot KA} = \frac{K_w}{K_i} \cdot I_{qb \cdot 1}$$

所以,继电器的动作电流为

$$I_{qb \cdot KA} = \frac{K_{rel} \cdot K_w}{K_i} \cdot I_{k \cdot max}^{(3)} \tag{7-13}$$

式中:K_{rel} 为可靠系数,对 DL 型继电器取 $1.2 \sim 1.3$,对于 GL 型继电器取 $1.4 \sim 1.5$; $I_{qb \cdot KA}$ 为电流速断保护的继电器动作电流;$I_{qb \cdot 1}$ 为电流速断保护的一次侧动作电流; $I_{k \cdot max}^{(3)}$ 为系统在最大运行方式下,被保护线路末端的三相短路电流。

2) 灵敏度校验

电流速断保护的灵敏度校验原则是:应以系统在最小运行方式下,被保护线路首端 (保护装置安装处)发生两相短路的短路电流进行校验,即

$$K_p = \frac{I_{k \cdot min}^{(2)}}{I_{qb \cdot 1}} \geqslant 1.5 \sim 2 \tag{7-14}$$

式中:K_p 为灵敏度。按 BG 50062—1992 的规定,$K_p \geqslant 1.5$;按 JBJ 6—1996 的规定,$K_p \geqslant 2$。 $I_{k \cdot min}^{(2)}$ 为系统在最小运行方式下,被保护线路首端的两相短路电流。

4. 电流速断保护的"死区"及其弥补

应该指出,为了满足选择性,电流速断保护的动作电流整定值较大,因此电流速断保护不能保护全部线路,也就是说,存在不动作区(一般叫作"死区")。

为了弥补这一缺陷,应该与定时限保护装置配合使用。在电流速断的保护区内,电流速断保护为主保护,过电流保护作为后备保护;而在电流速断保护的死区内,过电流保护为基本保护。

例 7-1 图 7-17 所示为无限大容量系统供电的 35kV 放射式线路。已知线路 WL1 的负荷为 150A,取最大负荷倍数为 1.8,线路 WL1 上的电流互感器 TA1 的变比选为 300/5,线路 WL2 上定时限过电流保护的动作时限为 2.0s,其他如表 7-1 所示。如果在线路 WL1 上装设两相两式接线的定时限过电流保护和电流速断保护,试计算各保护的动作电流、动作时限,并进行灵敏度校验。

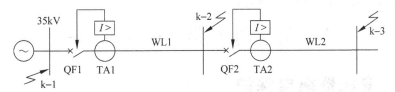

图 7-17　例 7-1 电力线路图

表 7-1　例 7-1 的表

短　路　点	k−1	k−2	k−3
最大运行方式下三相短路电流/A	3450	1330	610
最小运行方式下三相短路电流/A	3080	1210	580

解 （1）WL1线路的定时限保护。

保护装置的一次侧动作电流可按公式(7-8)求得：

$$I_{op\cdot1} = \frac{K_{rel}}{K_{re}} \cdot I_{L\cdot max} = \frac{1.2}{0.85} \times 1.8 \times 150 = 381(A)$$

继电器的动作电流可按公式(7-9)求得：

$$I_{op\cdot KA} = \frac{K_w}{K_i} \cdot I_{op\cdot1} = \frac{1}{300/5} \times 381 = 6.35(A)$$

可选取电流整定范围为 2.5～10A 的 DL 型电流继电器，并整定在 6.5A 上。此时，

$$I_{op\cdot1} = 300/5 \times 6.5 = 390(A)$$

动作时限可按公式(7-10)计算：

$$t_1 = t_2 + \Delta t = 2.0 + 0.5 = 2.5(s)$$

可选取时间整定范围为 1.2～5s 的 DS 型时间继电器，并整定在 2.5s 上。

对于灵敏度校验：

① 作为 WL1 的主保护时，按公式(7-11)校验：

$$K_p = \frac{I_{k\cdot min}^{(2)}}{I_{op\cdot1}} = \frac{\sqrt{3}}{2} \times \frac{1210}{390} = 2.68 \geqslant 1.5$$

② 作为 WL1 的后备保护时，也按公式(7-11)校验：

$$K_p = \frac{I_{k\cdot min}^{(2)}}{I_{op\cdot1}} = \frac{\sqrt{3}}{2} \times \frac{580}{390} = 1.28 \geqslant 1.25$$

可见，均满足灵敏度要求。

（2）WL1线路的电流速断保护。

保护装置的一次侧动作电流可按公式(7-12)求得：

$$I_{qb\cdot1} = K_{rel} \cdot I_{k\cdot max}^{(3)} = 1.3 \times 1330 = 1729(A)$$

继电器的动作电流可按公式(7-13)求得：

$$I_{qb\cdot KA} = \frac{K_{rel} \cdot K_w}{K_i} \cdot I_{k\cdot max}^{(3)} = \frac{1.3 \times 1}{300/5} \times 1330 = 28.8(A)$$

可选取电流整定范围为 12.5～50A 的 DL 型电流继电器，并整定在 28A 上。

灵敏度校验可按公式(7-14)进行：

$$K_p = \frac{I_{k\cdot min}^{(2)}}{I_{qb\cdot1}} = \frac{\sqrt{3}}{2} \times \frac{3080}{1729} = 1.54 \geqslant 1.5 \sim 2$$

7.4 变压器继电保护

电力变压器在供配电系统中应用得非常普遍，占有很重要的地位。因此，提高变压器工作的可靠性，对保证供电系统安全、稳定地运行具有十分重要的意义。

7.4.1 变压器故障类型

变压器的故障分为内部故障和外部故障两大类。内部故障主要有：相间短路、绕组

的匝间短路和单相接地短路。发生内部故障是很危险的,因为短路电流产生的电弧不仅会破坏绕组的绝缘,烧毁铁心,而且由于绝缘材料和变压器油受热分解而产生大量气体,还可能引起变压器油箱爆炸。变压器最常见的外部故障是引出线上绝缘套管的故障,可能导致引出线的相间短路和接地(对变压器外壳)短路。

变压器的不正常工作状态主要有:由于外部短路和过负荷引起过电流,油面极度降低和温度升高等。根据上述情况,变压器一般应装设下列继电保护装置。

7.4.2　变压器保护配置

为了保证电力系统安全、可靠地运行,针对变压器的上述故障和不正常工作状态,电力变压器应装设保护装置,如表 7-2 所示。

表 7-2　变压器保护装置的配置

保护名称	配置原则
瓦斯保护	瓦斯保护用以防御变压器油箱内部故障和油面降低,常用于保护容量在 800kV·A 及以上(车间内变压器容量在 400kV·A 及以上)的油浸式变压器
过电流保护	无论容量大小,变压器都应该装设过电流保护。400kV·A 以下的变压器多采用高压熔断器保护;400kV·A 及以上的变压器高压侧装有高压断路器时,应装设带时限的过电流保护装置
差动保护	差动保护用以防御变压器绕组内部以及两侧绝缘套管和引出线上出现的各种短路故障:变压器从一次进线到二次出线之间的各种相间短路,绕组匝间短路,中性点直接接地系统的电网侧绕组和引出线的接地短路等。差动保护属于瞬时动作的主保护。规程规定,单独运行的容量在 10000kV·A 及以上(并联运行时,容量在 6300kV·A 及以上的变压器),或者容量在 2000kV·A 以上装设电流速断保护灵敏度不合格的变压器,应装设差动保护
电流速断保护	对于车间变压器来说,过电流保护可作为主保护。如果过电流保护的时限超过 0.5s,而且容量不超过 8000kV·A,应装设电流速断作为主保护,过电流保护则作为电流速断的后备保护
过负荷保护	过负荷保护用以防御变压器对称过负荷,多装在 400kV·A 以上并联运行的变压器上。对于单台运行且易发生过载的变压器,也应装设过负荷保护。变压器的过负荷保护通常只动作于信号

7.4.3　瓦斯保护

这是一种非电量保护,它是以气体继电器(也叫瓦斯继电器)为核心元件的保护装置。

1. 瓦斯继电器的安装

当变压器油箱内部发生任何短路故障时,箱内绝缘材料和绝缘油在高温电弧的作用下分解出气体。如果故障轻微(如匝间短路),产生的气体上升较慢;若故障严重(如相间短路),迅速产生大量气体,同时产生很大的压力,使变压器油向油枕急速冲击。根据这些特点,在油枕和变压器油箱之间的连通管上装设反映气体保护的瓦斯继电器,如图 7-18 所示。

2. 瓦斯继电器的结构和工作原理

图 7-19 所示是 FJ3-80 型瓦斯继电器的结构示意图。

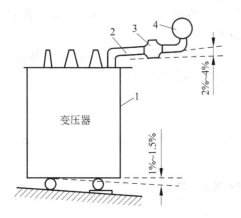

图 7-18　瓦斯继电器在变压器上的安装
1—变压器油箱；2—连通管；3—瓦斯继电器；
4—油枕

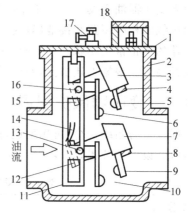

图 7-19　FJ3-80 型瓦斯继电器的结构示意图
1—盖；2—容器；3、7—上、下油杯；4、8—永久磁铁；
5、9—上、下动触点；6、10—上、下静触点；11—支架；
12、15—上、下油杯平衡锤；13、16—上、下油杯转轴；
14—挡板；17—放气阀；18—接线盒

1）变压器正常

在变压器正常运行时，油箱内由于没有气体产生，瓦斯继电器的上、下油杯中都是充满油的，油杯因其平衡锤的作用，使其上、下触点都是断开的，故瓦斯保护不动作。

2）轻瓦斯动作

当变压器内部发生轻微故障时（如匝间短路），局部高温作用在绝缘材料和变压器油上，使其在油箱内产生少量气体，迫使瓦斯继电器油面下降，上油杯因其中盛有剩余的油，使其力矩大于平衡锤的力矩而下降，使瓦斯继电器的轻瓦斯触点（上触点）动作，发出轻瓦斯动作信号，这就是轻瓦斯动作，但不动作于断路器跳闸。

3）重瓦斯动作

当变压器内部发生严重故障时（如相间短路），瞬间产生大量气体，在变压器油箱和油枕之间的连通管中出现强烈的油流。大量的油气混合体经过瓦斯继电器时，使瓦斯继电器的重瓦斯触点动作，断路器跳闸，同时发出重瓦斯动作信号。

如果变压器漏油，油面过度降低，也可使瓦斯继电器动作，发出预告信号，或将断路器跳闸。

4）原理接线图

图 7-20 所示是变压器瓦斯保护的原理接线图。当变压器内部发生轻瓦斯故障时，瓦斯继电器 KG 的上触点 KG1-2 闭合，作用于预告（轻瓦斯动作）信号；当变压器内部发生严重故障时，KG 的下触点 KG3-4 闭合，经中间继电器 KM 作用于断路器 QF 的跳闸机构 YR，使 QF 跳闸，同时，通过信号继电器 KS 发出跳闸（重瓦斯动作）信号。图中的切换片 XB 在瓦斯继电器非工作情况（如试验瓦斯继电器）切换到动作信号的位置。

瓦斯保护的主要优点是结构简单，动作迅速，灵敏度高，能保护变压器油箱内各种短

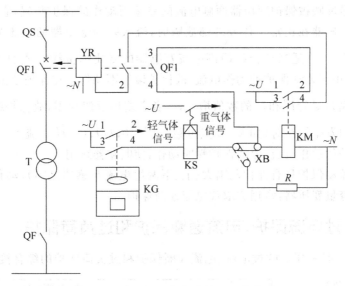

图 7-20　变压器瓦斯保护的原理接线图

路故障,特别是对绕组的匝间短路反应最灵敏,是其他保护装置不能比拟的。所以说,瓦斯保护是变压器内部故障的主保护。它的缺点是不能反映变压器油箱外部任何故障,因此需要和其他保护装置,如过电流、电流速断或差动保护配合使用。

7.4.4　差动保护

图 7-21 所示是变压器差动保护的单相原理接线图。

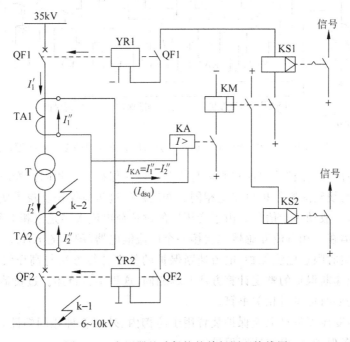

图 7-21　变压器差动保护的单相原理接线图

差动保护是反映被保护变压器两侧电流的差额而动作的保护装置,它的主要元件是差动继电器。变压器在正常工作或外部故障时,流入差动继电器的电流为不平衡电流,$\dot{I}_{KA}=\dot{I}_1-\dot{I}_2=I_{dsq}$。在适当选择好两侧电流互感器的变比和接线方式的条件下,该不平衡电流值很小,小于差动保护的动作电流,故保护装置不动作。在保护范围外发生故障时(如 k−1 点短路),尽管 $\dot{I}_1''$ 和 $\dot{I}_2''$ 的数值增大,二者之差仍近似为零,故保护装置仍不动作。当在保护范围内发生短路时(如 k−2 点短路),$\dot{I}_2''=0$,故 $\dot{I}_{KA}=\dot{I}_1''$。流入差动继电器的电流大于差动保护的动作电流,差动保护瞬时动作,使断路器跳闸。

变压器的差动保护具有保护范围大(上、下两组电流互感器之间),动作迅速、灵敏等特点。对于大容量变压器,常用它取代电流速断保护。

7.4.5　过电流保护、电流速断保护和过负荷保护

图 7-22 所示是变压器的过电流、电流速断保护和过负荷保护的综合接线原理图。

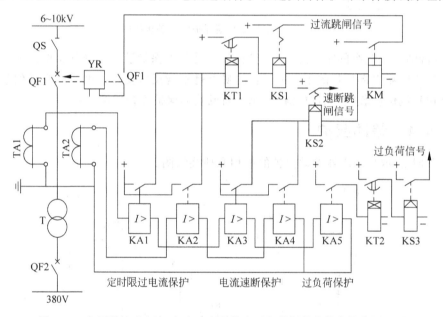

图 7-22　变压器的过电流、电流速断保护和过负荷保护的综合接线原理图

变压器的过电流保护的组成和原理与线路过电流保护完全相同。变压器的速断保护的组成和原理与线路速断保护也完全相同。变压器的过负荷保护反映了变压器正常运行时的过载情况,一般动作于信号。由于变压器的过负荷电流大多是三相对称增大的,因此过负荷保护只需在一相电流互感器二次接一个电流继电器(图中的 KA5)。

变压器的定时限过电流保护、电流速断保护的整定计算方法与高压线路的定时限过电流保护、电流速断保护的整定计算方法基本相同,这里不再赘述。过负荷保护的整定计算相对简单,需要时可参看相关书籍。

应该指出,变压器的过电流保护装置用于防御内、外部各种相间短路,并作为瓦斯和差动保护的后备保护(或电流速断保护)。

7.5 低压配电系统保护

7.5.1 熔断器保护

1. 熔断器的保护特性曲线

决定熔体熔断时间和通过其电流的关系曲线 $t=f(I)$ 称为熔断器熔体的安秒特性曲线。每一个熔体都有一个额定电流值,熔体允许长期通过额定电流而不至于熔断。当通过熔体的电流为额定电流的 1.3 倍时,熔体熔断时间约在 1h 以上;通过 1.6 倍电流时,应在 1h 以内;2 倍额定电流时,熔体差不多瞬间熔断。由此可见,通过熔体的电流与熔断时间的关系具有反时限特性,如图 7-23 所示。

2. 熔断器的选择及其与导线的配合

图 7-24 所示是变压器二次侧引出线的低压配电图。如果采用熔断器保护,应在各配电线路的首端装设熔断器。熔断器只能装在各相相线上,中性线上不允许装设熔断器。

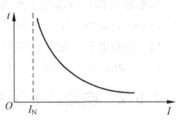

图 7-23 熔断器的保护特性曲线

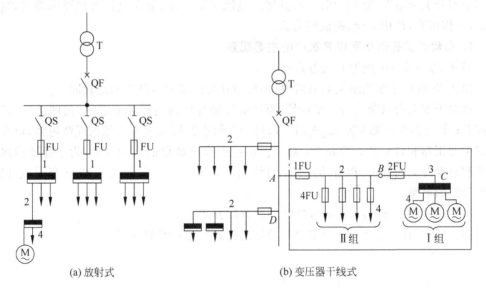

(a) 放射式　　　　　　　　(b) 变压器干线式

图 7-24 由熔断器保护的低压配电系统

1—干线;2—分干线;3—支干线;4—支线;QF—低压断路器(自动空气开关)

1) 熔断器熔体电流的选择

(1) 选择保护电力线路的熔体电流,应考虑以下条件。

① 熔断器熔体额定电流 $I_{N.FE}$ 应不小于线路正常运行时的计算负荷电流 I_{30},使熔体在线路正常最大负荷下运行也不致熔断。

② 熔断器熔体电流还应躲过线路的尖峰电流 I_{pk},使线路出现正常的尖峰电流时不致熔断。

③ 为使熔断器可靠地保护导线和电缆不致在线路短路或过负荷时损坏,甚至起燃,熔断器的熔体电流必须和导线或电缆的允许电流相配合。

(2) 保护电力变压器的熔断器熔体电流的选择

对于保护电力变压器的熔断器,其熔体电流可按下式选定:

$$I_{N.FE} = (1.5 \sim 2.0)I_{N.T} \tag{7-15}$$

式中:$I_{N.FE}$ 为熔断器熔体额定电流;$I_{N.T}$ 为变压器的额定电流。熔断器安装在哪一侧,就选用哪一侧的额定电流值。

2) 熔断器(熔管或熔体座)的选择

熔断器的选择应满足下列条件。

(1) 熔断器的额定电压应不低于被保护线路的额定电压。

(2) 熔断器的额定电流应不小于它所安装的熔体的额定电流。

(3) 熔断器的类型应符合安装条件及被保护设备的技术要求。

7.5.2 自动开关保护

自动开关也称低压断路器,是一种能自动切断故障的低压保护电器,广泛地应用于各行各业的低压配电线路的电气装置中。它适用于正常情况下不频繁操作的电路。自动开关与闸刀开关和熔断器组合相比较,其优点是能重复动作,动作电流可按要求整定,选择性好,工作可靠,使用安全,断流能力大。

1. 自动开关在低压配电系统中的主要配置

1) 自动开关或带闸刀开关方式

图 7-25 所示是在低压配电电路中,接自动开关或带闸刀开关的配置图。

这对于变电所只装一台主变压器,而且低压侧与任何电源无联系时,按图 7-25(a)所示配置;若与其他电源有联系,按图 7-25(b)所示配置,隔离来自母线的反绕电源,以保证检修主变压器和自动开关的安全;对于低压配出线上装设的自动开关,为了保证检修配出线和自动开关的安全,在自动开关的母线侧应加装闸刀开关,如图 7-25(c)所示,以隔离来自母线的电源。

2) 自动开关与磁力起动器或接触器配合的方式

图 7-26 所示是自动开关与磁力起动器或接触器配合的配置图。

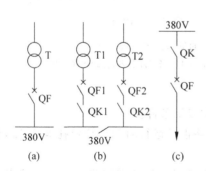
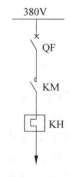

图 7-25 接自动开关或带闸刀开关的配置图　　图 7-26 自动开关与磁力起动器或接触器配合的配置图

对于频繁操作的低压电路,宜采用图 7-26 所示的配置方式。在这里,自动开关主要用于电路的短路保护,磁力起动器或接触器用作电路频繁操作的控制,热继电器用作过载保护。

3）自动开关与熔断器配合的方式

如果自动开关的断流能力不足以断开该电路的短路电流,可采用图 7-27 所示的配置方式。这里的自动开关作为电路的通断控制及过载和失压保护。它只装热脱扣器和失压脱扣器,不装过流脱扣器,而利用熔断器或刀熔开关来实现短路保护。

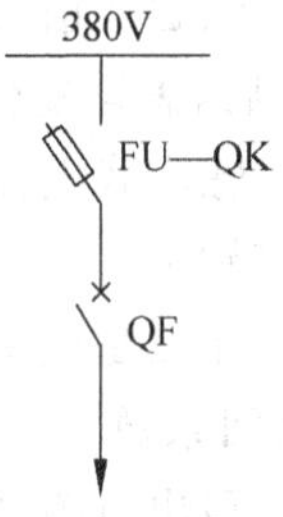

2. 自动开关脱扣器动作电流整定

1）长延时过流脱扣器（热脱扣器）动作电流的整定

这种脱扣器主要用于线路过负荷保护,因此其动作电流整定值应稍大于该线路的计算负荷电流。

2）瞬时（或短延时）过流脱扣器动作电流的整定

瞬时过流脱扣器的动作电流,应按躲过线路的尖峰电流来整定。

常用低压断路器的主要技术数据参见附表 16 和附表 17。

图 7-27 自动开关的自复式保护配置图

本章小结

企业供电系统的继电保护装置的主要任务是借助于断路器,自动地、迅速地、有选择地将故障元件从供电系统中切除；能正确地反映电气设备的不正常运行状态,并根据要求发出信号。对继电保护的要求要具有选择性、快速性、可靠性和灵敏性。

企业常用典型继电器有电流继电器、时间继电器、信号继电器、中间继电器和瓦斯继电器。本章介绍了它们的结构、动作原理、整定方法、文字图形符号等。

本章还介绍了企业高压电力线路的定时限过流和速断保护接线图、工作原理、动作电流和动作时间的整定及灵敏度校验。

变压器保护是根据变压器容量和重要程度确定的。变压器的故障分为内部故障和外部故障两种。本章主要介绍变压器的故障类型、保护装置的配置原则、瓦斯保护差动保护、过电流保护、电流速断保护和过负荷保护等。

低压系统中的保护是指熔断器保护和自动开关保护。熔断器的保护特性曲线体现了熔体的电流与熔断时间的关系,具有反时限特性。自动开关也称低压断路器,是一种能自动切断故障的低压保护电器,适用于正常情况下不频繁操作的电路。

习题

7-1 继电保护装置的作用是什么？对继电保护装置有哪些基本要求？

7-2 电磁式电流继电器由哪几个部分组成？它是怎样动作的？怎样返回？

7-3 电磁式时间继电器由哪几个部分组成？它的动作原理是什么？其内部的附加

电阻起什么作用？

7-4 电磁式中间继电器由哪几个部分组成？它的触点数量和触点容量与其他继电器有什么区别？

7-5 电磁式信号继电器由哪几个部分组成？信号继电器接入电路的方式有几种？一旦动作后，怎样复位？

7-6 感应式电流继电器由哪几个部分组成？它是怎样动作的？怎样返回？它有哪几个动作特性？

7-7 什么是电磁式电流继电器的动作电流？什么是继电器的返回电流？什么是继电器的返回系数？

7-8 写出电磁式电流、时间、中间、信号继电器以及感应式电流继电器的文字符号，画出它们的图形符号。

7-9 线路的定时限过流保护的动作电流和动作时限是怎样整定的？灵敏度怎样校验？

7-10 线路的反时限过流保护采用什么电流继电器？反时限是指什么？

7-11 线路的电流速断保护的动作电流是怎样整定的？灵敏度怎样校验？

7-12 变压器的故障类型和不正常工作状态是什么？

7-13 变压器继电保护装设的原则是什么？

7-14 变压器瓦斯保护装设的原则是什么？在什么情况下"轻瓦斯"动作？在什么情况下"重瓦斯"动作？

7-15 变压器差动保护的特点是什么？

7-16 变压器的定时限过电流和电流速断保护与线路的保护有什么相同点和不同点？

7-17 选择熔断器时应考虑哪些条件？什么是熔体的额定电流？什么是熔断器（熔管）的额定电流？

7-18 自动开关（低压断路器）在低压系统中主要有哪些配置方式？

7-19 中、小容量（可以认为 5600kV·A 以下）电力变压器通常装设哪些继电保护装置？20000kV·A 及以上容量的变压器通常装设哪些继电保护装置？

7-20 有一台 380V 电动机，$I_{N.M}=20.2A$，$I_{st.M}=141A$。该电动机端子处的三相短路电流 $I_k^{(3)}=16kA$。试选择保护该电动机的 RT0 型熔断器及其熔体的额定电流，并选择该电动机配电线（采用的 BLV 型导线穿塑料管）的导线截面及管径。环境温度按 +30℃ 考虑。

7-21 对于某 380V 架空线路，$I_{30}=280A$，最大工作电流为 600A，线路首端三相短路电流为 1.7kA；末端单相短路电流为 1.4kA，小于末端两相短路电流。试选择首端装设 DW10 型自动开关，整定其动作电流，校验其灵敏度。

7-22 如图 7-28 所示，已知 WL 的总负荷为 $S_{30}=1100kV·A$。该线路设有定时限过流保护装置及电流速断保护装置。系统两点的三短路电流如表 7-3 所示（K_i 在 15/5、100/5、600/5 中选取）。

试求：

（1）继电器动作电流及保护装置的动作电流。

（2）保护装置的动作时限。

（3）灵敏度校验。

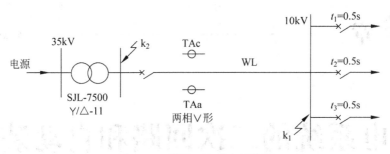

图 7-28 习题 7-22 供电系统图

表 7-3 习题 7-22 的表

短 路 点	k_1	k_2
$I_{k \cdot max}^{(3)}/A$	1300	2790
$I_{k \cdot min}^{(3)}/A$	570	2850

7-23 如图 7-29 所示供电系统的 10kV 线路。已知线路 WL1 的负荷为 148A,取最大负荷电流 243A,线路 WL1 上的电流互感器变比选为 300/5;线路 WL2 上定时限过电流保护的动作时限为 0.5s,其他如表 7-4 所示。如果在线路 WL1 上装设两相两式接线的定时限过电流保护和电流速断保护,试计算各保护的动作电流、动作时限,并进行灵敏度校验。

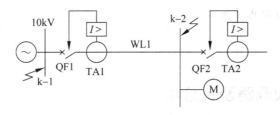

图 7-29 习题 7-23 供电系统图

表 7-4 习题 7-23 的表

短 路 点	k—1	k—2
最大运行方式下三相短路电流/A	3200	2500
最小运行方式下三相短路电流/A	2800	2200

供电系统的二次回路和自动装置

知识点

1. 供电系统二次回路和自动装置的概述。
2. 交、直流操作电源的种类和工作原理。
3. 高压断路器的控制和信号回路。
4. 自动装置简介。
5. 变电站综合自动化系统。

8.1 概述

8.1.1 二次回路及其分类

企业供电系统或变配电所的二次回路(即二次电路)是指用来控制、指示、监测和保护一次电路运行的电路,亦称二次系统,包括控制系统、信号系统、监测系统及继电保护和自动化系统等。

二次回路按其电源性质,分为直流回路和交流回路。交流回路又分交流电流回路和交流电压回路。交流电流回路由电流互感器供电,交流电压回路由电压互感器供电。

二次回路按其用途,分为断路器控制(操作)回路、信号回路、测量和监视回路、继电保护和自动装置回路等。

二次回路在供电系统中虽然是其一次电路的辅助系统,但是它对一次电路的安全、可靠、优质、经济地运行有着十分重要的作用,因此必须充分重视。

8.1.2 操作电源及其分类

二次回路的操作电源用于供给高压断路器分、合闸回路和继电保护装置、信号回路、监测系统及其他二次回路所需的电源。因此对操作电源的可靠性要求很高,容量要求足够大,且要求尽可能不受供电系统运行的影响。

操作电源分直流和交流两大类。直流操作电源有由蓄电池组供电的电源和由整流装置供电的电源两种。交流操作电源有由所(站)用变压器供电的和通过电流、电压互感器供电的两种。

8.1.3 高压断路器的控制和信号回路

高压断路器的控制回路,是指控制(操作)高压断路器分、合闸的回路。它取决于断路器操作机构的形式和操作电源的类别。电磁操作机构只能采用直流操作电源;弹簧操作机构和手动操作机构可交、直流两用,不过一般采用交流操作电源。

信号回路是用来指示一次系统设备运行状态的二次回路。信号按用途,分为断路器位置信号、事故信号和预告信号等。

断路器位置信号用来显示断路器正常工作的位置状态。一般是红灯亮,表示断路器处在合闸位置;绿灯亮,表示断路器处在分闸位置。

事故信号用来显示断路器在一次系统事故情况下的工作状态。一般是红灯闪光,表示断路器自动合闸;绿灯闪光,表示断路器自动跳闸。此外,还有事故音响信号和光字牌等。

预告信号是在一次系统出现不正常工作状态时,或在故障初期发出的报警信号。例如,变压器过负荷或者轻瓦斯动作时,发出区别于上述事故音响信号的另一种预告音响信号,同时光字牌亮,指示故障性质和地点,值班员可根据预告信号及时处理。

对断路器的控制和信号回路有下列要求。

(1) 应能监视控制回路的保护装置(如熔断器)及其分、合闸回路的完好性,以保证断路器正常工作。通常采用灯光监视的方式。

(2) 合闸或分闸完成后,应能使命令脉冲解除,即能切断合闸或分闸的电源。

(3) 应能指示断路器正常合闸和分闸的位置状态,并在自动合闸和自动跳闸时有明显的指示信号。

(4) 断路器的事故跳闸信号回路应按不对应原理接线。当断路器采用手动操作机构时,利用操作机构的辅助触点与断路器的辅助触点构成不对应关系,即操作机构手柄在合闸位置而断路器已经跳闸时,发出事故跳闸信号。当断路器采用电磁操作机构或弹簧操作机构时,利用控制开关的触点与断路器的辅助触点构成不对应关系,即控制开关手柄在合闸位置而断路器已经跳闸时,发出事故跳闸信号。

(5) 对有可能出现不正常工作状态或故障的设备,应装设预告信号。预告信号应能使控制室或值班室的中央信号装置发出音响或灯光信号,并能指示故障地点和性质。通常,预告音响信号用电铃,而事故音响信号用电笛,两者有所区别。

8.1.4 供电系统的自动装置

1. 自动重合闸装置(ARD)

运行经验表明,电力系统中的不少故障,特别是架空线路上的短路故障,大多是暂时性的。这些故障在断路器跳闸后,多数能很快自行消除。因此,如果采用自动重合闸装置(ARD),使断路器在自动跳闸后又自动重合闸,大多能恢复供电,提高了供电可靠性,避免因停电带来的重大损失。

对于单端供电线路的三相 ARD,按其不同特性有不同的分类方法。按自动重合闸的方法,分为机械式 ARD 和电气式 ARD;按组合元件,分为机电型、晶体管型和微机型;按重合次数,分为一次重合式、二次重合式和三次重合式等。

机械式 ARD 适用于采用弹簧操作机构的断路器,可在具有交流操作电源,或虽有直流跳闸电源但没有直流合闸电源的变配电所中使用。电气式 ARD 适用于采用电磁操作机构的断路器,可在具有直流操作电源的变配电所中使用。

运行经验证明,ARD 的重合成功率随着重合次数的增加而显著降低。对架空线路来说,一次重合成功率可达 60%～90%,而二次重合成功率只有 15% 左右,三次重合成功率仅 3% 左右。因此,企业供电系统中一般只采用一次 ARD。

2. 备用电源自动投入装置(APD)

在要求供电可靠性较高的企业变配电所中,通常设有两路及以上的电源进线。在车间变电站低压侧,一般也设有与相邻车间变电站相连的低压联络线。如果在作为备用电源的线路上装设备用电源自动投入装置(APD),则在工作电源线路突然停电时,利用失压保护装置使该线路的断路器跳闸,并在 APD 作用下,使备用电源线路的断路器迅速合闸,投入备用电源,恢复供电,从而大大提高供电可靠性。

8.2 操作电源

8.2.1 由蓄电池组供电的直流操作电源

1. 铅酸蓄电池

铅酸蓄电池的正极二氧化铅(PbO_2)和负极铅(Pb)插入稀硫酸(H_2SO_4)溶液,将发生化学变化,于是在两块极板上产生不同的电位。这两个电位在外电路断开时的电位差就是蓄电池的电势。

一般来说,单个铅蓄电池的额定端电压为 2V,放电后端电压由 2V 降到 1.8～1.9V;在充电终了时,端电压升高到 2.6～2.7V。为了获得 220V 直流操作电压,电池端电压按高于直流母线 5% 来考虑,即按 230V 计算蓄电池的个数。故所需蓄电池的上限个数为 $n_1 = 230/1.8 \approx 128$(个),所需蓄电池的下限个数为 $n_2 = 230/2.7 = 85$(个)。因此,有 $n = n_1 - n_2 = 128 - 85 = 43$(个)蓄电池用于调节直流输出电压。它是通过双臂电池调节器来完成的。

采用铅酸蓄电池组的直流操作电源,是一种特定的操作电源系统。无论供电系统发生任何事故,甚至在交流电源全部停电的情况下,仍能保证控制回路、信号回路、继电保护及自动装置等可靠工作,还能保证事故照明用电,这是它的突出优点。但铅酸蓄电池组也有许多缺点,比如它在充电时要排出氢和氧的混合气体,有爆炸危险;而且随着气体带出硫酸蒸气,有强腐蚀性,危害人身健康和设备安全。因此,铅酸蓄电池组要求单独装设在专用房间内,而且要进行防腐、防爆处理,投资很大。

2. 镉镍蓄电池

镉镍蓄电池的正极为氢氧化镍[$Ni(OH)_3$]或三氧化二镍(Ni_2O_3)的活性物,负极为镉(Cd),溶液为氢氧化钾(KOH)或氢氧化钠(NaOH)等碱溶液。

镉镍蓄电池单个额定端电压为 1.2V,充电终了时端电压可达 1.75V。

采用镉镍蓄电池组的直流操作电源,除不受供电系统运行情况的影响,工作可靠外,还有大电流放电性能好、使用寿命长、腐蚀性小、占地面积小、充放电控制方便以及无须专用房间等优点,因此在企业供电系统中有逐渐取代铅酸蓄电池的趋势。

8.2.2 由整流装置供电的直流操作电源

目前在企业供电系统的变配电所中,直流操作电源主要采用带电容储能的直流装置,或带镉镍电池储能的直流装置。

图 8-1 所示为带有两组不同容量的硅整流装置。硅整流器的交流电源由不同的变压器供给,一路工作,一路备用,用接触器自动切换。在正常情况下,两台硅整流器同时工作,较大容量的硅整流器(U1)供断路器合闸,较小容量的硅整器(U2)只供控制、保护(跳闸)及信号电源。在 U2 故障时,U1 可以通过逆止元件 VD3 向控制母线供电。

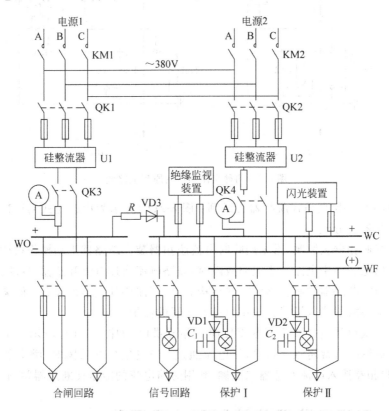

图 8-1 带电容储能的直流装置

C_1、C_2—储能电容器;WC—控制小母线;WF—闪光信号小母线;WO—合闸小母线

当电力系统发生故障,380V 交流电源电压下降时,直流 220V 母线电压相应下降。此时,利用并联在保护回路中的电容 C_1 和 C_2 的储能来使继电保护装置动作,达到断路器

跳闸的目的。

在正常情况下,各断路器的直流控制系统中的信号灯及重合闸继电器由信号回路供电,使这些元件不消耗电容器中储存的电能。在保护回路装设逆止元件 VD1 及 VD2 的目的也是使电容器中储存的电能仅用来维持保护回路的电源,而不向其他与保护(跳闸)无关的元件放电。

8.2.3 交流操作电源

采用交流操作电源时,控制、信号、自动装置及事故照明等均由所用变压器供电。对于某些继电保护装置,通常由电流互感器传递的短路电流作为操作电源。目前,最常见的两种交流操作如图 8-2 所示。

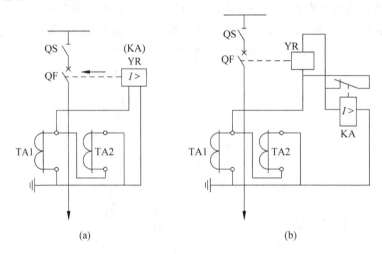

图 8-2 两种交流操作的原理电路图

图 8-2(a)所示为直动式脱扣器去跳闸;图 8-2(b)所示为由感应式 GL-15、GL-16 型继电器将脱扣器去分流。

由直动式脱扣器去跳闸,常采用瞬时电流脱扣器装在断路器手动操作机构中,直接由电流互感器供电。当主电路发生短路故障时,短路电流流过电流互感器,反映到瞬时脱扣器中,使其动作,断路器跳闸。这种方式结构简单,不需要其他附加设备;但灵敏度较低,只适用于单电源放射式末端线路或小容量变压器的保护。

去分流方式也是由电流互感器直接向脱扣器供电,如图 8-2(b)所示。正常运行时,脱扣器 YR 被继电器常闭触点短接,无电流通过;当发生短路故障时,继电器动作,使触点切换,将脱扣器接入电流互感器二次侧,利用短路电流的能量使断路器跳闸。

8.3 高压断路器的控制和信号回路

8.3.1 手动操作的断路器控制和信号回路

图 8-3 所示是手动操作的断路器控制和信号回路原理图。

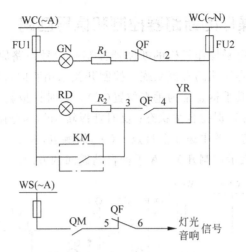

图 8-3 手动操作的断路器控制和信号回路

WC—控制小母线；WS—信号小母线；GN—绿色指示灯；RD—红色指示灯；R—限流电阻；
YR—跳闸线圈（脱扣器）；KM—继电保护出口继电器触点；QF1~6—断路器 QF 的辅助触点；
QM—手动操作机构辅助触点

合闸时，推上操作机构手柄，使断路器合闸。这时，断路器的辅助触点 QF3-4 闭合，红灯 RD 亮，指示断路器 QF 已经合闸。由于有限流电阻 R，跳闸线圈 YR 虽有电流通过，但电流很小，不会动作。红灯 RD 亮，还表示跳闸线圈 YR 回路及控制回路的熔断器 FU1、FU2 完好，即红灯 RD 同时起着监视跳闸回路完好性的作用。

分闸时，扳下操作机构手柄，使断路器分闸。这时，断路器的辅助触点 QF3-4 断开，切断跳闸回路，同时辅助触点 QF1-2 闭合，绿灯 GN 亮，指示断路器 QF 已经分闸。绿灯 GN 亮，还表示控制回路的熔断器 FU1、FU2 是完好的，即绿灯 GN 同时起着监视控制回路完好性的作用。

在正常操作断路器分、合闸时，由于操作机构辅助触点 QM 与断路器的辅助触点 QF5-6 同时切换，总是一开一合，所以事故信号回路总是不通，因而不会错误地发出事故信号。

当一次电路发生短路故障时，继电保护装置动作，其出口继电器 KM 的触点闭合，接通跳闸线圈 YR 的回路（触点 QF3-4 原已闭合），使断路器 QF 跳闸；随后，触点 QF3-4 断开，使红灯 RD 灭，并切断 YR 的跳闸电源。与此同时，触点 QF1-2 闭合，使绿灯 GN 亮。这时，操作机构的操作手柄虽然仍在合闸位置，但其黄色指示牌掉下，表示断路器已自动跳闸。同时，事故信号回路接通，发出音响和灯光信号。该事故信号回路正是按不对应原理来接线的：由于操作机构仍在合闸位置，其辅助触点 QM 闭合，断路器因已跳闸，其辅助触点 QF5-6 也返回闭合，因此事故信号回路接通。当值班员得知事故跳闸信号后，可将操作手柄扳下至分闸位置，黄色指示牌随之返回，事故信号随之解除。

控制回路中分别与指示灯 GN 和 RD 串联的电阻 R_1 和 R_2 主要用来防止指示灯的灯座短路时造成控制回路短路或断路器误跳闸。

8.3.2 电磁操作的断路器控制和信号回路

图 8-4 所示是采用电磁操作机构的断路器控制和信号回路原理图,其操作电源采用图 8-1 所示的硅整流电容储能的直流系统。控制开关采用双向自复式并具有保持触点的 LW5 型万能转换开关,其手柄正常为垂直位置(0°)。顺时针扳转 45°,为合闸(ON)操作,手松开即自动返回(复位),保持合闸状态;反时针扳转 45°,为分闸(OFF)操作,手松开也自动返回,保持分闸状态。图中虚线上打黑点(·)的触点,表示在此位置时触点接通;虚线上标出的箭头(→),表示控制开关 SA 手柄自动返回的方向。

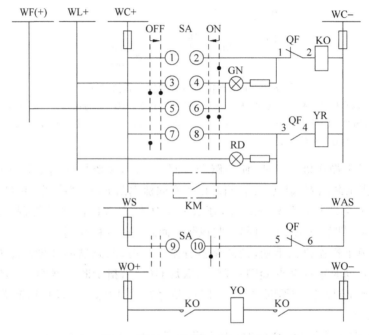

图 8-4 采用电磁操作机构的断路器控制和信号回路

WC—控制小母线;WL—灯光信号小母线;WF—闪光信号小母线;WS—信号小母线;WAS—事故音响信号小母线;WO—合闸小母线;SA—控制开关;KO—合闸接触器;YO—电磁合闸线圈;YR—跳闸线圈;KM—继电保护出口继电器触点;QF1~6—断路器 QF 的辅助触点;GN—绿色指示灯;RD—红色指示灯;ON—合闸操作方向;OFF—分闸操作方向

合闸时,将控制开关 SA 手柄顺时针扳转 45°,其触点 SA1-2 接通,合闸接触器 KO 通电(回路中触点 QF1-2 原已闭合),主触点闭合,使电磁合闸线圈 YO 通电,断路器 QF 合闸。断路器合闸完成后,SA 自动返回,其触点 SA1-2 断开,QF1-2 也断开,切断合闸回路;同时 QF3-4 闭合,红灯 RD 亮,指示断路器已经合闸,并监视跳闸线圈 YR 回路的完好性。

分闸时,将控制开关 SA 手柄反时针扳转 45°,其触点 SA7-8 接通,跳闸线圈 YR 通电(回路中触点 QF3-4 原已闭合),使断路器 QF 分闸。断路器分闸后,SA 自动返回,其触点 SA7-8 断开,QF3-4 也断开,切断跳闸回路;同时 SA3-4 闭合,QF1-2 也闭合,绿灯 GN 亮,指示断路器已经分闸,并监视合闸接触器 KO 回路的完好性。

　　由于红绿指示灯兼起监视分、合闸回路完好性的作用,长时间运行,因此耗电较多。为了减少操作电源中储能电容器能量过多消耗,另设灯光指示小母线 WL(+),专门用来接入红绿指示灯,储能电容器的能量只用来供电给控制小母线 WC。

　　当一次电路发生短路故障时,继电保护动作,其出口继电器触点 KM 闭合,接通跳闸线圈 YR 回路(回路中触点 QF3-4 原已闭合),使断路器 QF 跳闸;随后 QF3-4 断开,使红灯 RD 灭,并切断跳闸回路,同时 QF1-2 闭合,而 SA 在合闸位置,其触点 SA5-6 也闭合,接通闪光电源 WF(+),使绿灯闪光,表示断路器 QF 自动跳闸。由于 QF 自动跳闸,SA 在合闸位置,其触点 SA9-10 闭合,而 QF 已经跳闸,其触点 QF5-6 也闭合,因此事故音响信号回路接通,发出音响信号。当值班员得知事故跳闸信号后,可将控制开关 SA 的操作手柄扳向分闸位置(反时针扳转 45°后松开),使 SA 的触点与 QF 的辅助触点恢复对应关系,全部事故信号立即解除。

8.3.3　弹簧操作机构的断路器控制和信号回路

　　图 8-5 所示是采用 CT7 型弹簧操作机构的断路器控制和信号回路原理图,其控制开关 SA 采用 LW2 或 LW5 型万能转换开关。

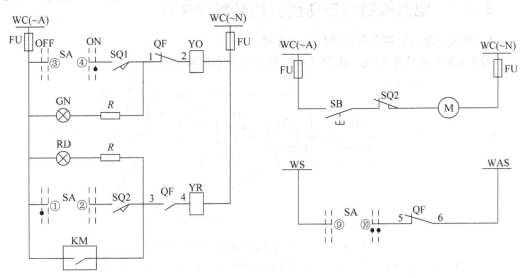

图 8-5　采用弹簧操作机构的断路器控制和信号回路

WC—控制小母线;WS—信号小母线;WAS—事故音响信号小母线;SA—控制开关;SB—按钮;
SQ—储能位置开关;YO—电磁合闸线圈;YR—跳闸线圈;QF1~6—断路器辅助触点;M—储能电
动机;GN—绿色指示灯;RD—红色指示灯;KM—继电保护出口继电器触点

　　合闸时,先按下按钮 SB,使储能电动机 M 通电运转(位置开关 SQ2 原已闭合),使合闸弹簧储能。弹簧储能完成后,SQ2 自动断开,切断电动机 M 的回路,同时位置开关 SQ1 闭合,为合闸做好准备。然后,将控制开关 SA 手柄扳向合闸(ON)位置,其触点 SA3-4 接通,合闸线圈 YO 通电,使弹簧释放,通过传动机构使断路器 QF 合闸。合闸后,其辅助触点 QF1-2 断开,绿灯 GN 灭,并切断合闸回路;同时 QF3-4 闭合,红灯 RD 亮,指示断路器在合闸位置,并监视跳闸回路的完好性。

分闸时,将控制开关 SA 手柄扳向分闸(OFF)位置,其触点 SA1-2 接通,跳闸线圈 YR 通电(回路中触点 QF3-4 原已闭合),使断路器 QF 分闸。分闸后,其辅助触点 QF3-4 断开,红灯 RD 灭,并切断跳闸回路;同时 QF1-2 闭合,绿灯 GN 亮,指示断路器在分闸位置,并监视合闸回路的完好性。

当一次电路发生短路故障时,保护装置动作,其出口继电器 KM 触点闭合,接通跳闸线圈 YR 回路(回路中触点 QF3-4 原已闭合),使断路器 QF 跳闸。随后 QF3-4 断开,红灯 RD 灭,并切断跳闸回路。由于断路器是自动跳闸,SA 手柄仍在合闸位置,其触点 SA9-10 闭合,而断路器 QF 已经跳闸,QF5-6 闭合,因此事故音响信号回路接通,发出事故跳闸音响信号。值班员得知此信号后,可将控制开关 SA 手柄扳向分闸(OFF)位置,使 SA 触点与 QF 的辅助触点恢复对应关系,使事故跳闸信号解除。

储能电动机 M 由按钮 SB 控制,从而保证断路器合在发生短路故障的一次电路上时,断路器自动跳闸后不致重合闸,因而不需另设电气防跳装置。

8.4 自动装置简介

8.4.1 电力线路的自动重合闸装置(ARD)

1. 电气一次自动重合闸装置的基本原理

图 8-6 所示是说明电气一次自动重合闸装置基本原理的简图。

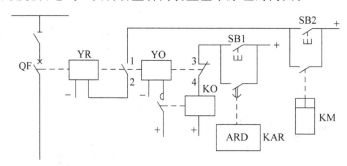

图 8-6 电气一次自动重合闸装置基本原理

QF—断路器;YR—跳闸线圈;YO—合闸线圈;KO—合闸接触器;KAR—重合闸继电器;

KM—继电保护出口继电器触点;SB1—合闸按钮;SB2—跳闸按钮

手动合闸时,按下合闸按钮 SB1,使合闸接触器 KO 通电动作,使合闸线圈 YO 动作,断路器 QF 合闸。

手动跳闸时,按下跳闸按钮 SB2,使跳闸线圈 YR 通电动作,使断路器 QF 跳闸。

当一次电路发生短路故障时,继电保护装置动作,其出口继电器触点 KM 闭合,接通跳闸线圈 YR 回路,使断路器 QF 自动跳闸。与此同时,断路器辅助触点 QF3-4 闭合,而且重合闸继电器 KAR 起动。经整定的时间后,其延时闭合的常开触点闭合,使合闸接触器 KO 通电动作,使断路器 QF 重合闸。如果一次电路上的故障是瞬时性的,已经消除,可重合成功。如果短路故障尚未消除,保护装置又要动作,KM 的触点又使断路器 QF 再次跳闸。由于一次 ARD 采取了"防跳"措施(防止多次反复跳、合闸,图 8-6 中未表示),因此不会再次重合闸。

2. 电气一次自动重合闸装置示例

图8-7所示是采用DH-2型重合闸继电器的电气一次自动重合闸装置展开式原理电路图(图中仅绘出与ARD有关的部分)。该电路的控制开关SA1采用LW2型万能转换开关,其合闸(ON)和分闸(OFF)操作各有3个位置:预备分、合闸,正在分、合闸,分、合闸后。SA1两侧的箭头→指向就是这种操作程序。选择开关SA2采用LW2-1.1/F4-X型,只有合闸(ON)和分闸(OFF)两个位置,用来投入和解除ARD。

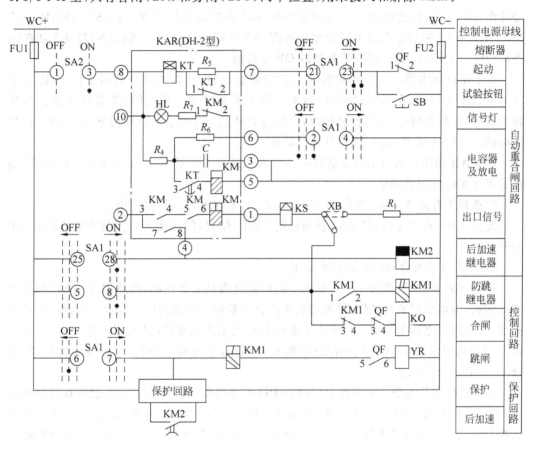

图8-7 电气一次自动重合闸装置展开式原理电路图

WC—控制小母线;SA1—控制开关;SA2—选择开关;KAR—DH-2型重合闸继电器(内含KT—时间继电器、KM—中间继电器、HL—指示灯及电阻R、电容器C等);KM1—防跳继电器(DZB-115型中间继电器);KM2—后加速继电器(DZS-145型中间继电器);KS—DX-11型信号继电器;KO—合闸接触器;YR—跳闸线圈;XB—连接片;QF—断路器辅助触点

1) 一次自动重合闸装置的工作原理

系统正常运行时,控制开关SA1和选择开关SA2都扳到合闸(ON)位置,ARD投入工作。这时,重合闸继电器KAR中的电容器C经R_4充电,同时指示灯HL亮,表示控制小母线WC的电压正常,电容器C处于充电状态。

当一次电路发生短路故障而使断路器QF自动跳闸时,断路器辅助触点QF1-2闭合,控制开关 SA1 仍处在合闸位置,从而接通 KAR 的起动回路,使 KAR 中的时间继电器 KT 经它本身的常闭触点 KT1-2 动作。KT 动作后,其常闭触点 KT1-2 断开,串入电阻 R_5,使 KT 保持动作状态。串入 R_5 的目的是限制通过 KT 线圈的电流,防止线圈过热烧毁,因为 KT 线圈不是按长期接上额定电压设计的。

时间继电器 KT 动作后,经一定延时,其延时闭合的常开触点 KT3-4 闭合。这时电容器 C 对 KAR 中的中间继电器 KM 的电压线圈放电,使 KM 动作。

中间继电器 KM 动作后,其常闭触点 KM1-2 断开,使指示灯 HL 熄灭,表示 KAR 已经动作,其出口回路已经接通。合闸接触器 KO 由控制小母线 WC 经 SA2、KAR 中的 KM3-4、KM5-6 两对触点及 KM 的电流线圈、KS 线圈、连接片 XB、触点 KM1 3-4 和断路器辅助触点 QF3-4 获得电源,使断路器 QF 重合闸。

由于中间继电器 KM 是由电容器 C 放电而动作的,且 C 的放电时间不长,因此为了使 KM 能够自保持,在 KAR 的出口回路中串入了 KM 的电流线圈,借 KM 本身的常开触点 KM3-4 和 KM5-6 闭合使之接通,以保持 KM 的动作状态。在断路器 QF 合闸后,其辅助触点 QF3-4 断开,使 KM 的自保持解除。

在 KAR 的出口回路中串联信号继电器 KS,是为了记录 KAR 的动作,并为 KAR 动作发出灯光信号和音响信号。

断路器重合成功以后,所有继电器自动返回,电容器 C 又恢复充电。

要使 ARD 退出工作,将 SA2 扳到分闸(OFF)位置,同时将出口回路中的连接片 XB 断开。

2) 一次自动重合闸装置的基本要求

(1) 一次 ARD 只重合一次。如果一次电路故障是永久性的,断路器在 KAR 作用下重合闸后,继电保护又要动作,使断路器再次自动跳闸。断路器第二次跳闸后,KAR 又要起动,使时间继电器 KT 动作。但由于电容器 C 还来不及充好电(充电时间 15~25s),所以 C 的放电电流很小,不能使中间继电器 KM 动作,从而 KAR 的出口回路不会接通,保证了 ARD 只重合一次。

(2) 用控制开关操作断路器分闸时,ARD 不应动作。如图 8-7 所示,通常在分闸操作时,先将选择开关 SA2 扳至分闸(OFF)位置,其 SA2 1-3 断开,使 KAR 退出工作。同时将控制开关 SA1 扳到"预备分闸"及"分闸后"位置时,其触点 SA1 2-4 闭合,使电容器 C 先对 R_6 放电,使中间继电器 KM 失去动作电源。因此即使 SA2 没有扳到分闸位置(使 KAR 退出的位置),在采用 SA1 操作分闸时,断路器也不会自行重合闸。

(3) ARD 的"防跳"措施。当 KAR 出口回路中的中间继电器 KM 的触点被粘住时,应防止断路器多次重合于发生永久性短路故障的一次电路上。

如图 8-7 所示 ARD 电路中,采用了两项"防跳"措施。

① 在 KAR 的中间继电器 KM 的电流线圈回路(即其自保持回路)中,串联了它自身的两对常开触点 KM3-4 和 KM5-6。这样,万一其中一对常开触点被粘住,另一对常开触点仍能正常工作,不致发生断路器"跳动",即反复跳、合闸现象。

② 为了防止万一 KM 的两对触点 KM3-4 和 KM5-6 同时被粘住时断路器仍可能"跳动",故在断路器的跳闸线圈 YR 回路中,串联了防跳继电器 KM1 的电流线圈。在断路

器分闸时,KM1 的电流线圈同时通电,使 KM1 动作。当 KM3-4 和 KM5-6 同时被粘住时,KM1 的电压线圈经它自身的常开触点 KM1 1-2、XB、KS 线圈、KM 电流线圈及其两对触点 KM3-4、KM5-6 而带电自保持,使 KM1 在合闸接触器 KO 回路中的常闭触点 KM1 3-4 同时保持断开,使合闸接触器 KO 不致接通,从而达到"防跳"的目的。因此,防跳继电器 KM1 实际是一种分闸保持继电器。

采用了防跳继电器 KM1 以后,即使用控制开关 SA1 操作断路器合闸,只要一次电路存在故障,继电保护使断路器跳闸后,断路器也不会再次合闸。当 SA1 的手柄扳到"合闸"位置时,其触点 SA1 5-8 闭合,合闸接触器 KO 通电,使断路器合闸。如果一次电路存在故障,继电保护将使断路器自动跳闸。在跳闸回路接通时,防跳继电器 KM1 起动。这时,即使 SA1 手柄扳在"合闸"位置,但由于 KO 回路中 KM1 的常闭触点 KM1 3-4 断开,SA1 的触点 SA1 5-8 闭合,也不会再次接通 KO,而是接通 KM1 的电压线圈,使 KM1 自保持,避免断路器再次合闸,达到"防跳"的要求。当 SA1 回到"合闸后"位置时,其触点 SA1 5-8 断开,KM1 的自保持随之解除。

8.4.2 备用电源自动投入装置(APD)

在企业供电系统中,为了保证不间断供电,对于具有一级负荷和重要的二级负荷的变电站或重要用电设备、主要线路等,常采用备用电源自动投入装置,以保证工作电源因故障电压消失时,备用电源自动投入,继续恢复供电。备用电源自动投入装置应用场所较多,如备用变压器、备用线路、备用母线及备用机组等。

1. 备用电源自动投入装置的基本原理

图 8-8(a)所示是有一条工作线路和一条备用线路的明备用情况,APD 装设在备用进线断路器 QF2 上。正常运行时,备用电源断开,当工作电源 A 一旦失去电压后,便被 APD 切除,随即将备用电源 B 自动投入。

图 8-8(b)为两条独立的工作线路分别供电的暗备用情况,APD 装设在母线分段断路器 QF3 上。正常运行时,分段断路器 QF3 断开。当其中一条线路失去电压后,APD 能自动将失去电压的线路断路器断开,随即将分段断路器自动投入,让非故障线路供应全部负荷。

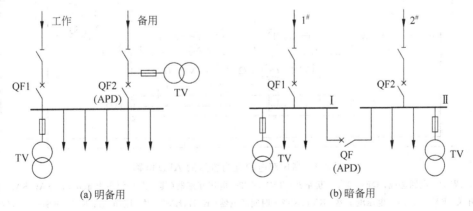

图 8-8 备用电源自动投入装置主电路

2. 对备用电源自动投入装置的基本要求

备用电源自动投入装置应满足以下基本要求。

（1）工作电压不论因何种原因消失时，备用电源自动投入装置均应起动，但应防止电压互感器熔断器熔断时造成误动作。

（2）备用电源应在工作电源确实断开后才投入使用。工作电源若是变压器，其高、低压侧断路器均应断开。

（3）备用电源只能自投一次。

（4）当备用电源自投于故障母线上时，应使其保护装置加速动作，以防事故扩大。

（5）备用电源侧确有电压时才能自投。

（6）兼做几段母线的备用电源，当已代替一个工作电源时，必要时仍能做其他段母线的备用电源。

（7）备用电源自动投入装置的时限整定应尽可能短，才可保证负载中电动机自起动的时间要求，通常为 1～1.5s。

3. 高压备用线路的备用电源自动投入装置应用实例

图 8-9 所示是高压双电源互为备用的 APD 电路，采用的控制开关 SA1、SA2 均为 LW2 型万能转换开关，其触点 5-8 只在"合闸"时接通，触点 6-7 只在"分闸"时接通。断路器 QF1 和 QF2 均采用交流操作的 CT7 型弹簧操作机构。

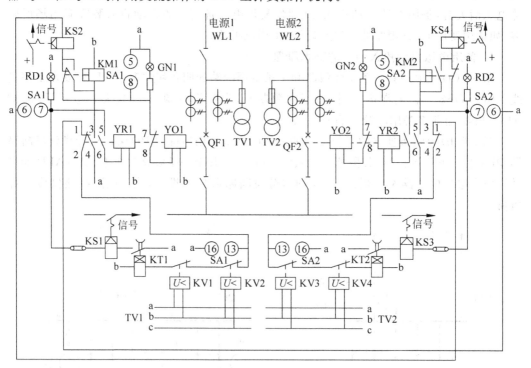

图 8-9　高压双电源互为备用的 APD 电路

WL1、WL2—电源进线；QF1、QF2—断路器；TV1、TV2—电压互感器（其二次侧相序为 a、b、c）；SA1、SA2—控制开关；KV1～KV4—电压继电器；KT1、KT2—时间继电器；KM1、KM2—中间继电器；KS1～KS4—信号继电器；YR1、YR2—跳闸线圈；YO1、YO2—合闸线圈；RD1、RD2—红色指示灯；GN1、GN2—绿色指示灯假设电源 WL1 在工作，WL2 在备用，即断路器 QF1 在合闸位置，QF2 在分闸位置。这时，控制开关 SA1 在"合闸后"位置，SA2 在"分闸后"位置，它们的触点 5-8 和 6-7 均断开，而触点 SA1 13-16 接通，触点 SA2 13-16 断开。指示灯 RD1（红灯）亮，GN1（绿灯）灭；RD2（红灯）灭，GN2（绿灯）亮。

当工作电源 WL1 断电时，电压继电器 KV1 和 KV2 动作，它们的触点返回闭合，接通时间继电器 KT1，其延时闭合的常开触点闭合，接通信号继电器 KS1 和跳闸线圈 YR1，使断路器 QF1 跳闸，同时给出跳闸信号；红灯 RD1 因触点 QF1 5-6 断开而熄灭，绿灯 GN1 因触点 QF1 7-8 闭合而点亮。与此同时，断路器 QF2 的合闸线圈 YO2 因触点 QF1 1-2 闭合而通电，使断路器 QF2 合闸，从而使备用电源 WL2 自动投入，恢复变配电所的供电，同时红灯 RD2 亮，绿灯 GN2 灭。

反之，如果运行的备用电源 WL2 又断电，同样地，电压继电器 KV3、KV4 将使断路器 QF2 跳闸，QF1 合闸，又自动投入电源 WL1。

8.5 变电站综合自动化系统

8.5.1 变电站综合自动化系统概述

综合自动化系统是供电系统的重要组成部分，主要由硬件系统和软件系统两部分构成。随着计算机技术、通信技术、网络技术和自动控制技术在供电系统的广泛应用，变电站综合自动化技术发展迅猛。

变电站综合自动化实际上是利用计算机技术、通信技术等，对变电站的二次设备（包括继电保护、控制、测量、信号、故障录波、自动装置和远动装置等）的功能进行重新组合和优化设计，对变电站全部设备的运行情况执行监视、测量、控制和协调的一种综合性自动化系统。它的出现，为变电站小型化、智能化，扩大设备监控范围，提高变电站安全可靠性，优质和经济运行提供了现代化的手段和技术保证。它的运用，取代了运行工作中的各种人工作业，提高了变电站的运行管理水平。

8.5.2 变电站综合自动化系统的基本功能

1. 数据采集功能

实时采集供电系统运行参数是变配电站综合自动化系统的基本功能之一。运行参数分为模拟量、开关量和脉冲量。

1）模拟量采集

变电站综合自动化系统采集的模拟量主要是变电站各段母线电压、线路电压、电流、有功功率、无功功率，主变压器电流、有功功率和无功功率，电容器的电流、无功功率，馈出线的电流、电压、功率、频率、相位和功率因数等。此外，模拟量还包括主变压器油温、直流电源电压、站用变压器电压等。

2）开关量采集

综合自动化系统采集的状态量是各断路器位置状态、隔离开关位置状态、继电保护动作状态、周期检测状态、有载调压变压器分接头的位置状态、一次设备运行告警信号和接地信号等。

3) 电能脉冲量采集

综合自动化系统采集的脉冲量是脉冲电度表输出的脉冲信号表示的电度量。

2. 故障记录、故障录波和测距功能

故障记录是记录继电保护动作前、后与故障有关的电流和电压量；故障录波和测距是由微机保护装置兼作故障记录和测距，或者采用专门的故障录波装置，对重要电力线路发生故障时进行录波和测距，并与监控系统实时通信。

3. 测量与监视功能

变电站的各段母线电压、线路电压、电流、有功和无功功率、温度等参数均属于模拟量，将其通过 A/D 转换后，由计算机分析和处理，以便查询和使用。监控系统对采集到的电压、电流、频率、主变压器油温等量实时地进行越限监视。

4. 操作控制功能

变电站工作人员可通过人机接口（键盘、鼠标）对断路器的分、合进行操作，对主变压器的分接头进行调节控制，也可对电容器组进行投、切控制；还可以接受遥控操作指令，进行远方操作。

5. 人机联系功能

变电站工作人员面对的是主计算机的 CRT 显示屏，通过键盘或鼠标观察和了解全站的运行情况和相关参数以及相关操作。

6. 通信功能

综合自动化系统的通信是指系统内部的现场级间的通信和自动化系统与上级调度的通信。现场级间的通信主要解决系统内部各子系统之间、子系统之间与主机之间的数据通信。

7. 微机保护功能

微机保护主要包括线路保护、主变压器保护、母线保护、电容器保护等。微机保护是综合自动化系统的关键环节。

8. 自诊断功能

综合自动化系统的各单元模块均有自诊断功能，其诊断信息周期性地送往后台控制中心。

8.5.3　变电站综合自动化系统的结构

在供电系统中，由于变电站的设计规模、重要程度、电压等级、值班方式等不同，所选用的变电站综合自动化系统的硬件的结构形式不尽相同。根据变电站在供电系统中的地位和作用，设计变电站综合自动化系统的结构时，应遵循可靠和实用这一原则。

从国内外综合自动化系统的发展过程看，其结构形式主要分为集中式、分层分布式和分布分散式三种。

1. 集中式

图 8-10 所示为集中式综合自动化系统结构。这种结构采用不同档次的计算机，扩展其外围接口电路，按信息类型划分功能，集中采集变电站的模拟量、开关量和数字量等信

息,并集中进行计算和处理,分别完成微机监控、微机保护和其他控制功能。

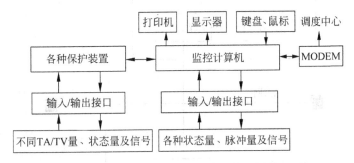

图 8-10　集中式综合自动化系统结构

2. 分层分布式

分层分布式集中组屏的综合自动化系统结构如图 8-11 所示。所谓分布式结构,是指采用主、从 CPU 协同工作方式,各功能模块(如智能电子设备)之间采用网络技术或串行方式实现数据通信。整个变电站的一、二次设备分为变电层、单元层和设备层 3 层。变电层包括监控主机、工程师机、通信控制机等;单元层包括各测量、控制部件和保护部件等;设备层包括主变压器、断路器、隔离开关、互感器等一次设备。

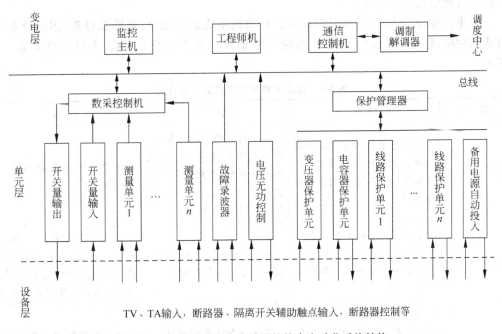

图 8-11　分层分布式集中组屏的综合自动化系统结构

3. 分布分散式

分布分散式综合自动化系统结构如图 8-12 所示。所谓分布式结构,是将变电站内各回路的数据采集、微机保护以及监控单元综合为一个装置,就地安装在数据源现场的开关柜中。每个回路对应一套装置,装置中的设备相对独立,通过网络电缆连接,并与变电站主控室的监控主机通信。这种结构减少了站内二次设备及信号电缆,各模块与监控主机

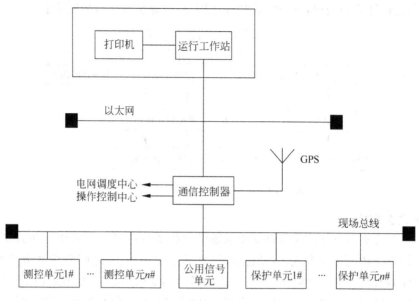

图 8-12　分布分散式综合自动化系统结构

之间通过网络或总线连接。

采用分布分散式结构,可以提高综合自动化系统的可靠性,降低总投资,因此分布分散式结构应该是企业供电系统采用的主要形式。常用 3 种结构形式的特点如表 8-1 所示。

表 8-1　常用 3 种结构形式的主要特点

名　称	主　要　优　点	主　要　缺　点	适　用　场　合
集中式	能实时采集和处理各种状态量;监视和操作简单;结构紧凑、体积小、造价低;实用性强	每台计算机功能较集中,若出现故障,影响面大;系统的开放性、扩展性和可维护性较差;组态不灵活;软件复杂且修改、调试麻烦	适合小型变电站的改造和新建
分层分布式	软件简单,便于扩充和维护,组态灵活;保护装置独立;系统可靠性高;多 CPU 工作方式	由于集中组屏,安装时需要的控制电缆相对较多	适用于变电站的回路数较少,一次设备比较集中,信号电缆不长,易于设计、安装和维护的中低压变电站
分布分散式	减少了二次设备和电缆;安装、调试简单,维护方便;占地面积小;组态灵活,可靠性高;扩展性和灵活性好	很多情况需要规约转换,通用性、开放性受到限制	适用于更新建设的中、大型企业总降压变电站

8.5.4　变电站综合自动化系统实例

一般变电站综合自动化系统设备配置分两个层次,即变电站层和间隔层。变电站层又叫站级主站层或站级工作站,可以由多个工作站组成,负责管理整个变电站自动化系统,是变电站自动化系统的核心层。间隔层是指设备的继电保护、测控装置层,由若干个间隔单元组成,一条线路或一台变压器的保护、测控装置就是一个间隔单元,各单元基本上是相互独立、互不干扰的。

变电站综合自动化系统结构形式分为集中式和分散式两种。集中式布置是传统的结构形式,它把所有二次设备按遥测、通信、遥控、电力调度、保护功能划分成不同的子系统集中组屏,安装在主控制室内。因此,各被保护设备的保护测量交流回路、控制直流回路都需要用电缆送至主控室。这种结构形式虽有利于观察信号,方便调试,但耗费了大量的二次电缆。分散式布置是以间隔为单元划分的,每一个间隔的测量、信号、控制、保护综合在一个或两个(保护与控制分开)单元上,分散安装在对应的开关柜(间隔)上,高压和主变部分则集中组屏并安装在控制室内。现在的变电站综合自动化系统通常采用分散式布置。

下面以南瑞中德公司研制生产的 NSC2000 系列变电站综合自动化系统为例简要介绍。

1. 硬件配置

NSC2000 系列变电站综合自动化系统的硬件配置如图 8-13 所示。

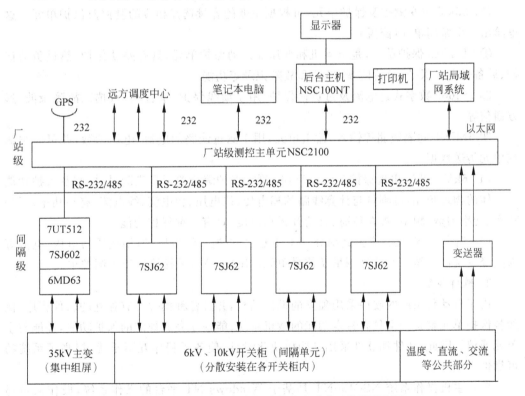

图 8-13　NSC2000 系列变电站综合自动化系统硬件配置

(1)后台主机是变电站综合自动化系统主机,通过它能完成监控系统的各种任务,其监控系统的基本运行平台基于 MS Windows 的多窗口、多任务操作(NSC100)或 NT 网络操作系统(NSC100NT),能为用户提供友好的操作界面。基本配置为:①奔腾微机一台,内存 32MB 以上,主频 300MHz 以上,硬盘 3.2GB 以上;②19(21)彩显一台,分辨率 1024×768;③打印机一台。

(2) 厂站级测控主单元 NSC2100。测控主单元 NSC2100 是 NSC 测控系统的主要部分,其功能和性能对整个 NSC 的水平起到关键的作用。NSC2100 测控主单元由进口工控模块、机箱、电源等一整套硬件组成,包括 Pentium Ⅱ CPU 主处理模块、通信模块及网络模块。主处理模块主要进行信息交换和处理;通信模块除了提供传统的 RS-232/422/485 接口外,还具备以太网(Ethernet)和现场总线(CAN)的接口功能。

NSC2100 测控主单元的主要功能是管理间隔级 NFM/NLM(馈线测控单元/线路测控单元)输入/输出单元或交流采样子系统遥测(NSC-YC)、遥控/遥信子系统(NSC-YK/YX)以及微机保护单元(7S/7U),同时完成以下任务。

① 与远方调度中心以不同规约交换数据。

② 与当地后台监控系统主机(MMI)交换数据。

③ 同间隔级的遥控、遥测、遥信及保护单元通信。

④ 具有 1ms 的事件分辨率,并能与 NLM/NFM 同步时钟。主单元可与 GPS(全球定位系统)统一时钟。

(3) 35kV 主变测控及保护单元,可根据主变的容量选择相应的测控及保护单元。这里给出 3 个常用单元(配置)。

① 7UT512 保护单元,是电动机和变压器差动保护单元,具有差动保护、热过负荷保护、后备过电流保护、负荷监视、事件和故障记录等功能。

② 7SJ602 数字式过电流及过负荷保护,用于馈线保护、重合闸(可选)、故障录波、远方通信等。

③ 6MD63 间隔级测控输入、输出单元,用于测量线路的电流、电压参数,并可向主测控单元传送数据。

(4) 6kV、10kV 出现保护单元。7SJ62 测控保护综合单元是集测量、控制及保护功能于一体的物理单元,可测量与计算线路的相电压、线电压、相电流、线电流、有功功率、无功功率、功率因数、频率、视在负荷、有功及无功电度,具有多种保护功能。

(5) 温度、直流及交流公共部分。主变温度、直流系统电压、所用变压器电压、电流等参数经变送器送至公共信号测量及信号单元(NFM-1A),采样输出至主测控单元。

2. 软件系统

由于自动化系统的硬件采用独立的模件结构,并且各种模件具有独立的软件程序,例如各保护单元就是一个具有特定功能的微机系统,能独立完成规定的保护功能,并能与主单元通信。因此,硬件和软件采用结构模块化设计,使各子程序互不干扰,提高了系统的可靠性。

后台主机操作系统 NSC100NT 是基于 Windows NT 平台的操作系统,操作人员通过单击窗口功能按钮,实现制表打印、故障信息分析、数据查询、开列操作票、断路器及隔离开关操作等分析、处理与操作功能。

主单元与各保护单元之间按 IEC870-5-103 规约通信,程序流程图如图 8-14 所示。

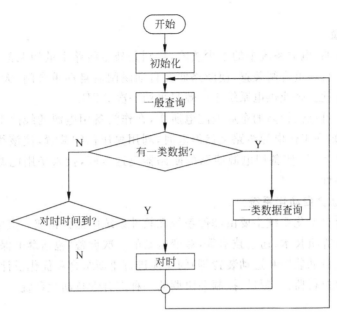

图 8-14　主单元与保护单元通信程序流程

NSC 控制系统向保护设备常发出的命令有初始化,对时,总查询,一、二类数据查询(一般查询),开关控制等。总查询是初始化后对站内所有设备控制信息的查询,一般查询是系统运行时的实时查询。一般查询时,控制系统要对各间隔级测控、保护单元逐一询问,被查询到的单元将所测信息发送给主单元,主单元接收这些信息并做出相应的处理,然后对下一个单元进行查询。一类数据是指开关变位记录、故障记录等,其他为二类数据。当主单元查询到有一类数据时,转入一类数据查询子程序;处理完后,再查询下一个间隔单元。系统在运行过程中要经常对时,以保证整个系统(或计算机网络)时间的统一。当对时时间到时,执行对时程序。

本章小结

1. 二次回路

供电系统或变配电所的二次回路是指用来控制、指示、监测和保护一次电路运行的电路。二次回路的操作电源分直流和交流两大类。高压断路器的控制回路是控制高压断路器分、合闸的回路,信号回路是用来指示一次系统设备运行状态的二次回路。供电系统的自动装置包括自动重合闸装置和备用电源自动投入装置。

2. 操作电源

二次回路的操作电源,用于提供高压断路器分、合闸回路和继电保护装置、信号回路、监测系统及其他二次回路所需的电源。操作电源分直流和交流两大类。

3. 高压断路器的控制和信号回路

供电系统中常见的断路器控制和信号回路包括手动操作、电磁操作和弹簧操作等几种。

4. 自动装置

运行经验表明,电力系统中的不少故障,特别是架空线路上的短路故障,大多是暂时性的。如果采用自动重合闸装置,使断路器在自动跳闸后自动重合闸,大多能恢复供电,提高了供电可靠性。企业供电系统中一般只采用一次 ARD。

在要求供电可靠性较高的企业变配电所中,在作为备用电源的线路上装设备用电源自动投入装置,则在工作电源线路突然停电时,利用失压保护装置,使该线路的断路器跳闸,并在 APD 作用下,使备用电源线路的断路器迅速合闸,投入备用电源,恢复供电,从而提高供电可靠性。

5. 变电站综合自动化系统

变电站综合自动化系统主要由硬件系统和软件系统两部分构成。变电站综合自动化实际上是利用计算机技术、通信技术等,对变电站的二次设备(包括继电保护、控制、测量、信号、故障录波、自动装置和远动装置等)的功能进行重新组合和优化设计,对变电站全部设备的运行情况执行监视、测量、控制和协调的一种综合性自动化系统。

习题

8-1　什么叫操作电源?操作电源有几种?

8-2　变、配电所信号回路包括哪些?各起什么作用?

8-3　对断路器的控制和信号回路有哪些基本要求?什么是断路器事故跳闸信号回路构成的"不对应原理"?

8-4　断路器的操作机构有哪几种?各有什么特点?

8-5　什么叫自动重合闸?有哪些要求?

8-6　备用电源自动投入装置应用的场所有哪些?对 APD 的要求有哪些?

8-7　什么是变电所综合自动化?

8-8　变电所综合自动化系统有哪些主要功能?

8-9　简述变电所综合自动化系统的结构形式及各自的特点。

第 9 章

Chapter 9

电气安全、防雷与接地

知识点

1. 电气安全的有关概念。
2. 触电的急救处理。
3. 过电压的形式。
4. 雷电的有关概念。
5. 防雷设备和防雷措施。
6. 接地的有关概念。
7. 电气设备的接地等。

9.1 电气安全

9.1.1 电气安全的有关概念

1. 电流对人体的作用

电流通过人体,令人有发麻、刺痛、压迫、打击等感觉,还令人产生痉挛、血压升高、昏迷、心律不齐、心室颤动等症状,严重时导致死亡。

电流对人体的伤害程度与通过人体的电流大小、电流通过人体的持续时间、电流通过人体的路径、电流的种类等多种因素有关。而且,上述各个影响因素相互之间,尤其是电流大小与通电时间之间,也有着密切的联系。

1) 伤害程度与电流大小的关系

通过人体的电流越大,人体的生理反映越明显,伤害越严重。对于工频交流电,按通过人体的电流强度的不同以及人体呈现的反应不同,将作用于人体的电流划分为三级。

(1) 感知电流。感知电流是指电流通过人体时可引起感觉的最小电流。对于不同的人,感知电流是不同的。成年男性的平均感知电流约为 1.1mA;成年女性约为 0.7mA。感知电流值与时间无关,此电流一般不会对人体造成伤害,但可能因不自主反应而导致由高处跌落等二次事故。

（2）摆脱电流。摆脱电流是指人在触电后能够自行摆脱带电体的最大电流。成年男性平均摆脱电流约为 16mA，成年女性约为 10.5mA；成年男性最小摆脱电流约为 9mA，成年女性约为 6mA；儿童的摆脱电流较成人要小。摆脱电流值与时间无关。

（3）室颤电流。室颤电流是指引起心室颤动的最小电流。由于心室颤动终将导致死亡，因此，可以认为室颤电流即为致命电流。室颤电流与电流持续时间关系密切。当电流持续时间超过心脏周期时，室颤电流仅为 50mA 左右；当电流持续时间小于心脏周期时，室颤电流为数百毫安。

图 9-1 所示是国际电工委员会（IEC）提出的人体触电时间和通过人体的电流（50Hz）对肌体的反应曲线。图中各个区域所产生的电击生理效应如表 9-1 所示。

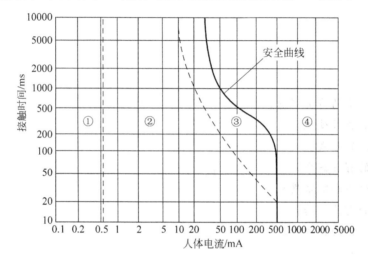

图 9-1　人体触电时间和通过人体电流对肌体的反应曲线

表 9-1　图 9-1 中各个区域所产生的电击生理效应说明

区　域	生　理　效　应	区　域	生　理　效　应
①	人体无反应	③	人体一般无心室纤维性颤动和器质性损伤
②	人体一般无病理性生理反应	④	人体可能发生心室纤维性颤动

由图 9-1 可以看出，人体触电反应分为四个区域。其中，①、②、③区可视为安全区。在③区与④区的一条曲线，称为安全曲线。④区是致命区，但③区也并非绝对安全的。

我国一般采用 30mA（50Hz）作为安全电流值，但其触电时间不得超过 1s，因此该安全电流值也称为 30mA·s。由图 9-1 所示的曲线可以看出，30mA·s 位于③区，不会对人体引起心室纤维性颤动和器质性损伤，因此可认为是相对安全的。当通过人体的电流达到 50mA 时，对人就有致命危险；达到 100mA 时，一般要致人死命。

2）损伤程度与电流持续时间的关系

通过人体电流的持续时间越长，越容易引起心室颤动，危险性越大。这是因为通电时间越长，能量积累越多，引起心室颤动的电流减小，使危险性增加。

3) 伤害程度与电流通经的关系

电流通过心脏会引起心室颤动,电流较大时会使心脏停止跳动;电流通过中枢神经,会引起中枢神经严重失调而导致死亡;电流通过头部会使人昏迷,电流较大时会对脑组织产生严重损坏而导致死亡;电流通过脊髓会使人瘫痪等。

上述危害中,以心脏伤害的危险性最大。因此,流经心脏的电流多、电流路线短的是危险性最大的途径。试验表明,从左手到胸部是最危险的电流途径,从手到手、从手到脚也是很危险的电流途径。

4) 伤害程度与电流种类的关系

试验表明,直流电流、交流电流、高频电流、静电电荷以及特殊波形电流对人体都有伤害作用,通常以 $50\sim60\mathrm{Hz}$ 的工频电流对人体的危害最为严重。

2. 人体电阻

人体电阻包括体内电阻和皮肤电阻两部分。体内电阻约 500Ω,与接触电压有关。皮肤电阻较大,集中在角质层,正常时可达 $10^4\sim10^5\Omega$,但皮肤的潮湿、多汗、有损伤等都会降低人体电阻;通过电流加大,通电时间长,会增加发热出汗的概率,也会降低人体电阻;接触电压增高,会击穿角质层,也会降低人体电阻。

在一般情况下,人体电阻可按 $1000\sim2000\Omega$ 考虑。

3. 安全电压

安全电压是指不使人直接致死或致残的电压。它取决于人体允许的电流和人体电阻。

我国国家标准 GB 3805—1983《安全电压》规定的安全电压等级为:42V、36V、24V、12V 和 6V。凡手提照明灯、在危险环境和特别危险环境中使用携带式电动工具,如无特殊安全结构或安全措施,应采用 42V 或 36V 的安全电压;金属容器内、隧道内、矿井内等工作地点狭窄、行动不便,以及周围有大面积接地导体的环境,应采用 24V 或 12V 的安全电压;水下作业等场所采用 6V 的安全电压。当电气设备采用 24V 以上安全电压时,必须采取防护直接接触带电体的保护措施。

可见,安全电压与使用的环境条件有关。在正常环境条件下,通常称交流 50V 电压为可允许持续接触的安全特低电压。这一电压是从人身安全的角度来考虑的。由于人体的平均电阻为 $1000\sim2000\Omega$,若取 1700Ω,而安全电流为 30mA,则人体允许持续接触的安全电压为

$$U_{\mathrm{saf}} = 30\mathrm{mA} \times 1700\Omega \approx 50000\mathrm{mV} \approx 50\mathrm{V}$$

9.1.2 触电的急救处理

触电者的现场急救,是抢救过程中关键的一步。如处理及时和正确,因触电呈假死的人有可能获救;反之,会带来不可弥补的后果。因此《电业安全工作规程》(DL408-91)将"特别要学会触电急救"规定为电气工作人员必须具备的条件之一。

1. 脱离电源

触电急救,首先要使触电者迅速脱离电源,越快越好。因为触电时间越长,伤害越重。

(1)脱离电源就是将触电者接触的那一部分带电设备的开关断开,或设法将触电者

与带电设备脱离。在脱离电源时，救护人员既要救，也要注意保护自己。触电者未脱离电源前，救护人员不得直接用手触及伤员。

（2）如触电者触及低压带电设备，救护人员应设法迅速切断电源，如拉开电源开关或拔除电源插头；或使用绝缘工具、干燥的木棒等不导电物体解脱触电者；也可抓住触电者干燥而不贴身的衣服将其拖开；还可戴绝缘手套或将手用干燥衣服等包起绝缘后解脱触电者。救护人员也可站在绝缘垫上或干木板上进行救护。为使触电者与导电体解脱，最好用一只手实施救护。

（3）如触电者触及高压带电设备，救护人员应迅速切断电源，或用适合该电压等级的绝缘工具（戴绝缘手套、穿绝缘靴并用绝缘棒）解脱触电者。救护人员在抢救过程中，应注意保持自身与周围带电部分必要的安全距离。

（4）如触电者处于高处，解脱电源后可能从高处坠落，因此要采取相应的安全措施，以防触电者摔伤或致死。

（5）在切断电源救护触电者时，应考虑到事故照明、应急灯等临时照明，以便继续实施急救。

2. 急救处理

当触电者脱离电源后，应立即根据具体情况，迅速对症救治，同时赶快通知医生前来抢救。

（1）如果触电者神志尚清醒，应使之就地躺平，严密观察，暂时不要站立或走动。

（2）如果触电者已神志不清，应使之就地躺平，且确保气道通畅，并用 5s 时间呼叫伤员或轻拍其肩部，以判定伤员是否意识丧失。禁止摇动伤员头部呼叫伤员。

（3）如果触电者失去知觉，停止呼吸，但心脏微有跳动，应在通畅气道后，立即施行口对口（或鼻）的人工呼吸。

（4）如果触电者伤害相当严重，心跳和呼吸都停止，完全失去知觉，则在通畅气道后，立即同时进行口对口（鼻）的人工呼吸和胸外按压心脏的人工循环。如果现场仅有一人抢救，可交替进行人工呼吸和人工循环，先胸外按压心脏 4～8 次，然后口对口（鼻）吹气 2～3 次，再按压心脏 4～8 次，又口对口（鼻）吹气 2～3 次，如此循环反复。

由于人的生命的维持，主要是靠心脏跳动引起的血液循环和呼吸，形成氧气和废气的交换，因此采用胸外按压心脏的人工循环和口对口（鼻）吹气的人工呼吸的方法，能对处于因触电而停止心跳和中断呼吸的"假死"状态的人起暂时弥补的作用，促使其血液循环和正常呼吸，达到"起死回生"。在急救过程中，人工呼吸和人工循环的措施必须坚持进行。在医务人员未来接替救治前，不应放弃现场抢救，更不能只根据没有呼吸或脉搏而擅自判定伤员死亡，放弃抢救。只有医生有权做出伤员死亡的诊断。

9.1.3 安全用电的一般措施

电气安全工作是一项综合性工作，有工程技术的一面，也有组织管理的一面。工程技术与组织管理相辅相成，有着十分密切的联系。因此，要想做好电气安全工作，必须重视电气安全综合措施。保证安全用电的一般措施有以下几项。

（1）建立电气安全管理机构，确定管理人员和管理方式。专职管理人员应具备一定的电气知识和电气安全知识,安全管理部门、动力部门必须互相配合,共同做好电气安全管理工作。

(2) 严格执行各项安全规章制度。合理的规章制度是保证安全、促进生产的有效手段。安全操作规程、运行管理规程、电气安装规程等规章制度都与整个企业的安全运转有直接联系。

(3) 对电气设备定期进行电气安全检查,以便及时排除设备的事故隐患。

(4) 加强电气安全教育,提高工作人员的安全意识,充分认识安全用电的重要性。

(5) 妥善收集和保存安全资料。安全资料是做好电气安全工作的重要依据,应当注意收集各种安全标准、规范、法规以及国内外电气安全信息并分类,作为资料保存。

(6) 按规定使用电工安全用具。电工安全用具是防止触电、坠落、灼伤等危险,保障工作人员安全的电工专用工具和用具,包括绝缘杆、绝缘夹钳、绝缘手套、绝缘靴、安全腰带、低压试电笔、高压验电器、临时接地线、标示牌等。

(7) 加强检修安全制度。为了保证检修工作的安全,应当建立和执行各项检修制度。常见的检修安全制度有工作票制度,操作票制度,工作许可制度,工作监督制度,工作间断、转移与终结制度等。

(8) 普及安全用电知识,使用户和广大群众都能了解安全用电的基本常识。

9.2 过电压与防雷

9.2.1 过电压的形式

电力系统在运行中,由于雷击、误操作、故障、谐振等原因引起的电气设备电压高于其额定工作电压的现象称为过电压。过电压按其产生的原因不同,分为内部过电压和外部过电压两大类。

1. 内部过电压

内部过电压又分操作过电压和谐振过电压等形式。对于因开关操作、负荷剧变、系统故障等原因引起的过电压,称为操作过电压;对于系统中因电感、电容等参数在特殊情况下发生谐振而引起的过电压,称为谐振过电压。由运行经验和理论分析表明,内部过电压的数值一般不超过电气设备额定电压的 3.5 倍,对电力系统的危害不大,可以从提高电气设备本身的绝缘强度方面来防护。

2. 外部过电压

外部过电压又称雷电过电压或大气过电压,它是由于电力系统的导线或电气设备受到直接雷击或雷电感应而引起的过电压。雷电过电压形成的雷电流及其冲击电压可高达几十万安和 1 亿伏,因此,对电力系统的破坏性极大,必须加以防护。

9.2.2 雷电的基本知识

1. 雷电现象

雷云(即带电的云块)放电的过程称为雷电现象。当雷云中的电荷聚集到一定程度时,周围空气的绝缘性能被破坏,正、负雷云之间或雷云对地之间发生强烈的放电现象。

其中,雷云的对地放电(直接雷击)对地面的电力线路和建筑物破坏性较大,必须掌握其活动规律,采取严密的防护措施。

雷云的电位比大地高得多,由于静电感应使大地感应出大量异性电荷,两者组成一个巨大的电容器。雷云中的电荷分布是不均匀的,常常形成多个电荷聚集中心。当雷云中电荷密集处的电场强度超过空气的绝缘强度($30kV/cm^2$)时,该处的空气被击穿,形成一个导电通道,称为雷电先导或雷电先驱。当雷电先导离地面 $100\sim300m$ 时,地面上感应的异性电荷相对集中,特别是易于聚集在地面上较高的突出物上,形成迎雷先导。迎雷先导和雷电先导在空中靠近,当二者接触时,正、负电荷强烈中和,产生强大的雷电流并伴有雷鸣和闪光,这就是雷电的主放电阶段,时间很短,一般为 $50\sim100\mu s$。主放电阶段过后,雷云中的剩余电荷沿主放电通道继续流向大地,称为放电的余晖阶段,时间为 $0.03\sim0.15s$,但电流较小,约几百安。

2. 雷电流的特性

雷电流是一个幅值很大、陡度很高的冲击波电流。用快速电子示波器测得的雷电流波形示意图如图 9-2 所示。雷电流从零上升到最大幅值这一部分叫作波头,一般只有 $1\sim4\mu s$;雷电流从最大幅值开始,下降到二分之一幅值所经历的时间叫作波尾,约数十微秒。图中,I_m 为雷电流的幅值,其大小与雷云中的电荷量及雷云放电通道的阻抗(波阻抗)有关。

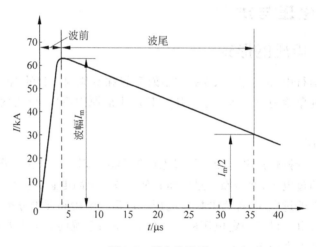

图 9-2　雷电流波形

雷电流的陡度 α 用雷电流在波头部分上升的速度来表示,即 $\alpha=di/dt$。雷电流的陡度可能达到 $50kA/\mu s$ 以上。一般来说,雷电流幅值越大,雷电流陡度越大,产生的过电压($u=Ldi/dt$)越高,对电气设备绝缘的破坏性越严重。因此,降低雷电流陡度是防雷设计中的核心问题。

3. 雷电过电压的基本形式

1) 直击雷过电压(直击雷)

雷电直接击中电气设备、线路、建筑物等物体时,其过电压引起的强大雷电流通过这些物体放电入地,产生破坏性很大的热效应和机械效应。这种雷电过电压称为直击雷过电压。

2）感应过电压（感应雷）

雷电未直接击中电气设备或其他物体，而是由雷电对线路、设备或其他物体的静电感应或电磁感应而引起的过电压，称为感应过电压。

感应过电压的形成如图9-3所示。当雷云出现在架空线路（或其他物体）上方时，由于静电感应，线路上积聚了大量异性的束缚电荷，如图9-3（a）所示。当雷云对地或对其他雷云放电后，线路上的束缚电荷被释放，形成自由电荷流向线路两端，产生很高的过电压，如图9-3（b）所示。高压线路的感应过电压可高达几十万伏，低压线路可达几万伏，对电力系统的危害都很大。

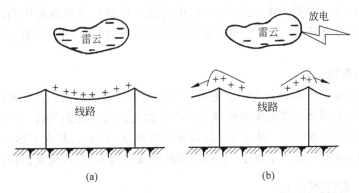

图 9-3　架空线路上的感应过电压

3）雷电波侵入

架空线路遭到直接雷击或感应过电压而产生的高电位雷电波，可能沿架空线侵入变电所或其他建筑物而造成危害。这种雷过电压形式称为雷电波侵入。据统计，这种雷电波侵入占电力系统雷电事故50%～70%。因此，对其防护问题应足够重视。

4．雷电活动强度及直击雷的规律

雷电活动的频繁程度通常用年平均雷暴日数来表示。只要一天中出现过雷电活动（包括看到雷闪和听到雷声），就算一个雷暴日。我国规定，年平均雷暴日不足15日的地区为少雷区；年平均雷暴日超过40日的地区为多雷区；年平均雷暴日超过90日的地区以及雷害特别严重的地区为雷电活动特别强烈地区。年平均雷暴日数越多，说明该地区的雷电活动越频繁，因此防雷要求越高，防雷措施更需加强。我国各地区的雷暴日数如表9-2所示。

表 9-2　我国各地区的年平均雷暴日

地　　区	年平均雷暴日	地　　区	年平均雷暴日
西北地区	20 日以下	长江以南北纬 23°线以北	40～80 日
东北地区	30 日	长江以南北纬 23°线以南	80 日以上
华北和中部地区	40～45 日	海南岛、雷州半岛	120～130 日

表 9-2 说明，雷电活动的强度因地区而异。雷电活动的规律大致为：热而潮湿的地区比冷而干燥的地区雷暴多，且山区大于平原，平原大于沙漠，陆地大于海洋。此外，在同一地区内，雷电活动有一定的选择性，雷击区的形成与地质结构（即土壤电阻率）、地面上的设施情况及地理条件等因素有关。一般而言，土壤电阻率小的地方易遭受雷击；不同电阻率的土壤交界处易遭受雷击；山的东坡、南坡较山的北坡、西坡易遭受雷击；山丘地区易遭受雷击等。

建筑物的雷击部位与建筑物的高度、长度及屋顶坡度等因素有关，大致规律为：建筑物的屋角和檐角雷击率最高；屋顶的坡度越大，屋脊的雷击率越大，当坡度大于 40°时，屋檐一般不会再受雷击；当屋顶坡度小于 27°、长度小于 30m 时，雷击点多发生在山墙，而屋脊和屋檐一般不会再受雷击。此外，旷野中的孤立建筑物和建筑群中的高耸建筑物易遭受雷击；屋顶为金属结构、地下埋有金属矿物的地带，以及变电所、架空线路等易遭受雷击。

5. 雷电的危害

雷电的破坏作用主要是雷电流引起的。它的危害主要表现在：雷电流的热效应可烧断导线和烧毁电力设备；雷电流的机械效应产生的电动力可摧毁设备、杆塔和建筑，伤害人畜；雷电流的电磁效应可产生过电压，击穿电气绝缘，甚至引起火灾爆炸，造成人身伤亡；雷电的闪络放电可烧坏绝缘子，使断路器跳闸或引起火灾，造成大面积停电。

9.2.3 防雷设备

1. 避雷针和避雷线

1）避雷针与避雷线的结构

避雷针和避雷线是防直击雷的有效措施。它能将雷电吸引到自己身上并安全地导入大地，从而保护附近的电气设备免受雷击。

一个完整的避雷针由接闪器、引下线及接地体三部分组成。接闪器是专门用来接收雷云放电的金属物体。接闪器不同，可组成不同的防雷设备：接闪器是金属杆的，称为避雷针；接闪器是金属线的，称为避雷线或架空地线；接闪器是金属带的、金属网的，称为避雷带、避雷网。

接闪器是避雷针的最重要部分，一般采用直径为 10～20mm，长为 1～2m 的圆钢，或采用直径不小于 25mm 的镀锌金属管。避雷线采用截面不小于 35mm² 的镀锌钢绞线。引下线是接闪器与接地体之间的连接线，将由接闪器引来的雷电流安全地通过其自身并由接地体导入大地，所以应保证雷电流通过时不致熔化。引下线一般采用直径为 8mm 的圆钢或截面不小于 25mm² 的镀锌钢绞线。如果避雷针的本体采用钢管或铁塔形式，可以利用其本体做引下线，还可以利用非预应力钢筋混凝土杆的钢筋做引下线。接地体是避雷针的地下部分，其作用是将雷电流顺利地泄入大地。接地体常用长 2.5m，50mm×50mm×5mm 的角钢多根或直径为 50mm 的镀锌钢管多根打入地下，并用镀锌扁钢连接起来。接地体的效果和作用可用冲击接地电阻的大小表达，其值越小越好。冲击接地电阻 R_{sh} 与工频接地电阻 R_E 的关系为 $R_{sh}=\alpha_{sh}R_E$，其中 α_{sh} 为冲击系数。冲击系数 α_{sh} 的值一般小于 1，只有水平敷设的接地体且较长时才大于 1。各种防雷设备的冲击接地电阻值均有规定,如独立避雷针或避雷线的冲击接地电阻应不大于 10Ω。

2) 避雷针与避雷线的保护范围

保护范围是指被保护物在此空间内不致遭受雷击的立体区域。保护范围的大小与避雷针(线)的高度有关。

(1) 单支避雷针的保护范围。

我国过去的防雷设计规范或过电压保护设计规范中,对避雷针和避雷线的保护范围都是按折线法确定的,现行国家标准 GB 50057—1994《建筑物防雷设计规范》规定采用 IEC 推荐的滚球法来确定。

所谓滚球法,就是选择一个半径为 h_r(滚球半径)的球体,沿需要防护直击雷的部位滚动,如果球体只接触到避雷针(线)或避雷针(线)与地面,不触及需要保护的部位,则该部位就在避雷针(线)的保护范围之内。

按 GB 50057—1994 规定,单支避雷针的保护范围应按下列方法确定(见图 9-4)。

① 当避雷针高度 $h \leqslant h_r$ 时。

- 在距地面 h_r 处作一条平行于地面的平行线。
- 以避雷针的针尖为圆心,h_r 为半径,作弧线交于平行线的 A、B 两点。
- 以 A、B 为圆心,h_r 为半径作弧线。该弧线与针尖相交,并与地面相切。从此弧线起到地面上的整个锥形空间,就是避雷针的保护范围。
- 避雷针在被保护高度 h_x 的 xx' 平面上的保护半径,按下式计算:

$$r_x = \sqrt{h(2h_r - h)} - \sqrt{h_x(2h_x - h_x)}$$

式中:h_r 为滚球半径。

- 避雷针在地面上的保护半径,按下式计算:

$$r_0 = \sqrt{h(2h_r - h)}$$

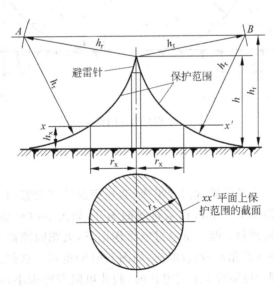

图 9-4 单支避雷针的保护范围

② 当避雷针高度 $h > h_r$ 时。

在避雷针上取高度 h_r 的一点代替单支避雷针的针尖作为圆心,其余的做法与 $h \leqslant h_r$ 时相同。

(2) 避雷线的保护范围。

避雷线的功能和原理与避雷针基本相同。

对于单根避雷线的保护范围,按 GB 50057—1994 规定:当避雷线高度 $h \geqslant 2h_r$ 时,无保护范围;当避雷线的高度 $h < 2h_r$ 时,按下列方法确定(见图 9-5)。

① 距地面 h_r 处作一条平行于地面的平行线。

② 以避雷线位圆心,h_r 为半径,作弧线交于平行线的 A、B 两点。

③ 以 A、B 为圆心,h_r 为半径作弧线。该两弧线相交或相切,并与地面相切。从此弧线起到地面止,就是避雷针的保护范围。

④ 当 $h_r < h < 2h_r$ 时,保护范围最高点的高度为 h_0。按下式计算:

$$h_0 = 2h_r - h$$

⑤ 避雷针在 h_0 高度的 xx' 平面上的保护宽度 b_x,按下式计算:

$$b_x = \sqrt{h(2h_r - h)} - \sqrt{h_x(2h_r - h_x)}$$

式中:h_x 为被保护物的高度;h 为避雷线的高度。

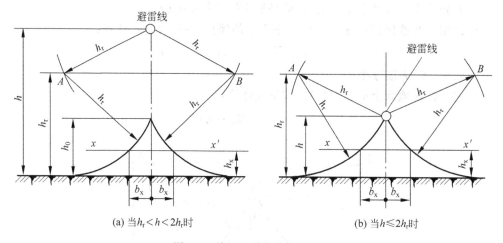

(a) 当 $h_r < h < 2h_r$ 时   (b) 当 $h \leqslant 2h_r$ 时

图 9-5 单根避雷线的保护范围

2. 避雷器

1) 阀型避雷器

阀型避雷器主要由火花间隙和阀片组成,装在密封的瓷套管内。火花间隙用铜片冲制而成。每对间隙用厚 $0.5 \sim 1\text{mm}$ 的云母垫圈隔开,如图 9-6(a)所示。正常情况下,火花间隙能阻断工频电流通过;但在雷电过电压作用下,火花间隙被击穿放电。阀片由陶料粘固的电工用金刚砂(碳化硅)颗粒制成,如图 9-6(b)所示。这种阀片具有非线性电阻特性。正常电压时,阀片电阻很大;过电压时,阀片电阻变得很小,如图 9-6(c)特性曲线所示。因此,阀型避雷器在线路上出现雷电过电压时,其火花间隙被击穿,阀片电阻变得很小,能使雷电流顺畅地向大地泄放。当雷电过电压消失,线路上恢复工频电压时,阀片电阻又变得很大,使火花间隙的电弧熄灭,绝缘恢复,切断工频续流,从而恢复线路的正常运行。

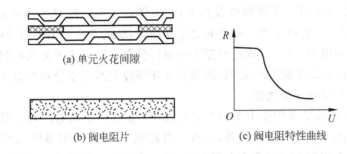

(a) 单元火花间隙

(b) 阀电阻片

(c) 阀电阻特性曲线

图 9-6 阀型避雷器的组成部件及其特性曲线

阀型避雷器中,火花间隙和阀片的多少,与其工作电压高低成比例。高压阀型避雷器串联很多单元火花间隙,目的是将长弧分割成多段短弧,以加速电弧熄灭。但阀电阻的限流作用是加速电弧熄灭的主要因素。

图 9-7(a)和(b)所示分别是 FS4-10 型高压阀型避雷器和 FS-0.38 型低压阀型避雷器的结构图。

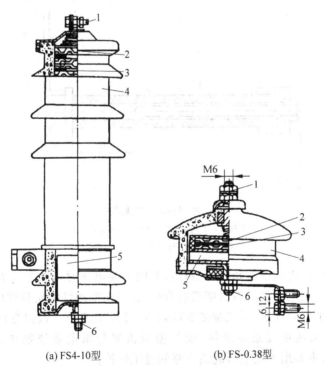

(a) FS4-10型

(b) FS-0.38型

图 9-7 高低压普通阀型避雷器

1—上接线端子;2—火花间隙;3—云母垫圈;4—瓷套管;5—阀电阻片;6—下接线端子

普通阀型避雷器除上述 FS 型外,还有一种 FZ 型。FZ 型避雷器内的火花间隙旁边并联一串分流电阻。这些并联电阻主要起均压作用,使与之并联的火花间隙上的电压分布比较均匀。火花间隙未并联电阻时,由于各火花间隙对地和对高压端都存在不同的杂散电容,造成各火花间隙的电压分布也不均匀,使得某些电压较高的火花间隙容易击穿重燃,导致其他火花间隙相继重燃而难以熄灭,使工频放电电压降低。火花间隙并联电阻后,相当于增加了一条分流支路。在工频电压作用下,通过并联电阻的电导电流远大于通过火花间隙的电容电流。这时,火花间隙上的电压分布主要取决于并联电阻的电压分布。由于各火花间隙的并联电阻是相等的,因此各火花间隙上的电压分布相应地比较均匀,大大改善了阀型避雷器的保护特性。

FS 型阀型避雷器主要用于中小型变配电所,FZ 型则用于发电厂和大型变配电站。

阀型避雷器除上述两种普通型外,还有一种磁吹型,即 FC 型磁吹阀型避雷器,其内部附有磁吹装置来加速火花间隙中电弧熄灭,进一步改善其保护性能,降低残压。它专用来保护重要的,而绝缘比较薄弱的旋转电动机等。

2) 管型避雷器

管型避雷器由产气管、内部间隙和外部间隙三部分组成。产气管由纤维、有机玻璃或塑料组成,它是一种灭弧能力很强的保护间隙,如图 9-8 所示。

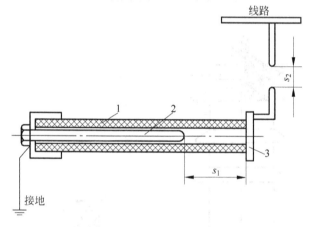

图 9-8　管型避雷器结构

1—产气管；2—内部棒形电极；3—环形电极；

s_1—内部间隙；s_2—外部间隙

当沿线侵入的雷电波幅值超过管型避雷器的击穿电压时,内、外火花间隙同时放电,内部火花间隙的放电电弧使管内温度迅速升高,管子内壁的纤维质分解出大量高压气体,由环形电极端面的管口喷出,形成强烈纵吹,使电弧在电流第一次过零时就熄灭。这时,外部间隙的空气迅速恢复正常绝缘,使管型避雷器与供电系统隔离。熄弧过程仅为0.01s。管型避雷主要用于变电所进线线路的过压保护。

3) 保护间隙

保护间隙是最简单、经济的防雷设备,结构十分简单。常见的三种角形保护间隙结构如图 9-9 所示。

这种角形保护间隙又称羊角避雷器。其中,一个电极接于线路,另一个电极接地。当线路侵入雷电波引起过电压时,间隙击穿放电,将雷电流泄入大地。

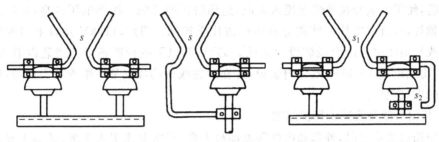

(a) 双支持绝缘子单间隙　　(b) 单支持绝缘子单间隙　　(c) 双支持绝缘子双间隙

图 9-9　角形保护间隙（羊角避雷器）结构

s—保护间隙；s_1—主间隙；s_2—辅助间隙

为了防止间隙被外物（如鸟、兽、树枝等）短接而造成短路故障，通常在其接地引下线中串接一个辅助间隙 s_2，如图 9-9（c）所示。这样，即使主间隙被短接，也不致造成接地短路。

由于保护间隙的保护性能差，灭弧能力小，所以保护间隙只用于室外且负荷不重要的线路上。

4）金属氧化物避雷器

金属氧化物避雷器又称压敏避雷器，是一种新型避雷器，这种避雷器的阀片以氧化锌 ZnO 为主要原料，敷以少量能产生非线性特性的金属氧化物，经高温焙烧而成。氧化锌阀片具有较理想的伏安特性，其非线性系数很小，为 0.01～0.04。当作用在氧化锌阀片上的电压超过某一值（此值称为动作电压）时，阀片将发生"导通"，阀片的残压与流过其本身的电流基本无关。在工频电压下，阀片呈现极大电阻，能迅速抑制工频续流，因此不需串联火花间隙来熄灭工频续流引起的电弧。阀片通流能力强，故面积可减少。这种避雷器具有无间隙、无续流、体积小和重量轻等优点，是一种很有发展前途的避雷器。

9.2.4　防雷措施

雷电能产生很高的电压，这种高电压加在电气设备上，如果不预先采取防护措施，会击穿电气设备的绝缘，造成严重停电和设备损坏事故。因而，采取完善的防雷措施，减少雷害事故是很重要的。防雷的基本方法有以下两个：一个是使用避雷针、避雷线和避雷器等防雷设备，把雷电通过自身引向大地，削弱其破坏力；另一个是要求各种电气设备具有一定的绝缘水平，提高其抵抗雷电破坏的能力。两者如能恰当地结合起来，并根据被保护设备的具体情况，采取适当的保护措施，就可以防止或减少雷电造成的损害，达到安全、可靠供电的目的。

1. 架空线路的防雷保护

由于架空线路直接暴露于旷野，距离地面较高，而且分布很广，最容易遭受雷击，因此，对架空线路必须采取保护，具体的保护措施如下所述。

1）装设避雷线

最有效的保护是在电杆（或铁塔）的顶部装设避雷线，用接地线将避雷线与接地装置连在一起,使雷电流经接地装置流入大地,达到防雷的目的。线路电压越高,采用避雷线的效果越好,而且避雷线在线路造价中所占比重越低。因此,110kV及以上的钢筋混凝土电杆或铁塔线路应沿全线装设避雷线。35kV及以下的线路不沿全线装设避雷线,而是在进、出变电所1~2km范围内装设,并在避雷线两端各安装一组管型避雷器,以保护变电所的电气设备。

2)装设管型避雷器或保护间隙

当线路遭受雷击时,外部和内部间隙都被击穿,把雷电流引入大地,就等于导线对地短路。选用管型避雷时,应注意除了其额定电压要与线路的电压相符外,还要核算安装处的短路电流是否在额定断流范围之内。如果短路电流比额定断流能力的上限值大,避雷器可能引起爆炸;若比下限值小,避雷器不能正常灭弧。

在3~60kV线路上,有个别绝缘较弱的地方,如大跨越档的高电杆,木杆、木横担线路中夹杂的个别铁塔及铁横担混凝土杆,耐雷击较差的换位杆和线路交叉部分,以及线路上的电缆头、开关等处。对全线来说,它们的绝缘水平较低,一旦遭受雷击,容易造成短路。因此,这些地方需用管型避雷器或保护间隙来保护。

3)加强线路绝缘

在3~10kV线路中采用瓷横担绝缘子,比铁横担线路的绝缘耐雷水平高得多。当线路受雷击时,可以减少发展成相间闪络的可能性。由于加强了线路绝缘,使得雷击闪络后建立稳定工频电弧的可能性大为降低。

木质的电杆和横担,使线路的相间绝缘和对地的绝缘提高,因此不易发生闪络。运行经验证明,对于电压较低的线路,木质电杆对减少雷害事故有显著的作用。

近几年来,3~10kV线路多用钢筋混凝土电杆,且采用铁横担。这种线路如采用木横担,可以减少雷害事故,但木横担由于防腐性能差,使用寿命不长,因此仅在重雷区使用。

4)保护线路交叉部分

两条线路交叉时,如其中一条线路受到雷击,可能将交叉处的空气间隙击穿,使另一条线路同时遭到雷击。因此,在保证线路绝缘的情况下,还要采取如下措施。

线路交叉处上、下线路的导线之间的垂直距离应不小于表9-3所示的规定。

表9-3　各级电压线路相互交叉时的最小交叉距离

电压/kV	0.5及以下	3~10	20~35
交叉距离/m	1	2	3

除满足最小距离外,交叉档的两端电杆还应采取下列保护措施。

(1)交叉档两端的铁塔及电杆,不论有无避雷线,都必须接地。对于木杆线路,必要时应装设管型避雷器或保护间隙。

(2)高压线路和木杆的低压线路或通信线路交叉时,应在低压线路或通信线路交叉档的木杆上装设保护间隙。

2. 变配电所的防雷保护

变配电所内有很多电气设备(如变压器等)的绝缘水平远比电力线路的绝缘水平低,而且变配电所是电网的枢纽,如果发生雷害事故,将造成很大损失,因此必须采用防雷措施。

1)装设避雷针防止直击雷

避雷针分为独立避雷针和构架避雷针两种。独立避雷针和接地装置一般是独立的。构架避雷针装设在构架上或厂房上,其接地装置与构架或厂房的地相连,与电气设备的外壳也连在一起。

变电所对直击雷的防护,一般装设独立避雷针,使电气设备全部处于避雷针的保护范围之内。

装设避雷针有以下几点注意事项。

(1)从避雷针引下线的入地点到主变压器接地线的入地点,沿接地网的接地体的距离不应小于15m,以防避雷针放电时,反击击穿变压器的低压绕组。

(2)为防止雷击避雷针时,雷电波沿电线传入室内,危及人身安全,照明线或电话线不要架设在独立避雷针上。

(3)独立避雷针及其接地装置不应装设在工作人员经常通行的地方,并应距离人行道路不小于3m,否则采取均压措施,或铺设厚度为50~80mm的沥青加碎石层。

2)对沿线侵入雷电波的防护

为了防止变配电所电气设备不受由沿线路侵入雷电波的损害,主要依靠阀型避雷器来保护。但阀型避雷器有局限性:一是侵入雷电流的幅值不能太高;二是侵入雷电流的陡度不能太大。

3. 配电设备的保护

1)配电变压器及柱上油开关的保护

3~35kV配电变压器一般采用阀型避雷器保护。避雷器应装在高压熔断器的后面。在缺少阀型避雷器时,可用保护间隙进行保护,这时应尽可能采用自动重合熔断器。

为了提高保护的效果,防雷保护设备应尽可能地靠近变压器安装。避雷器或保护间隙的接地线应与变压器的外壳及变压器低压侧中性点连在一起共同接地。其接地电阻值为:对于100kV·A及以上的变压器,应不大于4Ω;对于小于100kV·A的变压器,应不大于10Ω。

为了防止避雷器流过冲击电流时,在接地电阻上产生的电压降沿低压零线侵入用户,应在变压器两侧相邻电杆上将低压零线重复接地。

柱上油开关可用阀型避雷器或管型避雷器来保护。对经常闭路运行的柱上油开关,只在电源侧安装避雷器。对经常开路运行的柱上油开关,应在其两侧都安装避雷器,其接地线应和开关的外壳连在一起共同接地,接地电阻一般不应大于10Ω。

2)低压线路的保护

低压线路的保护,是将靠近建筑物的一根电杆上的绝缘子铁脚接地。这样,当雷击低压线路时,可向绝缘子铁脚放电,把雷电流泄入大地,起到保护作用。接地电阻一般不应大于30Ω。

9.3　电气装置的接地

9.3.1　接地的有关概念

在工厂供电系统中,为了保证电气设备正常工作,或防止人身触电,将电气设备的某部分与大地做良好的电气连接,这就是接地。

1. 接地装置

接地装置由接地体和接地线两部分构成。其中,与土壤直接接触的金属物体,称为接地体或接地极。由若干接地体在大地中相互连接构成的总体,称为接地网。连接于接地体和设备接地部分之间的金属导线,称为接地线,如图 9-10 所示。

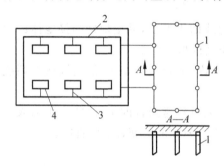

图 9-10　接地装置
1—接地体；2—接地干线；
3—接地支线；4—电气设备

2. 接地电流与对地电压

当电气设备发生接地时,电流通过接地体向大地作半球形散开,这一电流称为接地电流,用 I_E 表示。半球形的散流面在距接地体越远处,其表面积越大,散流的电流密度越小,地表电位越低,电位和距离成双曲线函数关系。这一曲线称为对地电位分布曲线,如图 9-11 所示。试验表明,在距接地点 20m 左右的地方,地表电位趋近于零。把这个电位为零的地方称为电气的"地"。由图 9-11 可见,接地体的电位最高,它与零电位的"地"之间的电位差称为对地电压,用 U_E 表示。

3. 接触电压和跨步电压

电气设备的外壳一般与接地体相连,在正常情况下和大地同为零电位。但当设备发生接地故障时,有接地电流入地,并在接地体周围地表形成对地电位分布,此时如果有人触及设备外壳,则人所接触的两点(如手和脚)之间的电位差称为接触电压,用 U_{tou} 表示；如果人在接地体 20m 范围内走动,由于两脚之间有 0.8m 左右的距离,承受了电位差,称为跨步电压,用 U_{step} 表示,如图 9-12 所示。

由图 9-12 可知,对地电位分布越陡,接触电压和跨步电压越大。为了将接触电压和跨步电压限制在安全电压范围之内,通常采取降低接地电阻,打入接地均压网和埋设均压带等措施,以降低电位分布陡度。

9.3.2　电气设备的接地

工厂供电系统和电气设备的接地按其作用不同,分为工作接地和保护接地两大类。此外,还有为进一步保证保护接地的重复接地。

1. 工作接地

为了保证电气设备可靠运行,在电气回路中某一点必须接地,称为工作接地。如防雷设备的接地及变压器和发电机中性点接地都属于工作接地。

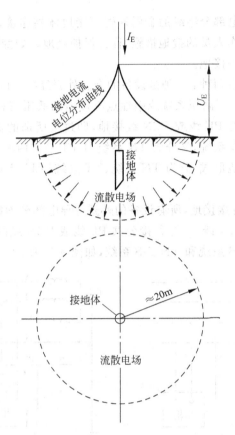

图 9-11 接地电流、对地电压及接地电流电位分布曲线

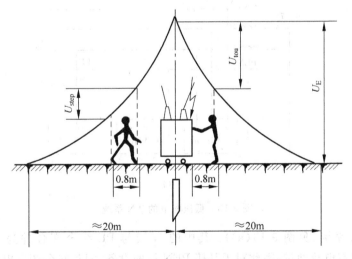

图 9-12 接触电压和跨步电压

2. 保护接地

将电气设备上与带电部分绝缘的金属外壳与接地体相连接,防止因绝缘损坏而有触电的危险。这种保护工作人员的接地措施,称为保护接地。如变压器、电动机和家用电器的外壳接地等都属于保护接地。

保护接地总的类型有两种:一种是设备的金属外壳经各自的 PE 线分别直接接地,即 IT 系统接地,多适用于工厂高压系统或中性点不接地的低压三相三线制系统;另一种是设备的金属外壳经公共的 PE 线或 PEN 线接地,即过去所谓的保护接零,它多用于中性点接地的低压三相四线制系统,又分为 TN 系统和 TT 系统两种。

低压配电系统按接地形式,分为 TN 系统、TT 系统和 IT 系统。

1) TN 系统

TN 系统的中性点直接接地,所有设备的外露可导电部分均接公共的保护线(PE 线)或公共的保护中性线(PEN 线)。这种接公共 PE 线或 PEN 线的方式通称接零。TN 系统又分 TN-C 系统、TN-S 系统和 TN-C-S 系统,如图 9-13 所示。

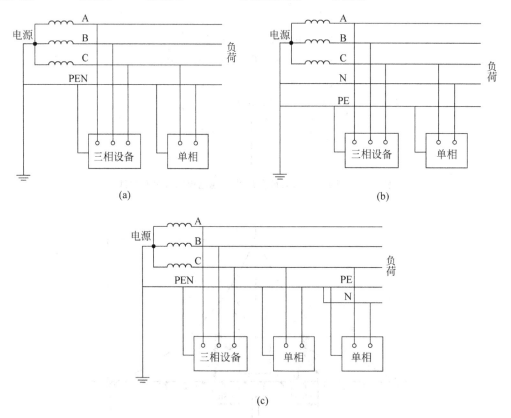

图 9-13　低压配电的 TN 系统

(1) TN-C 系统(见图 9-13(a)):其中的 N 线与 PE 线全部合并为一根 PEN 线。PEN 线中可以有电流通过,因此对于其接 PEN 线的设备,相互间会产生电磁干扰。如果 PEN 线断线,还可使断线后边接 PEN 线的设备外露的可导电部分带电,造成人身触电危险。该系统由于 PE 线与 N 线合为一根 PEN 线,节约了有色金属和投资,较为经济。该系统在发生单相接地故障时,线路的保护装置应该动作,切除故障线路。TN-C 系统在我国低压配电系统中应用最为普遍,但不适用于对人身安全和抗电磁干扰要求高的场所。

(2) TN-S 系统(见图 9-13(b)):其中的 N 线与 PE 线全部分开,设备的外露可导电部分均接 PE 线。由于 PE 线中没有电流通过,因此设备之间不会产生电磁干扰。PE 线断线时,正常情况下,不会使断线后边接 PE 线的设备外露的可导电部分带电;但在断线后边有设备发生一相接壳故障时,将使断线后边其他所有接 PE 线的设备外露的可导电部分带电,造成人身触电危险。该系统在发生单相接地故障时,线路的保护装置应该动作,切除故障线路。该系统在有色金属消耗量和投资方面较 TN-C 系统有所增加。TN-S 系统现在广泛用于对安全要求较高的场所,如浴室和居民住宅等处,以及对抗电磁干扰要求高的数据处理和精密检测等实验场所。

(3) TN-C-S 系统(见图 9-13(c)):该系统的前一部分全部为 TN-C 系统,后边有一部分为 TN-C 系统,有一部分为 TN-S 系统,其中设备的外露可导电部分接 PEN 线或 PE 线。该系统综合了 TN-C 系统和 TN-S 系统的特点,因此比较灵活,对安全和抗电磁干扰要求高的场所采用 TN-S 系统,其他一般场所采用 TN-C 系统。

2) TT 系统

TT 系统的中性点直接接地,其中设备的外露可导电部分均各自经 PE 线单独接地,如图 9-14 所示。

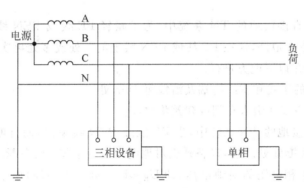

图 9-14　低压配电的 TT 系统

由于 TT 系统中各设备的外露可导电部分的接地 PE 线彼此是分开的,互无电气联系,因此相互之间不会发生电磁干扰问题。该系统如发生单相接地故障,则形成单相短路,线路的保护装置应动作于跳闸,切除故障线路。但是该系统如出现绝缘不良而引起漏电时,由于漏电电流较小,可能不足以使线路的过电流保护动作,从而使漏电设备的外露可导电部分长期带电,增加了触电的危险。因此,该系统必须装设灵敏度较高的漏电保护装置,以确保人身安全。该系统适用于安全要求及抗干扰要求较高的场所。

3) IT 系统

IT 系统的中性点不接地,或经高阻抗(约 1000Ω)接地。该系统没有 N 线,因此不适用于接额定电压为系统相电压的单相设备,只能接额定电压为系统线电压的单相设备和三相设备。该系统中所有设备的外露可导电部分均经各自的 PE 线单独接地,如图 9-15 所示。

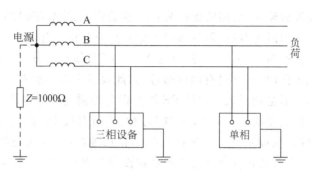

图 9-15　低压配电的 IT 系统

由于 IT 系统中设备外露的可导电部分的接地 PE 线也是彼此分开的,互无电气联系,因此相互之间也不会发生电磁干扰问题。

由于 IT 系统中性点不接地或经高阻抗接地,因此当系统发生单相接地故障时,三相设备及接线电压的单相设备仍能照常运行。但是在发生单相接地故障时,应发出报警信号,供电值班人员及时处理,消除故障。

IT 系统主要用于对连续供电要求较高及有易燃、易爆危险的场所,特别是矿山、井下等场所的供电。

3. 重复接地

在电源中性点直接接地的 TN 系统中,为了减轻 PE 线或 PEN 线断线时的危险程度,除在电源中性点接地外,还在 PE 线或 PEN 线上的一处或多处再次接地,称为重复接地。重复接地一般在以下地方进行。

(1) 架空线路的干线和支线终端及沿线每 1km 处。

(2) 电缆和架空线在引入车间或建筑物之前。

在中性点直接接地的 TN 系统中,当 PE 线或 PEN 线断线,而且断线处之后有设备因碰壳而漏电时,在断线处之前,设备外壳对地电压接近于零;而在断线处之后设备的外壳上,都存在接近于相电压的对地电压,即 $U_E \approx U_\varphi$,如图 9-16(a) 所示。这是相当危险

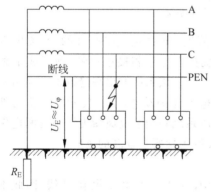

(a) 没有重复接地的系统中,PE线或PEN线断线时

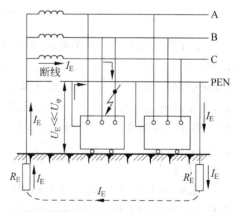

(b) 采用重复接地的系统中,PE线或PEN线断线时

图 9-16　重复接地功能说明示意图

的。重复接地后,在发生同样故障时,断线处的设备外壳对地电压(等于 PE 线或 PEN 线上的对地电压)为 $U'_E = I_E R'_E$。在断线处之前的设备外壳对地电压为 $U = I_E R_E$,如图 9-16(b)所示。当 $R_E = R'_E$ 时,断线前、后设备外壳对地电压均为 $U_\varphi/2$,危险程度大大降低。但是实际上,由于 $R'_E > R_E$,所以断线处后的设备外壳 $U'_E > U_\varphi/2$,对人仍构成危险,因此 PE 线或 PEN 线断线故障应尽量避免。施工时,一定要保证 PE 线和 PEN 线的安装质量。在运行中,也应注意对 PE 线和 PEN 线状况的检查,并且不允许在 PE 线和 PEN 线上装设开关和熔断器。

9.3.3　接地电阻和接地装置的装设

1. 接地电阻

接地体的对地电压与通过接地体流入地中的电流之比,称为流散电阻。电气设备接地部分的对地电压与接地电流之比,称为接地装置的接地电阻。接地电阻等于接地线的电阻与流散电阻之和。因接地线的电阻很小,因此可以认为接地电阻就等于流散电阻。

工频接地电流流经接地装置所呈现的接地电阻,称为工频接地电阻,用 R_E 表示;雷电流流经接地装置所呈现的电阻,称为冲击接地电阻,用 R_{sh} 表示。

2. 接地电阻的最大允许值

根据变配电所和输配电线路的防雷接地、工作接地和保护接地的不同用途,以及电压大小和设备容量等因素,对其接地电阻值都有相应的要求。

1) 架空线路的接地

(1) 对于 35kV 及以上有避雷线的架空线路的接地装置,在雷雨季节,当土壤干燥且不连接避雷器时,其接地电阻值不应超过表 9-4 中所列数值。

表 9-4　35kV 及以上架空线路接地装置的接地电阻值

接地装置在不同土壤电阻率的使用条件/(Ω·m)	工频接地电阻值/Ω	接地装置在不同土壤电阻率的使用条件/(Ω·m)	工频接地电阻值/Ω
100 以下	10	1000~2000	25
100~500	15	2000 以上	30
500~1000	20		

(2) 35kV 及以上小接地电流系统中,对于无避雷线线路的钢筋混凝土杆、金属杆及木杆线路中的铁横担接地的接地电阻值,在年平均雷暴日 40 天以上的地区,一般不应超过 30Ω。

(3) 对于 3kV 及以上无避雷线的小接地电流系统,在居民区的钢筋混凝土杆、金属杆应接地,其接地电阻值一般不超过 30Ω。

(4) 为防止低压架空线路遭受雷击时,由接户线将雷电引入室内,应将接户线的绝缘子铁脚接地,接地电阻值一般不应大于 30Ω。

(5) 低压线路零线的每一重复接地(单位容量或并列运行电气设备容量为 100kV·A 以上)的接地电阻值,一般不应大于 10Ω;当单位容量或并列运行电气设备容量为 100kV·A 及以下,且重复接地不少于 3 处时,接地电阻值应不大于 30Ω。

（6）低压中性点直接接地的架空线路的钢筋混凝土杆的铁横担和金属杆应与零线相连接，最好钢筋混凝土杆的钢筋也与零线相连。在有沥青的路面上的电杆，可不与零线连接。

2）电气设备的接地

（1）电压在 1000V 及以上电气设备的接地装置。

① 对于大接地电流系统的电气设备，当发生接地故障时，因切除故障的时间很短，这种电气设备接地装置所要求的接地电阻值一年四季均应符合下述条件：

$$R_E \leqslant \frac{2000}{I_E}, \quad \text{当} I_E > 4000A \text{ 时，取} R_E \leqslant 0.5\Omega$$

式中：R_E 为考虑到季节变化的最大接地电阻，Ω；I_E 为计算用的接地短路电流，A。

在高土壤电阻率的地区，接地电阻允许提高，但不应超过 5Ω。

② 对于小接地电流的电气设备接地装置要求的接地电阻值，主要是在发生接地故障时，接地电流在接地装置上产生的电位不应超过安全值，即当接地装置与电压为 1kV 以下的电气设备共用时，有

$$R_E \leqslant \frac{120}{I_E}$$

当接地装置仅用于电压为 1kV 以上的电气设备时，有

$$R_E \leqslant \frac{250}{I_E}$$

根据上述公式计算出来的接地电阻值，一般不应大于 10Ω。在高土壤电阻率的地区，对变电所电气设备接地电阻值的要求不应超过 15Ω，其他电气设备不应超过 30Ω。

（2）电压在 1000V 以下的电气设备的接地装置。

这些设备主要是配电设备。对这种设备的接地，主要是为了保护人身安全，即在接地短路时，接地电流引起的电位变化不应发生危险。

当配电变压器低压绕组间的绝缘损伤，或高压导线落在低压导线上时，高压窜入低压绕组而产生危险的高电位。因此，对于配电变压器，应该将低压绕组的中性点或一相直接接地，或者经击穿保险接地。为了防止危险，规定了低压接地装置的接地电阻的要求值，如表 9-5 所示。

表 9-5　电气设备电压在 1000V 以下接地电阻的要求值

电力线路名称	接地装置特点	接地电阻值/Ω
中性点直接接地的电力线路	100kV·A 以上的变压器或发电机	$R_E \leqslant 4$
	100kV·A 及以下的变压器或发电机	$R_E \leqslant 10$
	电流、电压互感器二次绕组	$R_E \leqslant 10$
中性点不接地的电力线路	100kV·A 以上的变压器或发电机	$R_E \leqslant 4$
	100kV·A 及以下的变压器或发电机	$R_E \leqslant 10$

3. 接地装置的装设

1）利用自然接地体

在设计和装设接地装置的接地体时，首先应充分利用自然接地体，以节省投资，节约

钢材。如果实地测量所利用的自然接地体电阻已能满足要求，而且这些自然接地体能满足热稳定条件要求，就不必再装设人工接地体。

可作为自然接地体的有：①敷设在地下的金属管道（通有易燃、易爆物者除外）；②建筑物、构筑物与地连接的金属结构；③有金属外皮的电缆；④钢筋混凝土建筑物、构筑物的基础等。

利用自然接地体时，一定要保证良好的电气连接。在建构筑物结合处，除已焊接者外，凡用螺栓或铆钉连接的，都要采用跨接焊接，而且跨接线不得小于规定值的要求。

如果利用自然接地体不能满足要求，应装设人工接地体。

2）人工接地体的装设

人工接地体有垂直埋设和水平埋设两种，如图9-17所示。

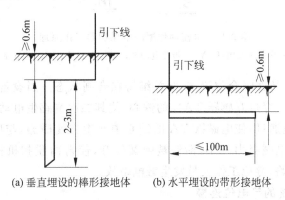

(a) 垂直埋设的棒形接地体　　(b) 水平埋设的带形接地体

图9-17　人工接地体的两种结构

最常用的垂直接地体为直径50mm、管壁厚不小于3.5mm、长2.5m的镀锌钢管，一端打扁或削成尖形。对于较坚实的土壤，还应加装接地体管帽。在将接地体打入土中后，可取下管帽，放在另一接地体端部，再打入土中，重复使用。对于特别坚实的土壤，接地体还要加装管头，管头打入地中不能再取出，因此管头数目应与接地体数目相同。

对于角钢接地体，一般采用40mm×40mm×4mm或50mm×50mm×5mm的角钢，长2.5m，端部削尖，将其打入土中。

对于水平埋设的扁钢或圆钢等，要求扁钢的厚度不应小于4mm，截面不应小于48mm²；圆钢的直径不应小于8mm。

在埋设垂直接地体时，先挖一条地沟，然后将接地体打入土中。接地体上端都应露出沟底200mm左右，以便连接和引出接地线。

9.3.4　低压配电系统的漏电保护和等电位连接

1. 低压配电系统漏电保护原理

漏电断路器又称漏电保护器，按工作原理，分为电压动作型和电流动作型两种。图9-18所示是电流动作型漏电断路器工作原理示意图。

设备正常运行时，穿过零序电流互感器TAN的三相电流相量和为零，零序电流互感器TAN二次侧不产生感应电动势，因此极化电磁铁YA的线圈中没有电流通过，其衔铁

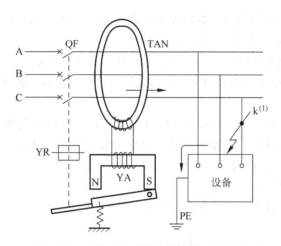

图 9-18　电流动作型漏电保护器工作原理

TAN—零序电流互感器；YA—极化电磁铁；QF—断路器；YR—自由脱扣机构

靠永久磁铁的磁力保持在吸合位置,使开关维持在合闸状态。当设备发生漏电或单相接地故障时,有零序电流穿过互感器 TAN 的铁心,使其二次侧感生电动势,于是电磁铁 YA 的线圈中有交流电流通过,使电磁铁 YA 的铁心中产生交变磁通,与原有永久磁通叠加,产生去磁作用,使其电磁吸力减小,衔铁被弹簧拉开,使自由脱扣机构 YR 动作,开关跳闸,从而切除故障电路,避免工作人员发生触电事故。

2. 工厂供电系统的等电位连接

等电位连接,是使电气设备各外露可导电部分和设备外可导电部分的电位基本相等的一种电气连接。等电位连接的作用在于降低接触电压,保障工作人员安全。按 GB 50054—1995《低压配电设计规范》规定:采用接地故障保护时,在建筑物内应做总等电位连接,简称 MEB。当电气设备或某一部分的接地故障保护不能满足规定要求时,应在局部范围内做局部等电位连接,简称 LEB。

1) 总等电位连接(MEB)

总等电位连接是在建筑物进线处,将 PE 线或 PEN 线与电气设备接地干线、建筑物内的各种金属管道(如水管、煤气管、采暖空调管道等)以及建筑物金属构件等都接向总等电位连接端子,使它们都具有基本相等的电位,如图 9-19 中的 MEB。

2) 局部等电位连接(LEB)

局部等电位连接又称辅助等电位连接,是在远离总等电位连接处,非常潮湿,触电危险性大的局部地域内进行的等电位连接。作为总等电位连接的一种补充,如图 9-19 中的 LEB。通常在容易触电的浴室及安全要求极高的胸腔手术室等地,宜做局部等电位连接。

总等电位连接主母线的截面规定不应小于设备中最大 PE 线截面的一半,但应不小于 6mm²。如果采用铜导线,其截面可不超过 25mm²。如为其他材质导线,其截面应能承受与之相当的载流量。

连接两个外露可导电部分的局部等电位线,其截面应不小于接至该两个外露可导电

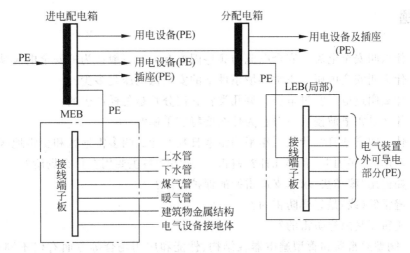

图 9-19 总等电位连接和局部等电位连接

MEB—总等电位连接；LEB—局部等电位连接

部分的较小 PE 线的截面。

连接设备外露可导电部分与设备外可导电部分的局部等电位连接线,其截面应不小于相应 PE 线截面的一半。

PE 线、PEN 线和等电位连接线(WEB)以及引至接地装置的接地干线等,在安装竣工后,均应检测其导电是否良好,绝不允许有不良的或松动的连接。在水表、煤气表处,应做跨接线。管道连接处,一般不需跨接线,但如导电不良,应做跨接线。

本章小结

1. 电气安全

电气安全包括供电系统的安全、用电设备的安全和人身安全等三个方面。要保证安全用电,必须采用相应的安全措施。电气工作人员应掌握必要的触电急救技术,一旦发生人身触电事故,便于现场急救。

2. 过电压与防雷

在供电系统中,会产生危及电气设备绝缘的过电压。过电压分为内部过电压和雷电过电压两类。内部过电压又分操作过电压和谐振过电压两种,其能量均来自电网本身。雷电过电压有直击雷过电压、感应雷过电压和雷电波侵入三种形式。为防止雷电过电压,可装避雷装置(避雷针、避雷线、避雷器)加以防护。

3. 电气设备的接地

电气设备的接地是供电系统的重要组成部分,它对电气设备的正常运行,操作者的人身安全有着重要的作用。电气设备的接地分为工作接地、保护接地、静电接地、防雷接地四种类型。电气设备的接地装置必须符合国家规定。

习题

9-1 什么叫安全电流？安全电流与哪些因素有关？一般认为的安全电流是多少？

9-2 什么叫安全电压？正常环境条件下的安全低电压是多少？

9-3 什么叫过电压？过电压有哪几类？它们分别是怎样产生的？

9-4 什么是雷电波侵入？对它为什么要特别重视？

9-5 什么叫雷暴日？什么叫年平均雷暴日数？什么叫多雷地区和少雷地区？

9-6 常用的"接闪器"有哪几种？避雷针、避雷线各主要用在什么场所？

9-7 如何用"滚球法"求单支避雷针的保护范围？

9-8 避雷针(线)是怎样防雷的？

9-9 避雷器是怎样防雷的？

9-10 阀型避雷器和管型避雷器在结构、性能和应用场合等方面有何不同？保护间隙和金属氧化物避雷器在结构、性能和应用场合等方面有何不同？

9-11 高压架空线路有哪些防雷措施？一般工厂 6～10kV 架空线路主要采取哪种防雷措施？

9-12 工厂变配电所有哪些防雷措施？主要保护什么电气设备？

9-13 什么叫接地？什么叫接地装置？

9-14 什么叫工作接地？什么叫保护接地？它们各有何作用？

9-15 什么叫接地电阻？什么叫工频接地电阻和冲击接地电阻？如何换算？

9-16 什么叫接地电流和对地电压？

9-17 什么叫接触电压和跨步电压？

9-18 什么叫接地故障保护？在 TN 系统、TT 系统和 IT 系统中,接地故障保护各有什么特点？

9-19 什么叫总等电位连接和局部等电位连接？其作用是什么？

电 气 照 明

知识点

1. 照明技术的有关概念。

2. 照明方式和种类。

3. 常用电光源和灯具的原理、适用场所及特性。

10.1 电气照明概述

10.1.1 照明技术的有关概念

1. 光

光是物质的一种形态,是一种波长比毫米无线电波短,但比 X 射线长的电磁波,而且所有电磁波都具有辐射能。

电磁波的波长不同,其特性也不同。在电磁波的辐射谱中,波长为 380～780nm 的电磁辐射波为可见光,波长为 780nm～1mm 的电磁辐射波为红外线,波长为 1～380nm 的电磁辐射波为紫外线。在可见光的区域里,不同波长呈现不同的颜色。波长由长到短,呈现红、橙、黄、绿、青、蓝、紫各色。红外线和紫外线都不能引起视觉。所谓光源,是指能产生可见光的辐射体。电光源就是作为电气照明的光源。

2. 光通量

光源在单位时间内向周围空间辐射出的使人眼产生光感的辐射能,称为光通量,用符号 Φ 表示,单位为流明(lm)。电光源发出的光通量除以其消耗的电功率,称为电光源的光效(lm/W),它是评价电光源用电效率最主要的技术参数。光源的单位用电所发出的光通量越大,其转变成光能的效率越高,即光效越高。

3. 光强

光强即发光强度,是表示光源向周围空间某一方向辐射的光通密度,用符号 I 表示,单位为坎德拉(cd)。

$$I = \Phi/\Omega \tag{10-1}$$

式中：Φ 为光源在立体角 Ω 内辐射的总光通量，lm；Ω 为光源发光范围的立体角，单位用球面度(sr)表示，即 $\Omega=A/r^2$。其中，r 为球的半径，m；A 为与 Ω 相对应的球面积，m^2。

4. 照度

受照物体表面单位面积上接收的光通量称为照度，用符号 E 表示，其单位为勒克斯(lx)。当光通量 Φ 均匀地照射到表面积为 A 的表面上时，该表面上的照度为

$$E = \Phi/A \tag{10-2}$$

5. 亮度

发光体在人眼视线方向单位投影面积上的发光强度称为该物体表面的亮度，用符号 L 表示，单位为坎/米^2(cd/m^2)。

如图 10-1 所示，发光体表面法线方向的光强为 I，人眼视线与发光体表面法线成 α 角，因此视线方向的光强 $I_\alpha=I\cos\alpha$，视线方向的投影面 $A_\alpha=A\cos\alpha$，由此可得发光体在视线方向上的亮度为

$$L = \frac{I_\alpha}{A_\alpha} = \frac{I\cos\alpha}{A\cos\alpha} = \frac{I}{A} \tag{10-3}$$

式中：L 为亮度，cd/m^2；I 为光强，cd；A 为面积，m^2。

由上述公式推导看出，实际发光体的亮度值与视线方向无关。

6. 物体的光照性能

如图 10-2 所示，当光通量 Φ 投射到物体上时，一部分光通 Φ_ρ 从物体表面反射回去，一部分光通 Φ_α 被物体吸收，剩下的一部分光通 Φ_τ 透过物体。为表征物体的这一特性，通常用以下 3 个参数描述。

(1) 反射系数：被反射的光通量 Φ_ρ 与入射光通量 Φ 之比，$\rho=\Phi_\rho/\Phi$。

(2) 吸收系数：被吸收的光通量 Φ_α 与入射光通量 Φ 之比，$\alpha=\Phi_\alpha/\Phi$。

(3) 透射系数：透射光通量 Φ_τ 与入射光通量 Φ 之比，$\tau=\Phi_\tau/\Phi$。

以上 3 个参数之间有如下关系：

$$\rho+\alpha+\tau = 1 \tag{10-4}$$

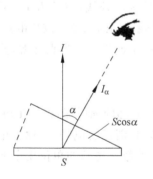

图 10-1 说明亮度的示意图

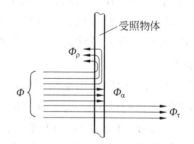

图 10-2 说明物体光照性能的示意图

7. 光源的色温与显色性能

1) 色温

当光源的发光颜色与把黑体加热到某一温度所发出的光色相同(或相似)时，该温度

称为光源的色温。色温用热力学温度 K(开尔文)来表示。光源的色温是灯光颜色给人直观感觉的度量,与光源的实际温度无关。不同的色温给人不同的冷暖感觉,高色温有凉爽的感觉,低色温有温暖的感觉。在低照度下采用低色温的光源,会感觉到温馨、愉快;在高照度下采用高色温的光源,则感觉到清爽、舒适。

2) 光源的显色性能

光源的显色性能是指光源对物体照射后,物体显现的颜色与物体在日光(标准光源)照射下显现的颜色的相符程度。为表征光源的显色性能,引入光源的显色指数 R_a(用百分数表示)来描述。通常,光源的显色指数越高,光源的显色性能越好;在该光源的照射下,物体显现颜色的失真度越小。一般白炽灯的显色指数为 $97\%\sim99\%$,荧光灯的显色指数为 $75\%\sim90\%$。显然,荧光灯的显色性能要差一些。

8. 光源的寿命

电光源的寿命通常用有效寿命和平均寿命两个指标来表示。

有效寿命是指灯开始点燃至灯的光通量衰减到额定光通量的某一百分比时所经历的点灯时数。一般这一百分比规定在 $70\%\sim80\%$ 之间;平均寿命指一组试验样灯从点燃到其中 50% 的灯失效所经历的点灯时数。寿命是评价电光源可靠性和质量的主要技术参数,寿命长表明它的服务时间长,耐用度高。

9. 光源的启动性能

光源的启动性能是指灯的启动和再启动特性,用启动和再启动所需的时间来度量。

10.1.2　照明方式和照明种类

照明是以光的照射为手段,满足人们生活、工作的视觉要求为目的的方法,包括用光照使人看清物体及其周围,用光照产生信号来传递信息,用光照产生气氛来改变人们的感情等。

人工照明是除了自然光以外,用人工光源照射物体及其周围的方法。

1. 照明方式

灯具按其安装部位或使用功能而构成的基本形式称为照明方式。在工厂企业或变电所中,一般分为一般照明、局部照明和混合照明三种。

(1) 一般照明:对工作位置密度很大而对光照方向无特殊要求的照明方式,一般用于车间、办公室等。

(2) 局部照明:对局部地点需要高照度,并对照射方向有要求的区域进行照明的方式,如车床、钳工台等。其特点是方便、灵活。

(3) 混合照明:由一般照明和局部照明共同组成的照明。对照度要求较高、对照射方向有特殊要求、工作位置密度不大,单独设置一般照明不合理的场所,宜采用混合照明。

2. 照明种类

照明按其功能,主要分为工作照明和事故照明。

(1) 工作照明:在正常工作时能顺利地完成作业,保证安全通行,以及能看清周围物体而设置的照明。它一般可以单独使用,也可与事故照明、值班照明同时使用,但控制线路必须分开。

（2）事故照明：当工作照明因事故熄灭后，供事故情况下继续工作或安全疏散通行的照明（也称应急照明）。装设在可能引起事故的设备、材料周围及主要通道与入口处，并在灯的明显部位涂上红色。若用于继续工作，照度不应小于场所规定照度的10%；若用于疏散人员，其照度应保证工作人员安全走出房间所需要的照度，一般不应小于0.51x。

除此以外，还有一些其他形式的照明，例如值班照明，是在非生产时间内供值班人员使用的照明；警卫照明，是用于警卫区域周围的照明；障碍照明，是装设在建筑物或构筑物上作为障碍标志用的照明，等等。

10.2　常用电光源和灯具

10.2.1　电光源的分类

电光源按其发光原理，分为热辐射光源和气体放电光源两大类。

1）热辐射光源

热辐射光源主要是利用电流的热效应，把具有耐高温、低挥发性的灯丝加热到白炽化程度度而产生可见光的光源。常见的热辐射光源如白炽灯、卤钨灯（碘钨灯、溴钨灯）等。

2）气体放电光源

气体放电光源主要是利用电流通过气体或蒸气时，激发气体或蒸气电离和放电而产生可见光的光源。常见的热辐射光源有荧光灯、高压汞灯、高压钠灯、金属卤化物灯和氙灯等。

10.2.2　常用电光源、适用场所及技术特性

1. 白炽灯

白炽灯的结构如图10-3所示。它是靠灯丝通过电流加热到白炽状态，引起热辐射发光。白炽灯结构简单，价格低廉，使用方便，而且显色性好，因此应用极其广泛。但输入白炽灯的电能只有20%转化为可见光，其余能量转化为辐射能和热能，所以发光效率低，使用寿命短，耐震性差。其主要技术数据见附表37。

白炽灯主要应用于下列场所。

（1）局部照明，事故照明。

（2）照明开关频繁，要求瞬时启动，或要避免频闪效应的场所。

（3）识别颜色要求较高，或艺术需要的场所。

（4）需要调光的场所，需要电磁干扰的场所。

白炽灯主要应用在住宅、剧场、旅馆、美术馆、展示厅、照度要求较低的厂房、仓库等。

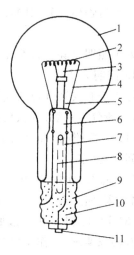

图10-3　白炽灯的结构

1—玻壳；2—灯丝（钨丝）；3—支架（钼丝）；4—电极（镍丝）；5—玻璃芯柱；6—杜美丝（铜铁镍合金丝）；7—引入线（铜丝）；8—抽气管；9—灯头；10—封端胶泥；11—锡焊接触端

2. 卤钨灯

卤钨灯的结构如图10-4所示。卤钨灯是利用卤钨循环原理制成的，玻壳多采用耐高温的石英玻璃，在灯

内充入适量的卤聚或卤化物的气体,以此提高灯的发光效率和使用寿命。卤钨灯工作时,灯丝的温度很高,从灯丝蒸发出来的钨在管壁附近与卤素产生化学反应,形成气态卤钨化合物;当卤钨化合物扩散到灯丝附近时,又分解成卤素和钨,钨就沉积在灯丝上,卤素则继续扩散到温度较低的管壁附近与钨化合。这一过程便是卤钨循环,消除了玻壳发黑的现象。

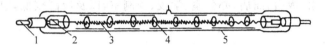

图 10-4 卤钨灯管的结构

1—灯脚;2—钼箔;3—灯丝(钨丝);4—支架;5—石英玻璃管

卤钨灯的特点是体积小、光效高、显色性好、寿命长。卤钨灯的耐震性更差,因此须注意防震。卤钨灯管在工作时温度较高(600℃左右),不能太靠近易燃物;灯管应尽量水平放置,使卤钨循环能顺利进行。同时,灯脚引入线应采用耐高温的导线。

卤钨灯主要应用于剧场、大礼堂、体育馆、展览馆、装配车间及精密机械加工车间等。

3. 荧光灯

荧光灯俗称日光灯,图 10-5 所示为荧光灯的结构图。它是利用汞蒸气在外加电压作用下产生电弧放电,发出少许可见光和大量紫外线;紫外线又激励管内壁涂覆的荧光粉,使之发出大量的可见光。

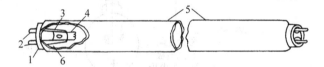

图 10-5 荧光灯管的结构

1—灯头;2—灯脚;3—玻璃芯柱;4—灯丝(钨丝,电极);
5—玻管(内壁涂覆荧光粉,管内充惰性气体);6—汞(少量)

图 10-6 所示是荧光灯的接线图,图中,S 是启辉器(又称辉光启动器),它有两个电极,其中一个呈 U 形的电极是双金属片。当荧光灯接上电压后,启辉器首先产生解光放电,致使双金属片加热伸开,造成两极短接,使电流通过灯丝。灯丝加热后,发射电子,并使管内的少量汞气化。图中,L 是镇流器,实质是铁心线圈。当启辉器两极短接使灯丝加热后,由于启辉器解光放电停止,双金属片冷却收缩,从而突然断开灯丝加热回路,使镇流器两端感应很高的电动势,连同电源

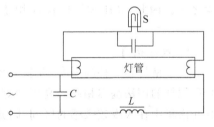

图 10-6 荧光灯的接线

电压加在灯管两端,使充满汞蒸气的灯管击穿,产生弧光放电,点燃灯管。

荧光灯的发光效率比白炽灯高得多;在使用寿命方面,荧光灯也优于白炽灯。但是荧光灯的显色性稍差,特别是它的频闪效应(即灯光随着电流的周期性交变而频繁闪烁),容易使人眼产生错觉,将一些旋转的物体误为不动的物体。这当然是安全生产不能允许

的,因此它在有旋转机械的车间里很少采用。

荧光灯主要适用于以下场所。

(1) 识别颜色要求较高的场所。

(2) 在自然采光不足,人们需要长期停留的场所。

(3) 悬挂角度较低(例如 6m 以下),而照度要求较高的场所(例如 100lx 以上)。

例如住宅、旅馆、饭店、商店、办公室、学校、控制室,以及层高较低,但照度要求较高的厂房等。

4. 高压汞灯

高压汞灯又称高压水银荧光灯。它是上述荧光灯的改进产品,是一种高强度气体放电灯。点燃时,灯内的汞蒸气压强很高(达 10^5 Pa 以上)。该灯的外玻璃壳内壁涂有荧光粉,能将壳内的石英玻璃汞蒸气放电辐射的紫外线转化为可见光,以改变光色,提高光效,且随着灯功率增大,发光效率提高,但显色性差。

高压汞灯不需要启辉器来预热灯丝,但它必须与相应功率的镇流器配合使用,其工作电路如图 10-7 所示。工作时,第一主电极与辅助电极之间首先击穿放电,使管内的汞蒸发,导致第一主电极与第二主电极之间击穿,发生弧光放电,使管内的荧光粉受到激励而产生大量的可见光。

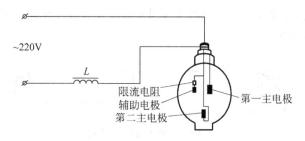

图 10-7　高压汞灯原理电路

高压汞灯启动时间长,熄灭后不能立即启动,再启动时间也长,故开关频繁、显色性要求高的场所不宜选用;但它使用寿命长,可达 10^4 h 以上,耐震,是可靠性最高的光源之一。因此,高压汞灯广泛应用于企业、大中型厂房、仓库、道路、运动场、广场的照明等。

5. 高压钠灯

高压钠灯是一种高强度、高发光效率的气体放电光源,其结构如图 10-8 所示。它与高压汞灯的用法基本相同。高压钠灯利用高气压(压强可达 10^4 Pa)的钠蒸气放电发光,其光谱集中在人眼较敏感的区间,因此其光效比高压汞灯还高。

高压钠灯的显色性较差,启动、再启动时间较长;但使用寿命长,透雾性好,适用于需要高亮度和高光效的场所,还适用于有振动或烟尘的场所,广泛应用于广场、道路、车站、码头、冶金车间等大面积照明场所。

6. 金属卤化物灯

金属卤化物灯是在高压汞灯的基础上发展起来的一种高效光源。在高压汞灯内添加某些金属卤化物,能达到提高光效、改善光色的目的。它的发光原理是在高压汞灯内添加某些金属氯卤化物,靠金属卤化物的循环作用,不断向电弧提供相应的金属蒸气,在弧光放电的激励下辐射出该金属的特征光谱线。选择适当的金属卤化物并控制它们的比例,可制成不同光色的金属卤化物灯。目前常用的金属卤化物灯有内充碘化钠、碘化铊,以及内充碘化镝、碘化铊的镝灯等。金属卤化物灯的结构如图10-9所示。

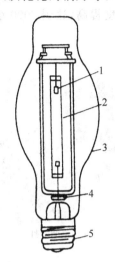
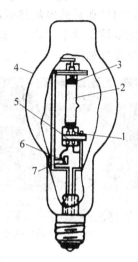

图10-8　高压钠灯的结构

1—主电极;2—半透明陶瓷放电管;3—外玻壳(内外壳间充氮);4—消气剂;5—灯头

图10-9　金属卤化物灯的结构

1—主电极;2—放电管;3—保温罩;4—石英玻壳;5—消气剂;6—启动电极;7—限流电阻

　　金属卤化物灯的工作特性与汞灯类似,需串联镇流器来限制灯管电流。金属卤化物灯的启动电压较高,开始启动时间和高压汞灯大致相同,再启动时间也长,寿命短;光效介于高压汞灯和高压钠灯之间,但显色指数远远高于这两种灯。因其高光效、高显色性等特点,金属卤化物灯广泛应用于照度要求高、高显色性的场所,例如大型精密产品总装车间、印染车间和体育馆等。

　　7. 氙灯

　　氙灯是利用高压、超高压惰性气体的放电现象制成的高效率光源之一。氙灯也像汞和其他金属原子激发放电一样,在一定的条件下产生电离,发出可见光。

　　氙灯与高压汞灯、高压钠灯不同,是另一类高效率的光源。氙气气体放电的光谱较弱,连续光谱较强,光色近似于日光,显色性好,发光稳定,故多用于纤维、纺织、陶瓷等正确辨色的工业照明;同时,由于其功率大、亮度高,多用于广场、车站、露天矿井等大面积照明场所。

　　8. 节能灯

　　节能灯是国家重点推广使用的灯具之一,如今所讲的节能产品主要是针对白炽灯的。普通的白炽灯光效在每瓦10lm左右,寿命在1000h左右。

　　节能灯通过电子镇流器将低频(50Hz)交流电经整流转变为直流电,再经过逆变器变换为较高频率(20~70kHz)交流电。其输出采用LC串联谐振电路,通过高频高压驱动灯管给灯管内灯丝加热。大约在 1160K 温度时,灯丝开始发射电子(因为在灯丝上涂了电子粉)。电子碰撞氩原子产生非弹性碰撞,氩原子碰撞后获得了能量又撞击汞原子。汞原子在吸收能量后跃迁,产生电离,发出 253.7nm 的紫外线,紫外线激发荧光粉发光。由于荧光灯工作时,灯丝的温度在 1160K 左右,比白炽灯工作的温度 2200~2700K 低很多,并且不存在白炽灯那样的电流热效应,所以它的寿命大幅度提高,达到 6000 小时以上,而且荧光粉的能量转换效率很高,达到每瓦 50lm 以上。

常用的节能灯如图 10-10 所示。

(a) 红外线LED节能灯　　(b) 普通节能灯

图 10-10　节能灯外形

光源的主要技术特性有光效、寿命、色温等。有时这些技术特性是相互矛盾的,在实际选用时,一般先考虑光效高、寿命长,其次考虑显色指数、启动性能等目标。

上述电光源的主要技术特性如表 10-1 所示。

10.2.3　工厂常用电光源类型的选择

工厂照明的电光源,按《建筑照明设计标准》(GB 50034—2004)规定,在选择时宜遵循下列原则。

(1) 照明光源宜采用荧光灯、白炽灯、高强气体放电灯(高压钠灯、金属卤化物灯、荧光高压汞灯)等。

(2) 当悬挂高度在 4m 及以下时,宜采用荧光灯;当悬挂物高度在 4m 以上时,宜采用高强气体放电灯;当不宜采用高强气体放电灯时,可选用白炽灯。

(3) 在下列工作场所的照明光源,可选用白炽灯。

① 局部照明的场所。

② 防止电磁波干扰的场所。

③ 因光源频闪效应影响视觉效果的场所。

④ 经常开闭灯的场所。

⑤ 照度不高,且照明时间较短的场所。

(4) 应急照明应采用能瞬时可靠点燃的白炽灯、荧光灯等。

(5) 当采用一种光源不能满足光色或显色性要求时,可采用两种光源形式的混光源,如表 10-2 所示。

表 10-1 电光源的主要技术特性

特性参数	白炽灯	卤钨灯	荧光灯	高压汞灯	高压钠灯	金属卤化物灯	管形氙灯
额定功率/W	15~1000	500~2000	6~125	50~1000	35~1000	125~3500	1500~100000
发光效率/(lm·W⁻¹)	10~15	20~25	40~90	30~50	70~100	60~90	20~40
平均使用寿命/h	1000	1000~1500	1500~5000	2500~6000	12000~24000	500~10000	1000
色温/K	2400~2920	3000~3200	3000~6500	5500	2000~4000	4500~7000	5000~6000
一般显色指数/%	97~99	95~99	75~90	30~50	20~25	65~90	95~97
启动稳定时间	瞬时	瞬时	1~3s	4~8min	4~8min	4~8min	瞬时
再启动时间间隔	瞬时	瞬时	瞬时	5~10min	10~15min	10~15min	瞬时
功率波动不宜大于	1	1	0.33~0.52	0.44~0.67	0.44	0.4~0.6	0.4~0.9
电压波动不宜大于			±5%U_N	±5%U_N	低于5%,自灭	±5%U_N	±5%U_N
频闪效应	无	无	有	有	有	有	有
表面亮度	大	大	小	较大	较大	大	大
电压变化对光通量的影响	大	大	较大	较大	大	较大	较大
环境温度变化对光通量的影响	小	小	大	较小	较小	较小	小
耐震性能	较差	差	较好	好	较好	好	好
所需附件	无	无	镇流器启辉器	镇流器	镇流器	镇流器触发器	镇流器触发器
适用场所	广泛应用	广场、室外配电装置等	广泛应用	广场、车站、道路、屋外配电装置等	广场、街道、交通枢纽组、展览馆等	大型广场、体育场、商场、道路等	广场、车站、大型屋外配电装置等

表 10-2　混光光源的混光光通量比

混 光 光 源	光通量比/%	一般显色指数(R_a)	色彩辨别效果
DDG+NGX DDG+NG	40～60 60～80	≥80	除个别颜色为"中等"外,其他颜色为"良好"
KNG+NG DDG+NG KNG+NGX GGY+NGX ZJD+NGX	50～80 30～60 40～60 30～40 40～60	60～70 60～80 70～80 60～70 70～80	除部分颜色为"中等"外,其他颜色为"良好"
GGY+NG KNG+NG GGY+NGX ZJD+NG	40～60 30～50 40～60 30～40	40～50 40～60 40～60 40～50	除个别颜色为"可以"外,其他颜色为"中等"

注:① GGY—荧光高压汞灯;DDG—镝灯;KNG—钪钠灯;NG—高压钠灯;NGX—中显色性高压钠灯;ZJD—高光效金属卤化物灯。

② 混光光通量比指前一种光源光通量与两种光源光通量的和之比。

③ 色彩辨别效果的顺序是:良好—中等—可以。

(6) 根据视觉作业对颜色辨别的要求,选用不同显色性的光源,如表 10-3 所示。

表 10-3　光源的一般显色指数类别

显 色 类 别		一般显色指数范围	适用场所举例
I	A	$R_a \geq 90$	颜色匹配、颜色检验等
	B	$80 \leq R_a < 90$	印刷、食品分拣、油漆等
II		$60 \leq R_a < 80$	机电装配、表面处理、控制室等
III		$40 \leq R_a < 60$	机械加工、热处理、铸造等
IV		$20 \leq R_a < 40$	仓库、大件金属库等

10.2.4　工厂常用灯具的类型及其选择与布置

1. 工厂常用灯具的类型

1) 按灯具配光曲线的形状分类

(1) 正弦分布型:如图 10-11 曲线 1 所示,光强是角度的正弦函数,且当 $\theta=90°$ 时,光强最大,如 GC15-A、B-1 型散照型防水防尘灯。

(2) 广照型:如图 10-11 曲线 2 所示,最大光强分布在 $50°\sim90°$ 之间,可在较广的面积上形成均匀的照度,如 GC3-A、B-1 广照型工厂灯。

(3) 漫射型:如图 10-11 曲线 3 所示,各个角度的光强基本一致,如 JXD1-2 乳白色玻璃圆球灯。

(4) 配照型:如图 10-11 曲线 4 所示,光强是角度的余弦函数,且当 $\theta=0°$ 时,光强最大,如 GC1-A、B-1 配照型工厂灯。其主要技术数据和计算图表见附表 36。

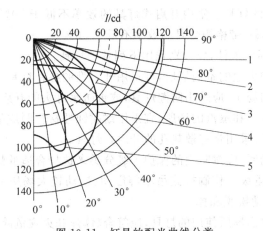

图 10-11　灯具的配光曲线分类

1—正弦分布型；2—广照型；3—漫射型；4—配照型；5—深照型

(5)深照型：如图 10-11 曲线 5 所示，光通量和最大光强值集中在 0°～30°之间的立体角内，如 GC5-A、B-2 深照型工厂灯。

2)按灯具光通分布特性分类

(1)直接照明型：灯具向下投射的光通量占总光通量的 90%～100%，向上投射的光通量只有 10%～40%。

(2)半直接照明型：灯具向下投射的光通量占总光通量的 60%～90%，向上投射的光通量极少。

(3)均匀漫射型：灯具向下投射的光通量和向上投射的光通量差不多相等，都在 40%～60%之间。

(4)半间接照明型：灯具向下投射的光通量占总光通量的 90%～100%，向下投射的光通量只有 10%～40%。

(5)间接照明型：灯具向上投射的光通量占总光通量的 90%～100%，向下投射的光通量极少。

3)按灯具的结构特点分类

(1)开启型：光源与外界空间直接接触(无罩)，如 GC3-A、B-1 广照型工厂灯。

(2)闭合型：光源被灯罩密封，内、外空气仍相通，如 JDD1-1 圆球吊灯。

(3)密闭型：光源被灯罩密封，内、外空气不能流通，如防潮灯、防水、防尘灯。

(4)增安型：光源被高强度透明灯罩封闭，且灯能承受足够的压力，能安全地使用在某些有爆炸危险介质的场所，也称防爆型。

(5)隔爆型：光源被高强度透明灯罩封闭，但不能靠密封性来防爆，而是在灯座的法兰和灯罩的法兰之间有一定的隔爆间隙。气体在灯罩内部爆炸时，高温气体经过隔爆间隙被充分冷却，不会引起外部爆炸。因此，这种灯具能安全地使用在某些有爆炸危险介质的场所。

2. 常用灯具类型的选择

工业企业用的灯具类型，按《建筑照明设计标准》(GB 50034—2004)规定，应优先选用配光合理、效率较高的灯具。室内开启式灯具的效率不低于 70%；带有包合式灯罩的灯具的效率不低于 55%；带格栅灯具的效率不低于 50%。

根据工作场所的环境条件,应分别选用下列各种灯具。

(1) 空气较干燥和少尘的室内场所,可采用开启型的各种灯具。

(2) 在特别潮湿的场所,应采用防潮灯具,或带防水灯头的开启式灯具。

(3) 在有腐蚀性气体和蒸汽的场所,宜采用耐腐蚀性材料制成的密闭式灯具。

(4) 在高温场所,宜采用带有散热孔的开启式灯具。

(5) 在有尘埃的场所,应按防尘的保护等级分类来选择合适的灯具。

(6) 在装有锻锤、重级工作制桥式吊车等震动、摆动较大场所的灯具,应有防震措施和保护网,防止灯泡自动松脱和掉下。

(7) 在易受机械损伤场所使用的灯具,应符合《爆炸和火灾危险环境电力装置设计规范》(GB 50058—1992)的有关规定,如表 10-4 所示。

表 10-4　灯具类防爆结构的选择

爆炸危险区域		1 区		2 区	
灯具防爆结构		隔爆型	增安型	隔爆型	增安型
灯具设备	固室式灯	适用	不适用	适用	适用
	移动式灯	慎适		适用	
	携带式电池灯	适用		适用	
	指示灯类	适用	不适用	适用	适用
	镇流器	适用	慎用	适用	适用

由于照明灯具的品种、规格繁多,应根据使用场合的要求来选用,如表 10-5 所示。

表 10-5　照明器的型号及选用

名　　称	型　　号	结构形式与适用场所	名　　称	型　　号	结构形式与适用场所
广照型工厂灯	GC3-A、B-1 GC3-A、B-2	开启型,适用于工厂的小型车间、堆场、次要道路等处固定照明	简式控照荧光灯	YG2-1	开启型,适用于工厂车间、办公室、食堂等处照明
配照型工厂灯	GC3-A、B-2 GC1-A、B-2 GC1-A、B-1	开启型,适用于工厂的车间照明	密闭式荧光灯	YG4-1 YG4-2	密闭型,适用于具有潮湿或腐蚀气体场所的照明
防潮灯	GC33	密闭型,适用手工厂仓库、隧道、地下室等潮湿场所	隔爆型荧光灯	B3e-1-30	隔爆型,适用于具有爆炸介质的场所
圆球吊灯	JDD1-1	闭合型,适用于办公室、阅览室、走廊等处的照明	深照型工厂灯	GC5-A、B-4	开启型,适用大型车间的照明
简式开启荧光灯	YG1-1	开启型,适用于办公室、车间食堂、宿舍等处的照明	散照型防水防尘灯	GC15-A、B-1	密闭型,适用于多水、多尘的操作场所

续表

名 称	型 号	结构形式与适用场所	名 称	型 号	结构形式与适用场所
半扁罩吸顶灯	JXD3-1 JXD3-2	闭合型,适用于门厅、办公室、走廊等处的吸顶照明	马路弯灯	GC3E BJ1	开启型,适用于工厂仓库、走道、次要道路及街巷等处一般室外照明
半圆球吸顶灯	JXD2 JXD3	闭合型,适用于门厅、办公室、走廊等处的照明	高压水银路灯	JTY23-125 JTY23-250 JTY23-400 JTY24-125 JTY25-400	密闭型,适用于广场、街道、工厂道路等室外照明
卤钨灯	DD1-1000	开启型,适用于工厂车间的照明			
斜照型工厂灯	GC7-1	开启型,适用内外画廊、广告牌等处的局部照明			

3. 常用灯具的布置

1) 室内灯具布置的要求

保证规定的照度和均匀性;光线的射向适当,无眩光和阴影;布置整齐、美观,并与建筑空间协调;维护方便;安全、经济等。

2) 灯具布置的合理性

(1) 灯具布置形式:一般照明灯具通常有两种布置方式。

① 均匀布置:灯具在整个车间内均匀布置,其布置与设备位置无关,如图 10-12 所示,一般有正方形、矩形和菱形布置。

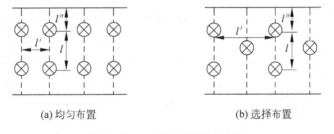

(a) 均匀布置　　　　　　　　(b) 选择布置

图 10-12　一般照明灯具的布置

② 选择布置:灯具的布置与生产设备的位置有关,大多数按工作面对称布置,力求使工作面获得最有利的光照,并消除阴影,如图 10-12 所示。

(2) 灯具悬挂高度:室内灯具不能悬挂过高,也不能悬挂过低。

按《建筑照明设计标准》(GB 50034—2004)规定,室内一般照明灯具的最低悬挂高度如表 10-6 所示。表中所列灯具的遮光角(又称保护角),指光源最边缘的一点和灯具出光口的连线与通过裸光源发光中心的水平线之间的夹角。

(3) 确定最有利距高比:灯具间的距离应按灯具的光强分布、悬挂高度、房屋结构及照度要求等多种因素而定。为了使工作面上获得较均匀的照度,应选择合理的距高比,即灯间距离 L 与灯在工作面上的悬挂高度 H 之比,能使照度均匀度最高的距高比,称为最有利距高比,如表 10-7 所示。

表 10-6 室内一般照明灯具的最低悬挂高度

光源种类	灯具形式	灯具遮光角	光源功率/W	最低悬挂高度/m
白炽灯	有反射罩	10°～30°	≤100	2.5
			150～200	3.0
			300～500	3.5
	乳白玻璃漫射罩		≤100	2.0
			150～200	2.5
			300～500	3.0
荧光灯	无反射罩		≤40	2.0
			>40	3.0
	有反射罩		≤40	2.0
			>40	2.0
荧光高压贡灯	有反射罩	10°～30°	<4125	3.5
			125～250	5.0
			≥400	6.0
	有反射罩带栅格	>30°	<4125	3.0
			125～250	4.0
			≥400	5.0
金属卤化物灯、高压钠灯、混光光罩	有反射罩	10°～30°	<4150	4.5
			150～250	5.5
			250～400	6.5
			>400	7.5
	有反射罩带栅格	>30°	<4150	4.0
			150～250	4.5
			250～400	5.5
			>400	6.5

表 10-7 部分照明器的最有利距高比 L/H 单位:m

照明器	型号	光源种类及容量	最有利距高比
配照型照明器	GC1-A-1	B150	1.25
广照型照明器	GC3-A-1	G125	0.98
深照型照明器	GC5-A-1	B300	1.40

各种形状的灯距按下列各式计算。

① 正方形:

$$L = \left(\frac{L}{H}\right)_m H \tag{10-5}$$

② 长方形：

$$\sqrt{L_A L_B} = \left(\frac{L}{H}\right)_m H, \quad L_B = 1.5 L_A \tag{10-6}$$

③ 菱形：

$$L_A = \left(\frac{L}{H}\right)_m H, \quad L_B = 1.73 L_A \tag{10-7}$$

式中：H 为计算高度(灯到工作面高度)，m；$\left(\frac{L}{H}\right)_m$ 为灯具的最有利距高比。

(4) 灯具离墙距离。

从使整个房间获得较为均匀的照度考虑，设靠边缘的一列灯具离墙的距离为 L''。靠墙有工作面时，取 $L'' = (0.25 \sim 0.3)L$；靠墙为通道时，取 $L'' = (0.4 \sim 0.6)L$。其中，L 为灯间距离(对于矩形布置，取其纵、横两向灯距的几何平均值)。

室内灯具的布置，与房间的结构及对照明的要求有关，既要实用经济，又要尽可能协调、美观。

例 10-1 某车间的平面面积为 $36 \times 18(\text{m}^2)$，桁架离地面高度 5.5m，桁架之间相距 6m，工作面离地 0.75m。拟采用 GC1-A-1 型配照型工厂灯(装 220V、150W 白炽灯)作为车间的一般照明。试初步确定灯具的布置方案。

解 根据车间的结构，照明灯具宜悬挂在桁架上。如灯具下吊 0.5m，则灯具离地 $5.5 - 0.5 = 5(\text{m})$。这一高度大于表 10-6 规定的最低悬挂高度，是符合要求的。

由于工作面离地 0.75m，故灯具在工作面上的悬挂高度 $h = 5 - 0.75 = 4.25(\text{m})$。这种灯具的最大允许距离比为 1.25，因此灯具较合理的距离为

$$l \leqslant 1.25h = 1.25 \times 4.25 = 5.31(\text{m})$$

根据车间的结构和以上计算所得的较合理的灯距，初步确定灯具布置方案。但此方案能否满足照明要求，还有待于通过照度计算来检验。

10.3 照度标准与计算

10.3.1 照度标准

为了创造良好的工作条件，提高劳动生产率和产品质量，保障人身安全，工作场所及其他活动环境的照明必须有足够的照度。中国有关部门综合众多因素，结合国情，特别是电力生产和消费水平，制定了《建筑照明设计标准》(GB 50034—2004)，规定部分生产车间和工作场所的最低光照度参考值如表 10-8 所示。进行照度计算时，一般不应大于照度标准的 20%，或小于照度标准的 10%。

10.3.2 照度计算

电气照明的照度计算有两种情况，一是在灯具的类型、悬挂高度及布置方案初步确定之后，根据初步拟定的照明方案计算工作面上的照度，检验是否符合照度标准的要求；二是在初步确定灯具类型和悬挂高度之后，根据工作面上的照度标准要求来确定灯具容量

或数目,然后确定布置方案。

表 10-8 部分生产车间和工作场所的最低光照度参考值

1. 部分生产车间和工作面上的最低照度值(参考)

车间名称及工作内容	工作面上的最低光照度/lx			车间名称及工作内容	工作面上的最低光照度/lx		
	混合照明	混合照明中的一般照明	单独使用一般照明		混合照明	混合照明中的一般照明	单独使用一般照明
机械加工车间	—	—	—	铸工车间	—	—	—
一般加工	500	30	—	熔化、浇铸	—	—	30
精密加工	1000	75	—	造型	—	—	50
机械装配车间	—	—	—	木工车间	—	—	—
大件装配	50	50	—	机床区	300	30	—
精密小件装配	1000	75	—	木模区	300	30	—
焊接车间	—	—	—	电修车间	—	—	—
弧焊、接触焊	—	—	50	一般	300	30	—
一般划线	—	—	75	精密	500	50	—

2. 部分生产和生活场所的最低光照度值(参考)

场所名称	单独一般照明工作面上的最低光照度/lx	工作面离地高度/m	场所名称	单独一般照明工作面上的最低光照度/lx	工作面离地高度/m
高低压配电室	30	0	主控制室	150	0.8
变压器室	20	0	试验室	100	0.8
一般控制室	75	0.8	设计室	100	0.8
工具室	30	0.8	宿舍、食堂	30	0.8
阅览室	75	0.8	主要道路	0.5	0
办公室、会议室	50	0.8	次要道路	0.2	0

照度的计算方法有用来计算水平工作面的利用系数法、概算曲线法、比功率法和逐点计算法等。前 3 种都只用于计算水平工作面上的照度。其中,概算曲线法实质上是利用系数法的实用简化;后一种用于计算任一倾斜面,包括垂直面上的高度。限于篇幅,本节只介绍应用最广泛的利用系数法。

1. 利用系数法的概念

利用系数法用于计算灯具均匀布置的房间或场所的平均照度。该方法既包括由灯具内光源发出的光直接投射到工作面的光通量,也包括照射到室内各表面经反射后照射到工作面的光通量。

应用条件是灯具生产企业能提供经过测试的利用系数表。该表是按某个灯具的效率和配光特性而测出,并按房间不同的室形指数(拟)及顶、墙、地表面反射比而列出的一组利用系数,其格式示例见附表40。

由于照明设计标准规定的各场所照度标准值采用维持平均照度,用该方法计算比较准确,使用简单,因此得到广泛应用。利用系数法也适用于灯具均匀布置的室外照明。

2. 利用系数法计算式

(1) 用利用系数法计算维持平均照度的公式如式(10-8)所示。

$$E_{av} = \frac{N\Phi UK}{A} \tag{10-8}$$

式中：E_{av} 为工作面上的维持平均照度,lx；Φ 为光源的光通量,lm；N 为场所内光源数量；U 为利用系数；K 为维护系数,其值见附表38；A 为房间或工作面面积,m²。

(2) 利用系数(U)是光源投射到工作面上的有效光通量(Φ_1)与光源的光通量(Φ)之比,如式(10-9)所示。

$$U = \frac{\Phi_1}{\Phi} \tag{10-9}$$

通常,U 值由利用系数表查得。

3. 室形指数(RI)

为了提高光的利用率,满足照度均匀度要求,应按房间的室形指数(RI)选择灯具的配光。RI 的表达式如下：

$$RI = \frac{ab}{h(a+b)} \tag{10-10}$$

式中：a 和 b 为房间宽度和长度；h 为房间内灯具离工作面的高度。

RI 较大(房间低矮而大)时,宜选择宽配光灯具；RI 较小(房间高且不大)时,宜选择窄配光灯具；拟值中等时,选择中配光灯具。

4. 室内各表面的反射比

顶棚、墙面、地面的反射比由表面材料决定。当灯具悬挂在顶棚以下一定高度时,顶棚有效反射比应做修正；墙面有窗或装饰物时,墙面有效反射比也应修正；工作面在地板以上一定距离,地面有效反射比也应修正。

5. 应用利用系数法计算维持平均照度的步骤

(1) 填写原始数据：光源光通量、房间尺寸、灯高度、各表面反射比。

(2) 计算室形指数(RI)：按式(10-10)计算。

(3) 确定维护系数(K)：由附表38查得,道路照明由附表39查得。

(4) 确定利用系数(U)：按选择的灯具,从该灯具的利用系数表查得。按 RI 值和各表面反射比查表,得出 U 值。必要时,使用内插法。

(5) 计算维护平均照度 E_{av}：按式(10-8)计算；也可将已知的 E_{av} 值代入式(10-8),计算需要的光源数量。按灯具布置情况,选定光源数量后,再用式(10-8)计算出实际维护平均照度。

例 10-2　某办公室宽6m,长13.2m,吊顶高2.8m；各表面反射比为：顶0.7,墙0.5,地0.2；设计照度标准300lx。拟选用三基色直管荧光灯,T8型,$R_a=85$,$T_{cp}=4000K$,光

通量 $3350\mathrm{lm}$。选用嵌入式格栅灯具,计算需要的灯管数和实际维持平均照度。

解 (1)填写原始数据。

(2)计算 RI 如下所示。

$$RI = \frac{ab}{h(a+b)} = \frac{6 \times 13.2}{(2.8 - 0.75) \times (6 + 13.2)} = 2.01$$

(3)求维护系数 K:查附表 38,取 0.8。

(4)查利用系数表:按选择的灯具型号,查该灯具的利用系数表。本例借用附表 40,查得 $U=0.56$。

(5)按已知 $E_{\mathrm{av}}=300\mathrm{lx}$ 计算需要的光源数,将式(10-8)移项,得

$$N = \frac{E_{\mathrm{av}}A}{\Phi UK} = \frac{300 \times (6 \times 13.2)}{3350 \times 0.56 \times 0.8} = 15.8$$

为取整数,并考虑布置对称,拟选用 16 支灯管,用式(10-8)计算实际照度:

$$E_{\mathrm{av}} = \frac{N\Phi UK}{A} = \frac{16 \times 3350 \times 0.56 \times 0.8}{6 \times 13.2} = 303(\mathrm{lx})$$

10.4 照明供电系统

10.4.1 照明线路的一般要求

(1)照明网络一般采用 380/220V 中性点接地的三相四线制系统,灯用电压 220V。若负载电流较小,低于 30A 时,宜采用单相交流 220V 的两相制供电。

(2)生产车间的照明可采用动力和照明合一的供电方式,但照明电源应接在动力总开关之前,以保证一旦动力总开关跳闸,车间仍有照明电源。

(3)事故照明电路应有独立的供电电源,并与工作照明电源分开;或者事故照明电路接在工作照明电路上,一旦发生故障,借助自动转换开关,接入备用的事故照明电源。

10.4.2 常用照明供电系统

常用的照明供电系统如表 10-9 所示。

表 10-9 照明供电系统

供 电 方 式	照 明 供 电 系 统	应 用 说 明
单台变压器供电		照明与动力在母线上分开供电

续表

供电方式	照明供电系统	应用说明
两台变压器供电	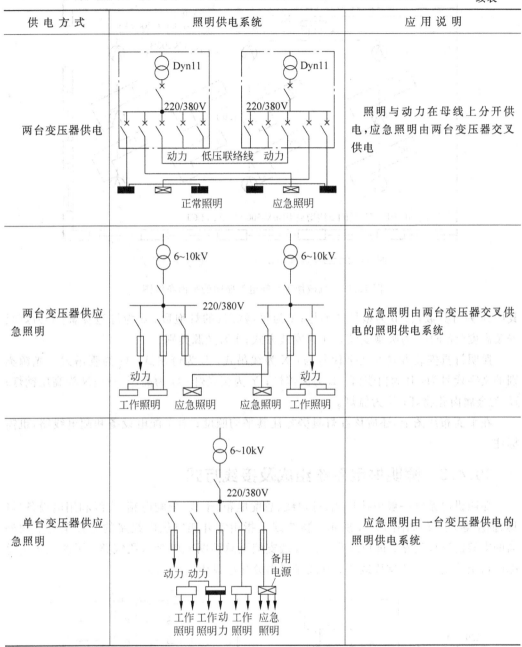	照明与动力在母线上分开供电,应急照明由两台变压器交叉供电
两台变压器供应急照明		应急照明由两台变压器交叉供电的照明供电系统
单台变压器供应急照明		应急照明由一台变压器供电的照明供电系统

为了表示电气照明的平面布线情况,设计时应绘制其平面布线图。某机械加工车间电气照明的平面布线图如图 10-13 所示。在平面布线图上必须表示出所有灯具的位置、数量、灯具型号、灯泡容量、安装高度及安装方式等。

按《建筑简图用图形符号》(GB/T 4728.11—2008)规定,灯具标注的格式是

$$a - b \frac{c \times d \times l}{e} f$$

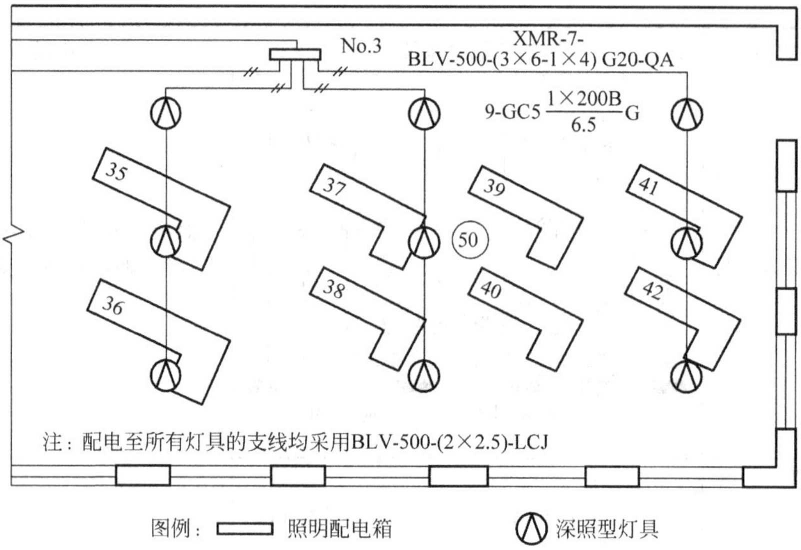

No.3
XMR-7-
BLV-500-(3×6-1×4) G20-QA
9-GC5 $\frac{1\times200B}{6.5}$G
35
36
37
38
39
40
41
42
50
注：配电至所有灯具的支线均采用BLV-500-(2×2.5)-LCJ
图例：
照明配电箱
深照型灯具

图 10-13　机械加工车间电气照明的平面布线图

其中，a 为灯具数量；b 为型号或编号；c 为每盏灯具的灯泡数；d 为灯泡容量；e 为灯具安装高度(无 e 时，为吸顶安装)；f 为安装方式；l 为光源类别。

照明灯具安装方式的文字代号为：X 为线吊式；L 为链吊式；G 为管吊式。光源类别的文字代号为：B 为白炽灯；L 为卤钨灯；Y 为荧光灯；G 为高压汞灯；N 为高压钠灯；JL 为金属卤化物灯；X 为氙灯。

在平面布线图上，还应该在灯具旁标注其平均照度；对于配电设备和配电线路，也需标注。

10.4.3　照明供电系统组成及接线方式

照明供电系统一般由接户线、进户线、总配电箱、干线、分配电箱、支线和用电设备(灯具、插座等)组成，如图 10-14 所示。接户线是指由室外架空供电线路的电杆至建筑物外墙的支架的这段线路；进户线是指从外墙支架至总照明配电盘这段线路；干线是指由总配电盘至分配电盘的这段线路；支线是指由分配电盘引出的线路。

220/380V
A
B
C
AB
BC
CA
接户线
进户线
总配电箱
配电干线
分配电箱
支线
用电设备

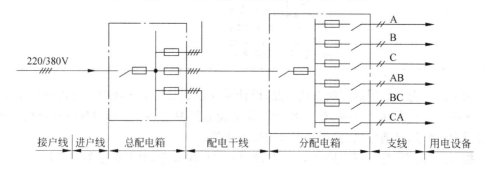

图 10-14　照明供电系统的组成

总照明配电盘内包括照明总开关、总熔断器、电度表和各干线的开关、熔断器等电器。分配电盘有分开关和各支线的熔断器,支线数目为 6～9 路,也有 3 或 4 路的。照明线路一般以两级配电盘保护为宜;级数多了,难以保证保护的选择性。

干线的接线方式有放射式、树干式和链式 3 种。

对于支线的供电范围,单相支线不超过 20～30m;三相支线不超过 60～80m。其中,每相电流以不超过 15A 为宜,每一条单相支线上安装的灯具和插座不应超过 20 个;给发光檐、发光板或给两根以上荧光灯管的照明器供电时,不应超过 50 个。但是,供电给多灯头艺术花灯、节日彩灯的照明支线灯数不受限制。

室内照明支线的每一单相回路,一般采用不大于 15A 的熔断器或自动开关保护,大型车间、实验室可增大为 25～30A;在 125W 以上气体放电灯和 500W 以上白炽灯的支线里,保护设备电流不应超过 60A。

本章小结

本章首先介绍电气照明的有关基本概念;其次介绍常用照明灯源的结构、类型、原理、特点及适用场合,常用电光源的主要性能指标,常用电光源的选择原则,以及常用灯具的选择与布置;然后介绍照度标准与照度计算;最后介绍常见照明供电系统简介等。

通过对以上内容的学习,使学生了解电气照明的有关基本概念;熟悉常用照明灯源的结构、类型、原理、特点及适用场合,常用电光源的主要性能指标,常用电光源的选择原则,以及常用灯具的选择与布置;熟悉照度标准并掌握照度计算;掌握常见照明供电系统。

习题

10-1 光通量、发光强度、照度、亮度等量的定义是什么? 常用单位各是什么?

10-2 什么叫色温? 什么叫显色性?

10-3 什么叫热辐射光源和气体放电光源? 各有什么主要特点?

10-4 哪些场合宜采用白炽灯照明? 哪些场合宜采用荧光灯照明?

10-5 高压汞灯、高压钠灯、金属卤化物灯和氙灯在光照性能方面各有何优缺点? 各适用于哪些场合?

10-6 什么是灯具的距高比? 对灯具的布置方案有什么影响?

10-7 在荧光灯工作电路中,启动器和镇流器各起什么作用?

10-8 什么叫照明光源的利用系数? 与哪些因素有关? 什么叫维护系数(减光系数)? 与哪些因素有关?

10-9 照明供电系统一般由哪几部分组成?

10-10 某办公室长 10m,宽 6m,采用 YJK-1/40-2 型灯具照明,在顶棚上均匀布置 6 个灯具。已知光源光通量为 2200lm,利用系数为 0.623,照度补偿系数为 1.2。采用利用系数法,求距地面 0.8m 高的工作面上的平均照度。

10-11 如图 10-15 所示,一间教室长 11.3m,宽 6.5m,高 3.5m,在离顶棚 0.4m 的高度处安装 YG1-1 型 40W 荧光灯 11 盏。光源的光通量为 2400lm,利用系数为 0.6。教室环境比较清洁,灯具依教室的长度方向布置成 4 行 3 列。试计算:课桌表面的平均照度和最小照度各是多少?

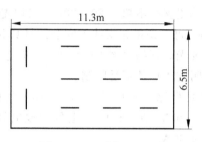

图 10-15 习题 10-11 图

节 约 用 电

知识点

1. 节约用电的意义和措施。
2. 电动机与变压器的节能。
3. 照明工程节能标准与措施。

11.1 节约用电的意义和措施

11.1.1 节约用电的意义

众所周知,能源是发展国民经济的重要物质基础。电能是一种很重要的既清洁又方便的二次能源,它在能源中所在比重越来越大。由于我国人口众多,是全球人均能源保有量最低的国家之一,能源紧张是我国面临的一个严峻问题,其中包括电力供应紧张。因此,在加强能源开发和搞好再生能源利用的同时,必须最大限度地降低能源消耗。由于电能在能源中的重要位置,所以说,节能关键在节电。

首先,从我国电能消耗的情况来看,70%以上消耗在企业,所以企业的电能节约应特别值得重视。其次,虽然我国近几年电力行业投资较大、发展很快,但是赶不上用电(特别是企业用电和生活用电)的高速增长。最后,我国的发电效率低,电能的利用率低,存在较严重的浪费。

因此,在企业供电系统中,多节约1度电,就能为国家创造若干财富,就有利于国民经济的发展,所以说,节约电能具有很重要的意义。

11.1.2 节约用电的措施

(1) 加强节电宣传,提高节电意识。

我国能源工作的总方针是"开发和节约并重""把节约放在优先位置"。企业应加强对全体员工节电的宣传,提高他们的节电意识,树立长期的节电思想。

（2）杜绝浪费现象。

我国的大中型企业具有规模大、人数多等特点。在很多职工中，浪费现象严重，例如长明灯等。因此，应杜绝浪费现象。

（3）加强节电的科学管理。

建立健全用电管理机构，落实计划用电、节约用电和降低电力消耗的各项措施。制定一套科学、有效的电力管理制度，还应建立厂部、车间、班组的三级管理网络，责任落实到人。

（4）合理调整电力负荷。

根据供电电网的供电情况和用电部门的不同用电规律，合理地、有计划地安排各用电部门的用电时间，降低负荷高峰，填补负荷低谷，充分发挥发、变电设备的供电能力。

（5）不断开发节电设备。

随着新材料、新工艺、新技术不断出现，企业电气设备不断向节能、低耗方向发展。比如，目前变压器、电动机因所占比重较大，耗电量也大，所以技术人员始终不停地在开发、研制、生产节能型产品。非晶合金低损耗变压器技术、电动机变频调速技术、高效电机技术等的开发与研制取得了可喜的成果。

（6）合理选择设备容量。

企业应根据所有用电负荷，科学、合理地选择和配置变压器容量和台数，以及经济运行方式，提高设备的负荷率和运行效率，使其本身损耗最小。

（7）提高功率因数。

无论是提高自然功率因数，还是用无功补偿装置提高功率因数，都可以使线路的电能损耗减少，提高发、变电设备的供电能力。

11.2 电动机与变压器的节能

11.2.1 电动机的节能

电动机是企业中应用最广泛的电气设备之一，也是消耗电能的主要设备之一，因此，合理选择和使用电动机十分重要。

1. 合理选择电动机

合理选择电动机类型、功率，以及其他技术参数，使其具备所拖动的生产机械的负荷特性，能在各种状态下稳定地工作，在经济、技术上都最佳。

（1）优先选择节能电动机。

所谓节能电动机，就是在设计、制造上全面减低电动机本身的功率损耗，以提高电动机的效率。例如，Y系列节能电动机在较宽的负载范围内效率都较高；功率等级多，可以避免"大马拉小车"的弊病；而且与JO2型老式电动机相比，具有起动转矩高、体积小、重量轻等优点。

（2）合理选择电动机类型。

对起动、调速和制动无特殊要求的生产机械，应选择鼠笼式电动机。若对于重载起动的生产机械，选用鼠笼式电动机不能满足起动要求，或加大功率不合理；或对于调速范围不大的生产机械,且低速运行时间较短,均选用绕线式电动机为宜。对起动、调速和制动有特殊要求的生产机械,在交流电动机达不到要求时,可以选择直流电动机。

(3)合理选择电动机功率。

运行实践表明,感应电动机的效率和功率因数是随负荷率的变化而变化的。因此,若选用的电动机功率合适,不但能节约电能,还可以提高功率因数,降低无功损耗。例如,当电动机的负荷率低于40%时,可直接更换小功率的电动机。

(4)合理选择电动机的机械特性。

根据负荷特性合理选择电动机,对于提高电动机运行时的安全可靠性和节约电能具有实际意义。只有电动机的机械特性与它所拖动的生产机械的负荷特性相匹配,才能达到既安全可靠又经济的目的。

2. 采用节电调速

根据生产机械的需要,感应电动机可以采用几种调速方法:①利用电磁转差离合器调速;②利用晶闸管串级调速;③利用变频调速器调速。它们的特点是效率较高、损耗小、节电效果明显。

3. 提高功率因数

(1)减少电动机的空载损耗。

感应电动机的空载损耗主要是无功功率损耗。减少电动机的空载损耗,常用的方法是利用空载自停装置,减少有功功率和无功功率损耗,提高电动机的功率因数。

(2)提高检修质量。

感应电动机出厂时,各项技术参数应该是最佳的,而检修质量的好与坏对感应电动机的功率因数影响很大。因此,确保检修质量,使其达到或接近出厂时的各项技术参数,就能达到节电的目的。

4. 定期保养、维护

电动机的维护和保养往往不被重视,以致造成电动机的效率降低,损耗增加。对电动机要定期检修、经常保养、及时维修,才能使电动机始终处于最佳状态,保证其效率和功率因数维持在较高的水平。

11.2.2 变压器的节能

变压器的节能主要有两个方面:一是在选型时,应选低损耗型的变压器;二是减少变压器运行时的功率损耗。

变压器在供用电设备中,是效率较高的设备之一。然而由于它是电源设备,通常是长期连续运行的。因此,变压器运行时的节能尤为重要。

1. 经济运行与无功经济当量的概念

经济运行是指能使电力系统的有功损耗最小、经济效益最佳的运行方式。变压器的经济运行是指变压器(单台或多台)如何运行,本身的有功损耗最小、经济效益最佳的运行方式。

由于存在无功损耗,使得系统的电流增大,从而使电力系统的有功损耗增加。

无功经济当量是表示供电系统多发送1kvar的无功功率时,将使供电系统增加的有功功率的千瓦数,常用 K_q 表示,它与电力系统的容量、结构及计算点位置等多种因素有关。对于企业变电站,无功经济当量 $K_q=0.02\sim0.15$;对经二级变压的企业,$K_q=0.05\sim0.08$;对经三级变压的企业,$K_q=0.1\sim0.15$。

2. 一台变压器的经济运行

变压器的损耗,如前所述,包括有功损耗和无功损耗两部分。其无功损耗,对电力系统来说,通过 K_q 换算后,可等效为有功损耗。这两部分之和,就是变压器的有功损耗换算值。

一台变压器在负荷为 S 时的有功损耗换算值为

$$\Delta P \approx \Delta P_T + K_q \Delta Q_T$$

$$\approx \Delta P_0 + \Delta P_k \left(\frac{S}{S_N}\right)^2 + K_q \Delta Q_0 + K_q \Delta Q_N \left(\frac{S}{S_N}\right)^2$$

即

$$\Delta P \approx \Delta P_0 + K_q \Delta Q_0 + (\Delta P_k + K_q \Delta Q_N)\left(\frac{S}{S_N}\right)^2 \tag{11-1}$$

式中:ΔP_T 为变压器的有功损耗;ΔQ_T 为变压器的无功损耗;ΔP_0 为变压器的空载损耗;ΔQ_0 为变压器空载时的无功损耗;ΔP_k 为变压器的短路损耗;ΔQ_N 为变压器满载时的无功损耗;S_N 为变压器的额定容量。

从上式可以看出,要使变压器运行在经济负荷 $S_{ec\cdot T}$ 下,必须满足变压器单位容量的有功损耗换算值 $\Delta P/S$ 最小。因此,令 $d(\Delta P/S)/dS=0$,可得变压器的经济负荷为

$$S_{ec\cdot T} = S_N \sqrt{\frac{\Delta P_0 + K_q \Delta Q_0}{\Delta P_k + K_q \Delta Q_N}} \tag{11-2}$$

变压器经济负荷与变压器额定容量之比,称为变压器的经济负荷率,用 $K_{ec\cdot T}$ 表示,即

$$K_{ec\cdot T} = \sqrt{\frac{\Delta P_0 + K_q \Delta Q_0}{\Delta P_k + K_q \Delta Q_N}} \tag{11-3}$$

运行实践表明,一般电力变压器的经济负荷率为 50% 左右。在考虑多方面因素的情况下,经济负荷率为 70% 左右比较合适。

3. 两台变压器的经济运行

若变电站有两台型号完全相同的变压器,假设变电站的总负荷为 S。

一台变压器单独运行时,它承担总负荷 S,因此得其变压器的有功损耗换算值为

$$\Delta P_I \approx \Delta P_0 + K_q \Delta Q_0 + (\Delta P_k + K_q \Delta Q_N)\left(\frac{S}{S_N}\right)^2$$

若两台变压器并联运行,每台承担 $S/2$ 的容量,求得两台变压器的有功损耗换算值为

$$\Delta P_{II} \approx 2(\Delta P_0 + K_q \Delta Q_0) + 2(\Delta P_k + K_q \Delta Q_N)\left(\frac{S}{S_N}\right)^2$$

将以上两式中 ΔP 与 S 的函数关系绘成如图 11-1 所示曲线。这两条曲线相交于 a 点,a 点对应的变压器负荷就是变压器经济运行的临界负荷,用 S_{cr} 表示。

当 $S=S'<S_{cr}$ 时,因 $\Delta P_I'<\Delta P_{II}'$,故一台变压器运行比较经济。

当 $S=S''>S_{cr}$ 时,因 $\Delta P_I''>\Delta P_{II}''$,故两台变压器运行比较经济。

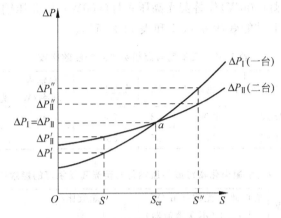

图 11-1 两台变压器经济运行的临界负荷

当 $S = S_{cr}$ 时, $\Delta P_{\mathrm{I}} = \Delta P_{\mathrm{II}}$,即

$$\Delta P_0 + K_q \Delta Q_0 + (\Delta P_k + K_q \Delta Q_N)\left(\frac{S}{S_N}\right)^2$$

$$= 2(\Delta P_0 + K_q \Delta Q_0) + 2(\Delta P_k + K_q \Delta Q_N)\left(\frac{S}{2S_N}\right)^2$$

由此求得判别两台变压器经济运行的临界负荷为

$$S_{cr} = S_N \sqrt{2 \times \frac{\Delta P_0 + K_q \Delta Q_0}{\Delta P_k + K_q \Delta Q_N}} \tag{11-4}$$

11.3 照明工程节能标准与措施

11.3.1 照明节能的原则措施

(1) 根据视觉工作的需要,合理确定照度标准值。

(2) 按需要的照度做出照明节能最优化的设计方案。

(3) 在满足显色性要求的基础上,选用高效光源和镇流器。

(4) 在符合眩光限制条件下选用高效灯具。

(5) 室内顶、墙等表面采用高反射比的材料。

(6) 照明和空调系统的结合。

(7) 设置有利于节能、按实际需要关灯和自动控制的装置。

(8) 把照明和尽量利用天然光相结合。

(9) 建立定期清洁照明灯具和室内表面,以及适时更换光源的维护制度。

11.3.2 应用高效光源的节能效益和经济效应

高效光源的节能效益是毋庸置疑的,其经济效益也特别好。

1. 高效光源的节能效益

以 T8 三基色荧光灯(中色温、配电子镇流器)取代常用的 T8 卤粉荧光灯(高色温、配电感镇流器),以金卤灯(400W)代替荧光高压汞灯(400W),以高压钠灯(400W)代替荧光高压汞灯(400W)为例,其能效如表 11-1 和表 11-2 所示。

表 11-1　三基色与卤粉荧光灯的能效比较

光 源 类 型	镇流器形式	相关色温/K	R_a	光通量/lm	总输入功率/W	含镇流器光效/(lm/W)	能效比/%
T8(卤粉)36W	电感式	6200	72	2500	45	55.6	100
T8(三基色)36W	电子式	4000	85	3350	37	90.5	163

表 11-2　金属卤化物灯或高压钠灯与荧光高压汞灯的能效比较

光 源 类 型	功率/W	光通量/lm	光效/(lm/W)(不含镇流器)	R_a	能效比/%	备　注
荧光高压汞灯	400	22000	55	35	100	
金属卤化物灯	400	35000	87.5	65	159	
高压钠灯	400	48000	120	23	218	用于道路及无显色性要求的场所

2. 高效光源的经济效益

一般来说,高效节能产品的价格较高,应该能够从运行时节省的电费得到合理回收。高效光源虽价格较高,但由于其高效使得在同一场所使用的灯数减少,从而使用的灯具和镇流器数减少,不仅不增加初建投资,有时还降低了初建投资,获得了双重经济效益。

11.3.3　照明节能的技术措施

1. 合理选择和确定照度标准值

GB 50034—2004《建筑照明设计标准》规定了各类场所的照度标准值。在满足基本视觉要求的条件下,选择合理的照度值,同时在计算照度时,不应超过标准值的110%。

2. 合理选择照明方式

对视觉作业要求照度高,而作业面密度不大的场所,宜采用混合照明方式,即用局部照明来满足这些作业面的照度要求。

对于同一场所不同区域有不同照度要求的作业,应分区域采用不同的照度标准值。

3. 推广应用高光效照明光源

(1) 使用直管荧光灯的场所,应无条件选用细管径(即 T8 型或 T5 型)、稀土三基色直管荧光管,不应使用卤磷酸钙荧光粉制的荧光灯。

在一般功能性照明场所,如办公、教室、商场和工业厂房,使用直管荧光灯时,在满足照度均匀度要求的条件下,应选用功率较大的灯管(T8 不小于 36W,T5 不小于 28W),可提高能效 30%～45%。

(2) 积极推广应用高光效、长寿命的金属卤化物灯和高压钠灯。对于高大的工业厂房,应采用金属卤化物灯。对于中等高度(如灯具高度 4～6m)的公共建筑(如商场营业厅、展览厅、候机厅等),显色性要求高的,宜采用较小功率的陶瓷金卤灯,其光效更高;对于显色性要求不高的场所(如大件仓库、锻工车间,炼铁车间等)以及道路照明,应采用光效更高的高压钠灯。

（3）应尽量不用或少用白炽灯,特别是旅馆客房、会议室,应该用直管荧光灯或紧凑型荧光灯代替白炽灯;其他场所应严格限制白炽灯的应用。

（4）不应使用荧光高压汞灯,更不应使用自镇流高压汞灯。

（5）逐步扩大发光二极管(LED)的应用。

（6）对于设计选用的直管荧光灯、单端荧光灯、自镇流荧光灯、金属卤化物灯、高压钠灯等光源,应选择其光效符合"节能评价值"的产品。

4. 推广应用高效节能镇流器

荧光灯应选用电子镇流器或节能电感镇流器。符合使用要求时,可选用两个或几个灯管共用的电子镇流器;金属卤化物灯、高压钠灯应选用节能电感镇流器。根据产品的发展,逐步应用电子镇流器。

5. 推广应用高效节能灯具

（1）在满足限制眩光条件下,应选用开敞式直接型灯具;有防护要求(如防尘、防水、防光源脱落等)的,可选用带透射比高的透光罩的直接型灯具。

（2）选用灯具效率高的灯具。

（3）选用控光合理的灯具。

（4）选用光通维持率好的灯具。

（5）采用照明和空调一体化灯具。

6. 重视照明配电和控制的节能

（1）照明配电系统应减小灯端电压偏差,使灯端电压不超过其额定电压的105%。为此,应采取下列措施。

① 照明负荷大,技术经济合理时,应设置照明专用变压器,并采用自动调压变压器。

② 照明和电力共用变压器时,应由专用馈电线路供给照明。

③ 城市道路照明宜采用专用变压器供电。

④ 配电干线和分支线应采用足够大的截面,以保证灯端电压符合要求和降低线路损耗。

（2）气体放电灯配用节能电感镇流器时,应装设电容补偿,最好采用单灯补偿,以提高功率因数和降低线路能耗。

（3）照明配电干线和分支线应采用铜芯线;运行使用时间长的场所(如商场营业厅、二班制及三班制生产场所),其导体截面应考虑经济电流密度要求。

（4）照明控制是运行中节能的重要因素,应按照要求设置照明的开关和控制。

7. 照明计量

坚持分户、分单位装设电能表,是照明运行管理中节能的重要保证。

8. 充分利用天然光,把照明和天然采光结合

（1）室内场所灯的布置、开灯方式,应考虑天然光良好时,手动或自动关断一部分照明灯,或自动调光,降低照明输入功率。

（2）道路照明和户外工作场所照明,应设置保证合理开关灯的时间,以便在保证必要的照明需要的条件下合理节能。

（3）对于道路照明和室内工作场所，有条件时，应利用太阳能点灯，包括运行各种导光管和反光装置，将天然光引入室内或地下建筑场所。

本章小结

1. 节约用电的意义和措施

节约用电有利于国民经济的发展，节约电能具有很重要的意义。节约用电的措施包括：提高节电意识，加强节电的科学管理，合理调整电力负荷，开发节电设备，合理选择设备容量和提高功率因数等。

2. 电动机与变压器的节能

电动机是企业中应用最广泛的电气设备之一，也是消耗电能的主要设备，合理选择和使用电动机显得十分重要。

变压器在供用电设备中通常是长期连续运行的，变压器运行时的节能尤为重要。变压器功率损耗也包括有功和无功两部分。运行实践表明，一般电力变压器的经济负荷率为 50% 左右。

3. 照明工程节能

照明工程节能主要讲述照明节能的原则措施、节能效益和技术措施。

习题

11-1 节约电能有何重要意义？

11-2 节约电能的措施有哪些？

11-3 在企业，为什么把电动机和变压器作为主要的节能对象？

11-4 变压器的功率损耗包括哪些？

11-5 低损耗型变压器的功率损耗近似计算式与什么有关？

11-6 照明节能的措施主要有哪些？

11-7 试计算 S9-800/10 型变压器（Dyn11 接线）的经济负荷和经济负荷率。

第 12 章 ———————————————————— Chapter 12

供配电课程设计

12.1 设计任务书

1. 设计题目

机械厂降压变电所的电气设计。

2. 设计要求

要求根据本厂所能取得的电源及本厂用电负荷的实际情况,适当考虑工厂生产的发展,按照安全可靠、技术先进、经济合理的要求,确定变电所的位置与形式,确定变电所主变压器的台数与容量、类型,选择变电所主接线方案及高、低压设备和进出线,确定二次回路方案,选择整定继电保护装置,确定防雷和接地装置。最后,按要求写出设计说明书,绘出设计图样。

3. 设计依据

1)工厂总平面图

机械厂总平面图如图 12-1 所示。

2)工厂负荷情况

本厂多数车间为两班制,年最大负荷利用小时为 4600h,日最大负荷持续时间为 6h。该厂除铸造车间、电镀车间和锅炉房属二级负荷外,其余均属三级负荷。本厂的负荷统计资料如表 12-1 所示。

3)供电电源情况

按照工厂与当地供电部门签订的供用电协议规定,本厂可由附近一条 10kV 的公用电源干线取得工作电源。该干线的走向请参看工厂总平面图。该干线的导线牌号为 LGJ-150,导线为等边三角形排列,线距 2m;干线首端距离本厂约 8km。干线首端装设的高压断路器断流容量为 500MV·A。此断路器配备有定时限过电流保护和电流速断保护,定时限过电流保护整定的动作时间为 1.7s。为满足工厂二级负荷的要求,可采用高压联络线,由邻近的单位取得备用电源。已知与本厂高压侧有电气联系的架空线路总长度为 80km,电缆线路总长度为 25km。

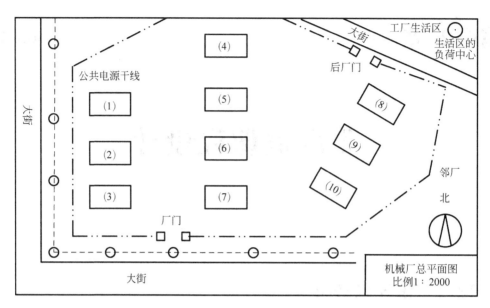

图 12-1 机械厂总平面图

表 12-1 工厂负荷统计资料

厂房编号	厂房名称	负荷类别	设备容量/kW	需要系数	功率因数
1	铸造车间	动力	300	0.3	0.70
		照明	6	0.8	1.0
2	锻压车间	动力	350	0.3	0.65
		照明	8	0.7	1.0
7	金工车间	动力	400	0.2	0.65
		照明	10	0.8	1.0
6	工具车间	动力	360	0.3	0.60
		照明	7	0.9	1.0
4	电镀车间	动力	250	0.5	0.80
		照明	5	0.8	1.0
3	热处理车间	动力	150	0.6	0.80
		照明	5	0.8	1.0
9	装配车间	动力	180	0.3	0.70
		照明	6	0.8	1.0
10	机修车间	动力	160	0.2	0.65
		照明	4	0.8	1.0
8	锅炉房	动力	50	0.7	0.80
		照明	1	0.8	1.0
5	仓库	动力	20	0.4	0.80
		照明	1	0.8	1.0
	生活区	照明	350	0.7	0.90

4) 气象资料

本厂所在地区的年最高气温为 38℃, 年平均气温为 23℃, 年最低气温为 -8℃, 年最热月平均最高气温为 33℃, 年最热月平均气温为 26℃, 年最热月地下 0.8m 处平均温度为 25℃。当地主导风向为东北风, 年雷暴日数为 20。

5) 地质水文资料

本厂所在地区平均海拔 500m, 地层以砂黏土为主, 地下水位 2m。

6) 电费制度

本厂与当地供电部门达成协议, 在工厂变电所高压侧计量电能, 设专用计量柜, 按两部电费制缴纳电费。每月基本电费按主变压器容量计为 18 元/(kV·A), 动力电费为 0.20 元/(kW·h), 照明电费为 0.50 元/(kW·h)。工厂最大负荷时的功率因数不得低于 0.9。此外, 电力用户需按新装变压器容量计算, 一次性地向供电部门缴纳供电补贴费: 6~10kV 为 800 元/(kV·A)。

4. 设计任务

要求在规定时间内独立完成下列工作量。

(1) 设计说明书需包括:

① 前言。

② 目录。

③ 负荷计算和无功功率补偿。

④ 变电所位置和形式的选择。

⑤ 变电所主变压器台数和容量、类型的选择。

⑥ 变电所主接线方案的设计。

⑦ 短路电流的计算。

⑧ 变电所一次设备的选择与校验。

⑨ 变电所进出线的选择与校验。

⑩ 变电所二次回路方案的选择及继电保护整定。

⑪ 防雷保护和接地装置的设计*。

⑫ 附录和参考文献。

(2) 设计图样需包括:

① 变电所主接线图 1 张(A2 图样)。

② 变电所平、剖面图 1 张(A2 图样)。

注: 标 * 号者为课程设计 2 周的要求。

5. 设计时间

_____年_____月_____日至_____年_____月_____日(两周)

12.2　设计说明书

前言(略)

目录(略)

1．负荷计算和无功功率补偿

1）负荷计算

各厂房和生活区的负荷计算如表 12-2 所示。

表 12-2 机械厂负荷计算表

编号	名　称	类别	设备容量 p_e/kW	需要系数 K_d	$\cos\varphi$	$\tan\varphi$	计算负荷			
							P_{30}/kW	Q_{30}/kvar	S_{30}/(kV·A)	I_{30}/A
1	铸造车间	动力	300	0.3	0.7	1.02	90	91.8	—	—
		照明	6	0.8	1.0	0	4.8	0	—	—
		小计	306	—			94.8	91.8	132	201
2	锻压车间	动力	350	0.3	0.65	1.17	105	123	—	—
		照明	8	0.7	1.0	0	5.6	0	—	—
		小计	358	—			110.6	123	165	251
3	热处理车间	动力	150	0.6	0.8	0.75	90	67.5	—	—
		照明	5	0.8	1.0	0	4	0	—	—
		小计	155				94	67.5	116	176
4	电镀车间	动力	250	0.5	0.8	0.75	125	93.8	—	—
		照明	5	0.8	1.0	0	4	0	—	—
		小计	255				129	93.8	160	244
5	仓库	动力	20	0.4	0.8	0.75	8	6	—	—
		照明	1	0.8	1.0	0	0.8	0	—	—
		小计	21	—			8.8	6	10.7	16.2
6	工具车间	动力	360	0.3	0.6	1.33	108	144	—	—
		照明	7	0.9	1.0	0	6.3	0	—	—
		小计	367	—			114.3	144	184	280
7	金工车间	动力	400	0.2	0.65	1.17	80	93.6	—	—
		照明	10	0.8	1.0	0	8	0	—	—
		小计	410	—			88	93.6	128	194
8	锅炉房	动力	50	0.7	0.8	0.75	35	26.3	—	—
		照明	1	0.8	1.0	0	0.8	0	—	—
		小计	51	—			26.3	44.4	67	
9	装配车间	动力	180	0.3	0.7	1.02	54	55.1	—	—
		照明	6	0.8	1.0	0	4.8	0	—	—
		小计	186	—			58.8	55.1	80.6	122
10	机修车间	动力	160	0.2	0.65	1.17	32	37.4	—	—
		照明	4	0.8	1.0	0	3.2	0	—	—
		小计	164	—			35.2	37.4	51.4	78
11	生活区	照明	350	0.7	0.9	0.48	245	117.6	272	413
	总计(380V 侧)	动力	2220				1015.3	856.1	—	—
		照明	403							
		计入 $K_{\Sigma p}=0.8$，$K_{\Sigma q}=0.85$			0.75		812.2	727.6	1090	1656

2）无功功率补偿

由表 12-2 可知，该厂 380V 侧最大负荷时的功率因数只有 0.75，而供电部门要求该厂 10kV 进线侧最大负荷时功率因数不应低于 0.90。考虑到主变压器的无功损耗远大于有功损耗，因此 380V 侧最大负荷时功率因数应稍大于 0.90。暂取 0.92 来计算 380V 侧所需无功功率补偿容量：

$$Q_\mathrm{C} = P_{30}(\tan\varphi_1 - \tan\varphi_2) = 812.2 \times [\tan(\arccos 0.75) - \tan(\arccos 0.92)] = 370(\mathrm{kvar})$$

参照图 12-2 和图 12-3，选择 PGJ1 型低压自动补偿屏*，并联电容器为 BW0.4-14-3 型，采用其方案 1（主屏）1 台与方案 3（辅屏）4 台相组合，总容量 84×5＝420（kvar）。因此，无功补偿后，工厂 380V 侧和 10kV 侧的负荷计算如表 12-3 所示。

注：＊补偿屏形式甚多，如有资料，可选其他形式。

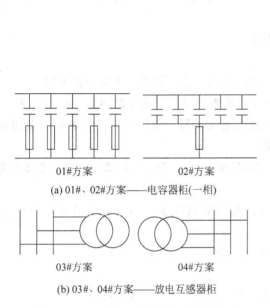

(a) 01#、02#方案——电容器柜(一相)

03#方案　　　　04#方案

(b) 03#、04#方案——放电互感器柜

图 12-2　GR 型高压电容器柜的接线方案

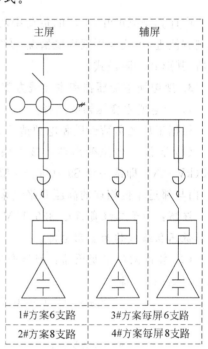

图 12-3　PGJ1 型低压无功功率自动补偿屏的接线方案

表 12-3　无功补偿后工厂的计算负荷

项　　目	$\cos\varphi$	计　算　负　荷			
		P_{30}/kW	Q_{30}/kvar	$S_{30}/(\mathrm{kV \cdot A})$	I_{30}/A
380V 侧补偿前负荷	0.75	812.2	727.6	1090	1556
380V 侧无功补偿容量			−420		
380V 侧补偿后负荷	0.935	812.2	307.6	868.5	1320
主变压器功率损耗		$0.015S_{30}=13$	$0.06S_{30}=52$		
10kV 侧负荷总计	0.92	825.2	359.6	900	5

2. 变电所位置和形式的选择

变电所的位置应尽量接近工厂的负荷中心。工厂的负荷中心按功率矩法来确定。首先测出各车间负荷点的坐标位置：$P_1(x_1, y_1)$、$P_2(x_2, y_2)$、$P_3(x_3, y_3)$等，然后将工厂的负荷中心设在 $P(x, y)$ 处。$P = P_1 + P_2 + \cdots = \sum P_i$，按照下列计算公式可计算出工厂变电所的位置坐标：

$$x = \frac{P_1 x_1 + P_2 x_2 + P_3 x_3 + \cdots}{P_1 + P_2 + P_3 + \cdots} = \frac{\sum P_i x_i}{\sum P_i} \tag{12-1}$$

$$y = \frac{P_1 y_1 + P_2 y_2 + P_3 y_3 + \cdots}{P_1 + P_2 + P_3 + \cdots} = \frac{\sum P_i y_i}{\sum P_i} \tag{12-2}$$

由计算结果可知，工厂的负荷中心在(5)号厂房(仓库)的东北角(参看图12-1)。考虑到方便进、出线及周围环境情况，决定在(5)号厂房(仓库)的东侧紧靠厂房修建工厂变电所，其形式为附设式。

3. 变电所主变压器和主接线方案的选择

1) 变电所主变压器的选择

根据工厂的负荷性质和电源情况，工厂变电所的主变压器可有下列两种方案。

(1) 装设一台主变压器：形式采用 S9，容量根据 $S_{NT} \geqslant S_{30}$，选 $S_{NT} = 1000 \geqslant S_{30} = 900(\text{kV·A})$，即选一台 S9-1000/10 型低损耗配电变压器。至于工厂二级负荷的备用电源，由与邻近单位相连的高压联络线来承担。

注意： 由于二级负荷达 335.1kV·A，380V 侧电流达 509A，距离又较长，因此不能采用低压联络线作为备用电源。

(2) 装设两台主变压器：型号亦采用 S9，每台容量应满足 $S_{NT} \approx (0.6 \sim 0.7)S_{30}$ 且 $S_{NT} \geqslant S_{30(\text{I}+\text{II})}$，即

$$S_{NT} \approx (0.6 \sim 0.7) \times 900 = 540 \sim 630(\text{kV·A})$$

而且

$$S_{NT} \geqslant S_{30(\text{I}+\text{II})} = (132 + 160 + 44.4) = 336.4(\text{kV·A})$$

因此，选择两台 S9-630/10 型低损耗配电变压器。工厂二级负荷的备用电源由与邻近单位相连的高压联络线来承担。

主变压器的连接组别均采用 Yyn0。

2) 变电所主接线方案的选择

按上面考虑的两种主变压器的方案，设计出下列两种主接线方案。

(1) 装设一台主变压器的主接线方案，如图12-4所示(低压侧主接线略)。

(2) 装设两台主变压器的主接线方案，如图12-5所示(低压侧主接线略)。

(3) 两种主接线方案的技术经济比较(见表12-4)。

从表中可以看出，按技术指标，装设两台主变的主接线方案(见图12-5)略优于装设一台主变的主接线方案(见图12-4)；但按经济指标，装设一台主变的方案(见图12-4)远优于装设两台主变的方案(见图12-5)，因此决定采用装设一台主变的方案(见图12-4)。

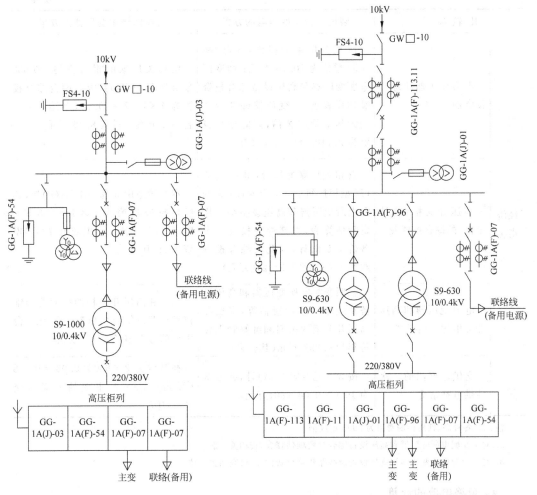

图 12-4　装设一台主变压器的主接线方案　　图 12-5　装设两台主变压器的主接线方案
（附高压柜列图）　　　　　　　　　　　　　　　（附高压柜列图）

说明：如果工厂负荷近期有较大增长,宜采用装设两台主变的方案。

表 12-4　两种主接线方案的比较

比 较 项 目		装设一台主变压器的方案	装设两台主变压器的方案
技术指标	供电安全性	满足要求	满足要求
	供电可靠性	基本满足要求	满足要求
	供电质量	由于一台主变,电压损耗略大	由于两台主变并列,电压损耗略小
	灵活方便性	只有一台主变,灵活性稍差	由于有两台主变,灵活性较好
	扩建适应性	稍差一些	更好一些

续表

比 较 项 目		装设一台主变压器的方案	装设两台主变压器的方案
经济指标	电力变压器的综合投资额	由相关厂家的报价,查得 S9-1000 单价为 10.76 万元;由变配电所变压器和高压设备综合投资额估算表查得,变压器综合投资约为其单价的 2 倍,因此综合投资为 2×10.76＝21.52(万元)	由相关厂家的报价查得,S9-630 单价为 7.47 万元,因此两台综合投资为 4×7.47＝29.88(万元),比一台主变方案多投资 8.36 万元
	高压开关柜(含计量柜)的综合投资额	查相关厂家的报价,得 GG-1A(F)型柜按每台 3.5 万元计;查变配电所变压器和高压设备综合投资额估算表,得其综合投资按设备价 1.5 倍计,因此其综合投资约为 4×1.5×3.5＝21(万元)	本方案采用 6 台 GG-1A(F)柜,其综合投资额约为 6×1.5×3.5＝31.5(万元),比一台主变的方案多投资 10.5 万元
	电力变压器和高压开关柜的年运行费	参照变配电所变压器和高压设备及线路年运行费估算,主变和高压开关柜的折旧和维修管理费每年为 4.893 万元(其余略)	主变和高压开关柜的折旧费和维修管理费每年为 7.067 万元,比一台主变的方案多耗 2.174 万元
	交供电部门的一次性供电补贴费	按 800 元/(kV·A)计,补贴费为 1000×0.08＝80(万元)	补贴费为 2×630×0.08＝100.8(万元),比一台主变的方案多交 20.8 万元

注：1. 各种高、低压柜的费用为 1995 年数据。

2. 对于变配电所变压器和高压设备综合投资额估算表,查相关手册。

3. 对于变配电所变压器和高压设备及线路年运行费估算,可查相关手册。

4. 短路电流的计算

1) 绘制计算电路(见图 12-6)

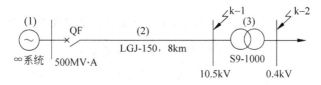

图 12-6　短路计算电路

2) 确定基准值

设 $S_d＝100\text{MV·A}$, $U_d＝U_c$, 即高压侧 $U_{d1}＝10.5\text{kV}$, 低压侧 $U_{d2}＝0.4\text{kV}$, 则

$$I_{d1} = \frac{S_d}{\sqrt{3}U_{d1}} = \frac{100}{\sqrt{3}\times 10.5} = 5.5(\text{kA}) \tag{12-3}$$

$$I_{d2} = \frac{S_d}{\sqrt{3}U_{d2}} = \frac{100}{\sqrt{3}\times 0.4} = 144(\text{kA}) \tag{12-4}$$

3) 计算短路电路中各元件的电抗标幺值

(1) 电力系统：

$$X_s^* = \frac{100}{500} = 0.2 \tag{12-5}$$

(2) 架空线路：

查有关设计手册，得 LGJ-150 的 $x_0 = 0.36 \Omega/km$，而线路长 8km，故

$$X_{WL}^* = 0.36 \times 8 \times \frac{100}{10.5^2} = 2.6 \tag{12-6}$$

(3) 电力变压器：

查有关设计手册，得 $U_k\% = 4.5$，故

$$X_T^* = \frac{4.5}{100} \times \frac{100 \times 1000}{1000} = 4.5 \tag{12-7}$$

因此绘等效电路如图 12-7 所示。

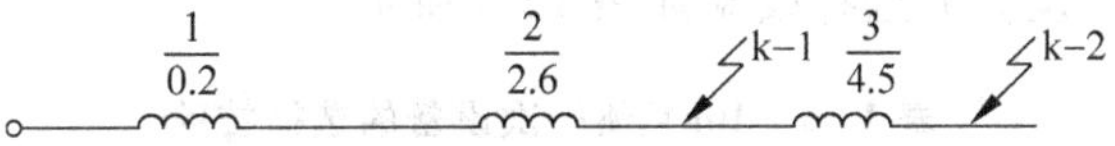

图 12-7　等效电路

4) 计算 $k-1$ 点 (10.5kV 侧) 的短路电路总电抗及三相短路电流和短路容量

(1) 总电抗标幺值：

$$X_{\Sigma(k-1)}^* = X_s^* + X_{wl}^* = 2.8 \tag{12-8}$$

(2) 三相短路电流周期分量有效值：

$$X_{k-1}^* = \frac{I_{d1}}{X_{\Sigma(k-1)}^*} = 1.96(kA) \tag{12-9}$$

(3) 其他短路电流：

$$I''^{(3)} = I_\infty^{(3)} = I_{k-1}^{(3)} = 1.96kA \tag{12-10}$$

$$i_{sh}^{(3)} = 2.55 I''^{(3)} = 2.55 \times 1.96 = 5.0(kA) \tag{12-11}$$

$$I_{sh}^{(3)} = 1.51 I''^{(3)} = 1.51 \times 1.96 = 2.96(kA) \tag{12-12}$$

(4) 三相短路容量：

$$S_{k-1}^{(3)} = \frac{S_d}{X_{\Sigma(k-1)}^*} = 35.7(MV \cdot A) \tag{12-13}$$

5) 计算 $k-2$ 点 (0.4kV 侧) 的短路电路总电抗及三相短路电流和短路容量

(1) 总电抗标幺值：

$$X_{\Sigma(k-2)}^* = X_s^* + X_{WL}^* + X_T^* = 7.3 \tag{12-14}$$

(2) 三相短路电流周期分量有效值：

$$X_{k-2}^* = \frac{I_{d2}}{X_{\Sigma(k-2)}^*} = 19.7(kA) \tag{12-15}$$

(3) 其他短路电流：

$$I''^{(3)} = I_\infty^{(3)} = I_{k-2}^{(3)} = 19.7kA \tag{12-16}$$

$$i_{sh}^{(3)} = 1.84 I''^{(3)} = 1.84 \times 19.7 = 36.2(kA) \tag{12-17}$$

$$I_{sh}^{(3)} = 1.09I''^{(3)} = 1.09 \times 19.7 = 21.5(\text{kA}) \qquad (12\text{-}18)$$

（4）三相短路容量：

$$S_{k-2}^{(3)} = \frac{S_d}{X_{\Sigma(k-2)}^*} = 13.7(\text{MV} \cdot \text{A}) \qquad (12\text{-}19)$$

以上计算结果综合如表12-5所示。

表 12-5 短路计算结果

短路计算点	三相短路电流/kA					二相短路容量/(MV·A)
	$I_k^{(3)}$	$I''^{(3)}$	$I_\infty^{(3)}$	$i_{sh}^{(3)}$	$I_{sh}^{(3)}$	$S_k^{(3)}$
k-1	1.96	1.96	1.96	5.0	2.96	35.7
k-2	19.7	19.7	19.7	36.2	21.5	13.7

5. 变电所一次设备的选择校验

（1）10kV侧一次设备的选择校验如表12-6所示。

表 12-6 10kV侧一次设备的选择校验

选择校验项目		电压	电流	断流能力	动稳定度	热稳定度	其他
装置地点条件	参数	U_N	I_{30}	$I_k^{(3)}$	$i_{sh}^{(3)}$	$I_\infty^{(3)2} t_{ima}$	
	数据	10kV	57.7A ($I_{1N\cdot T}$)	1.96kA	5.0kA	$1.96^2 \times 1.9 = 7.3$	
一次设备型号规格	额定参数	U_N	I_N	I_∞	i_{max}	$I_t^2 t$	
	高压少油断路器 SN10-10I/630	10kV	630A	16kA	40kA	$16^2 \times 2 = 512$	
	高压隔离开关 GN$_8^6$-10/200	10kV	200A	—	25.5kA	$10^2 \times 5 = 500$	
	高压熔断器 RN2-10	10kV	0.5A	50kA	—	—	
	电压互感器 JDJ-10	10/0.1kV	—	—	—	—	
	电压互感器 JDZJ-10	$\dfrac{10}{\sqrt{3}}/\dfrac{0.1}{\sqrt{3}}/\dfrac{0.1}{3}$kV	—	—	—	—	
	电流互感器 LQJ-10	10kV	100/5A	—	$225 \times \sqrt{2} \times 0.1 = 31.8(\text{kA})$	$(90 \times 0.1)^2 = 81$	二次负荷 0.6Ω
	避雷器 FS4-10	10kV		—			
	户外式高压隔离开关 GW4-15G/200	15kV	200A	—			

表12-6所选设备均满足要求。

（2）380V 侧一次设备的选择校验如表 12-7 所示。

表 12-7　380V 侧一次设备的选择校验

选择校验项目		电压	电流	断流能力	动稳定度	热稳定度	其他
装置地点条件	参数	U_N	I_{30}	$I_k^{(3)}$	$i_{sh}^{(3)}$	$I_\infty^{(3)2} t_{ima}$	
	数据	380V	总 1320A	19.7kA	36.2kA	$19.7^2 \times 0.7$ $= 272$	
一次设备型号规格	额定参数	U_N	I_N	I_∞	i_{max}	$I_t^2 t$	
	低压断路器 DW15-1500/3 电动	380V	1500A	40kA			
	低压断路器 DZ20-630	380V	630A（大于 I_{30}）	一般 30kA			
	低压断路器 DZ20-200	380V	200A（大于 I_{30}）	一般 25kA			
	低压刀开关 HD13-1500/30	380V	1500A	—			
	电流互感器 LMZJ1-0.5	500V	1500/5A	—			
	电流互感器 LMZ1-0.5	500V	160/5A 100/5A	—			

表 12-7 所选设备均满足要求。

（3）高、低压母线的选择。

查配电设计手册，10kV 母线选 LMY-3(40×4)，即母线尺寸为 400mm×4mm；380V 母线选 LMY-3(120×10)＋80×6，即相母线尺寸为 120mm×10mm，中性母线尺寸为 800mm×6mm。

6. 变电所进出线和与邻近单位联络线的选择

1）10kV 高压进线和引入电缆的选择

（1）10kV 高压进线的选择校验：采用 LJ 型铝绞线架空敷设，接往 10kV 公用干线。

① 按发热条件选择。

由 $I_{30} = I_{1N.T} = 57.7$A 及室外环境温度 33℃，查相关设计手册，初选 LJ-16，其 35℃ 时的 $I_{al} \approx 95$A $\geqslant I_{30}$，满足发热条件。

② 校验机械强度。

查相关设计手册，LJ 型铝绞线架空敷设最小允许截面 $A_{min} = 35$mm²，因此 LJ-16 不满足机械强度要求，故改选 LJ-35。

由于此线路很短，不需校验电压损耗。

（2）由高压配电室至主变的一段引入电缆的选择校验：采用 YJL22-10000 型交联聚乙烯绝缘的铝芯电缆直接埋地敷设。

① 按发热条件选择。

由 $I_{30} = I_{1N.T} = 57.7$ 及土壤温度 25℃，查相关设计手册，初选缆芯为 25mm² 的交联聚乙烯绝缘的铝芯电缆,其 $I_{al} \approx 90A \geqslant I_{30}$,满足发热条件。

② 校验短路热稳定。

满足短路热稳定的最小截面为

$$A_{\min} = I_{\infty}^{(3)} \frac{\sqrt{t_{\mathrm{ima}}}}{C} = 1960 \times \frac{\sqrt{0.75}}{77} = 22 (\mathrm{mm}^2) < A = 25\mathrm{mm}^2 \qquad (12\text{-}20)$$

式中的 C 值由设计手册查得。

因此,YJL22-10000-3×25 电缆满足要求。

2) 380V 低压出线的选择

(1) 馈电给 1 号厂房(铸造车间)的线路采用 VLV22-1000 型聚氯乙烯绝缘铝芯电缆直接埋地敷设。

① 按发热条件选择。

由 $I_{30} = 201A$ 及地下 0.8m 土壤温度为 25℃,查相关设计手册,初选 120mm²,其 $I_{al} =$ 212A $\geqslant I_{30}$,满足发热条件。

注意:如当地土壤温度不为 25℃,其 I_{al} 应乘以修正系数,系数可查配电设计手册得到。

② 校验电压损耗。

由图 12-1 所示平面图量得变电所至 1 号厂房距离约 100m,由设计手册查得 120mm² 的铝芯电缆的 $R_0 = 0.31\Omega/\mathrm{km}$(按缆芯工作温度 75℃计),$X_0 = 0.07\Omega/\mathrm{km}$。又 1 号厂房的 $P_{30} = 94.8\mathrm{kW}$,$Q_{30} = 91.8\mathrm{kvar}$,计算电压损失,得

$$\Delta U = \frac{94.8 \times (0.31 \times 0.1) + 91.8 \times (0.07 \times 0.1)}{0.38} = 9.4(\mathrm{V}) \qquad (12\text{-}21)$$

$$\Delta U\% = (9.4/380) \times 100\% = 2.5\% < \Delta U_{al}\% = 5\% \qquad (12\text{-}22)$$

满足允许电压损耗的 5% 的要求。

③ 短路热稳定度校验。

求满足短路热稳定度的最小截面:

$$A_{\min} = I_{\infty}^{(3)} \frac{\sqrt{t_{\mathrm{ima}}}}{C} = 19700 \times \frac{\sqrt{0.75}}{76} = 224 (\mathrm{mm}^2) \qquad (12\text{-}23)$$

式中:$t_{\mathrm{ima}} = t_{\mathrm{op}} + t_{\mathrm{oc}} + 0.05 = 0.5 + 0.2 + 0.05 = 0.75(\mathrm{s})$,即变电所高压侧过电流保护动作时间按 0.5s 整定(终端变电所),再加上断路器断路时间 0.2s,再加 0.05s。

由于前面所选的 120mm² 缆芯截面小于 $A_{\min}$,不满足短路热稳定度要求,因此改选缆芯 240mm² 的聚氯乙烯电缆,即 VLV22-1000-3×240+1×120 的四芯电缆(中性线芯按不小于相线芯一半选择,下同)。

(2) 馈电给 2 号厂房(锻压车间)的线路。

采用 VLV22-1000 聚氯乙烯绝缘铝芯电缆直埋敷设(方法同上,从略)。缆芯截面选 240mm²,即 VLV22-1000-3×240+1×120 的四芯电缆。

(3) 馈电给 3 号厂房(热处理车间)的线路。

采用 VLV22-1000 聚氯乙烯绝缘铝芯电缆直埋敷设(方法同上,从略)。缆芯截面选

$240mm^2$,即 VLV22-1000-3×240+1×120 的四芯电缆。

(4) 馈电给 4 号厂房(电镀车间)的线路。

采用 VLV22-1000 聚氯乙烯绝缘铝芯电缆直埋敷设(方法同上,从略)。缆芯截面选 $240mm^2$,即 VLV22-1000-3×240+1×120 的四芯电缆。

(5) 馈电给 5 号厂房(仓库)的线路。

由于仓库就在变电所旁边,而且是同一建筑物,因此采用聚氯乙烯绝缘铝芯导线 BLV-1000 型 5 根(3 根相线,1 根中性线,1 根保护线)穿硬塑料管埋地敷设。

① 按发热条件选择。

由 $I_{30}=16.2A$ 及环境温度(年最热月平均气温)26℃,查相关设计手册,相线截面初选 $4mm^2$,其 $I_{al}≈19A>I_{30}$,满足发热条件。

按规定,中性线和保护线也选为 $4mm^2$,与相线截面相同,即选用 BLV-1000-1× $4mm^2$ 塑料导线 5 根穿内径 25mm 的硬塑管。

② 校验机械强度。

查配电设计手册,最小允许截面 $A_{min}=2.5mm^2$,因此上面所选 $4mm^2$ 的相线满足机械强度要求。

③ 校验电压损耗。

所选穿管线估计长度 50m,查配电设计手册得 $R_0=8.55Ω/km$,$X_0=0.119Ω/km$;又仓库的 $P_{30}=8.8kW$,$Q_{30}=6kvar$,因此计算电压损失,得

$$\Delta U = \frac{8.8×(8.55×0.05)+6×(0.119×0.05)}{0.38}=10(V) \tag{12-24}$$

$$\Delta U\% = (10/380)×100\% = 2.63\% < \Delta U_{al}\% = 5\% \tag{12-25}$$

满足允许电压损耗的 5% 的要求。

(6) 馈电给 6 号厂房(工具车间)的线路。

采用 VLV22-1000 聚氯乙烯绝缘铝芯电缆直埋敷设(方法同上,从略)。缆芯截面选 $240mm^2$,即 VLV22-1000-3×240+1×120 的四芯电缆。

(7) 馈电给 7 号厂房(金工车间)的线路。

采用 VLV22-1000 聚氯乙烯绝缘铝芯电缆直埋敷设(方法同上,从略)。缆芯截面选 $240mm^2$,即 VLV22-1000-3×240+1×120 的四芯电缆。

(8) 馈电给 8 号厂房(锅炉房)的线路。

采用 VLV22-1000 聚氯乙烯绝缘铝芯电缆直埋敷设(方法同上,从略)。缆芯截面选 $240mm^2$,即 VLV22-1000-3×240+1×120 的四芯电缆。

(9) 馈电给 9 号厂房(装配车间)的线路。

采用 VLV22-1000 聚氯乙烯绝缘铝芯电缆直埋敷设(方法同上,从略)。缆芯截面选 $240mm^2$,即 VLV22-1000-3×240+1×120 的四芯电缆。

(10) 馈电给 10 号厂房(机修车间)的线路。

采用 VLV22-1000 聚氯乙烯绝缘铝芯电缆直埋敷设(方法同上,从略)。缆芯截面选 $240mm^2$,即 VLV22-1000-3×240+1×120 的四芯电缆。

(11) 馈电给生活区的线路：采用型铝绞线架空敷设。

① 按发热条件选择。

由 $I_{30}=413\text{A}$ 及室外环境温度为 33℃，查相关设计手册，初选 LJ-185，其 33℃ 时的 $I_{al}\approx455\text{A}>I_{30}$，满足发热条件。

② 校验机械强度。

查配电设计手册，最小允许截面 $A_{min}=16\text{mm}^2$，因此 LJ-185 满足机械强度要求。

③ 校验电压损耗。

由图 12-1 所示平面图量得变电所至生活区负荷中心距离约 200m，而由设计手册查得 LJ-185 的 $R_0=0.18\Omega/\text{km}$，$X_0=0.3\Omega/\text{km}$（按线间几何均距 0.8m 计）；又生活区的 $P_{30}=245\text{kW}$，$Q_{30}=117.6\text{kvar}$，因此计算电压损失，得

$$\Delta U = \frac{245\times(0.18\times0.2)+117.6\times(0.3\times0.2)}{0.38} = 42(\text{V}) \qquad (12\text{-}26)$$

$$\Delta U\% = \frac{42}{380}\times100\% = 11.1\% \gg \Delta U_{al}\% = 5\% \qquad (12\text{-}27)$$

由此看来，对生活区采用一回 LJ-185 架空线路供电是不行的。为了确保生活用电（照明、家电）的电压质量，决定采用四回 LJ-120 架空线路对生活区供电，查配电设计手册得 LJ-120 的 $R_0=0.28\Omega/\text{km}$，$X_0=0.3\Omega/\text{km}$（按线间几何均距 0.6m 计），因此

$$\Delta U = \frac{(245/4)\times(0.28\times0.2)+(117.6/4)\times(0.3\times0.2)}{0.38}$$
$$= 13.7(\text{V}) \qquad (12\text{-}28)$$

$$\Delta U\% = \frac{13.7}{380}\times100\% = 3.6\% < \Delta U_{al}\% = 5\% \qquad (12\text{-}29)$$

满足要求。

中性线采用 LJ-70 铝绞线。

(12) 作为备用电源的高压联络线的选择校验。

采用 YJL22-10000 型交联聚乙烯绝缘的铝芯电缆，直接埋地敷设，与相距约 2km 的邻近单位变配电所的 10kV 母线相连。

① 按发热条件选择。

工厂二级负荷容量共 335.1kV·A，$I_{30}=335.1/(\sqrt{3}\times10)=19.3(\text{A})$，最热月土壤平均温度为 25℃。因此，查配电设计手册，初选缆芯截面为 25mm^2 的交联聚乙烯绝缘铝芯电缆，其 $I_{al}=90\text{A}>I_{30}$，满足发热条件。

② 校验电压损耗。

由设计手册查得缆芯 25mm^2 的铝芯电缆的 $R_0=1.54\Omega/\text{km}$（按缆芯工作温度 80℃ 计），$X_0=0.12\Omega/\text{km}$。而二级负荷的 $P_{30}=94.8+129+35.8=259.6(\text{kW})$，$Q_{30}=91.8+93.8+26.3=211.9(\text{kvar})$。线路长度按 2km 计，计算电压损失，得

$$\Delta U = \frac{259.6\times(1.54\times2)+211.9\times(0.12\times2)}{10} = 85(\text{V}) \qquad (12\text{-}30)$$

$$\Delta U\% = \frac{85}{10000}\times100\% = 0.85\% \ll \Delta U_{al}\% = 5\% \qquad (12\text{-}31)$$

由此可见，满足允许电压损耗 5% 的要求。

③ 短路热稳定校验。

按本变电所高压侧短路电流校验,由前述引入电缆的短路热稳定校验,可知缆芯 $25mm^2$ 的交联电缆是满足热稳定要求的,而邻近单位10kV的短路数据未知,因此该联络线的短路热稳定校验计算无法进行,只有暂缺。

综合以上所选变电所进出线和联络线的导线及电缆型号规格,如表 12-8 所示。

表 12-8　变电所进出线和联络线的导线及电缆型号规格

线 路 名 称		导线或电缆的型号规格
10kV 电源进线		LJ-35 铝绞线(三相三线架空)
主变引入电缆		YJL22-10000-3×25 交联电缆(直埋)
380V 低压出线	至 1 号厂房	VLV22-1000-3×240+1×120 四芯塑料电缆(直埋)
	至 2 号厂房	VLV22-1000-3×240+1×120 四芯塑料电缆(直埋)
	至 3 号厂房	VLV22-1000-3×240+1×120 四芯塑料电缆(直埋)
	至 4 号厂房	VLV22-1000-3×240+1×120 四芯塑料电缆(直埋)
	至 5 号厂房	BLV-1000-1×4 铝心线 5 根穿内径 25mm 硬塑管
	至 6 号厂房	VLV22-1000-3×240+1×120 四芯塑料电缆(直埋)
	至 7 号厂房	VLV22-1000-3×240+1×120 四芯塑料电缆(直埋)
	至 8 号厂房	VLV22-1000-3×240+1×120 四芯塑料电缆(直埋)
	至 9 号厂房	VLV22-1000-3×240+1×120 四芯塑料电缆(直埋)
	至 10 号厂房	VLV22-1000-3×240+1×120 四芯塑料电缆(直埋)
	至生活区	四回路 3×LJ-120+1×LJ-70(三相四线架空)
与邻近单位 10kV 联络线		YJL22-10000-3×25 交联电缆(直埋)

7. 变电所二次回路方案的选择与继电保护的整定

1)高压断路器的操动机构控制与信号回路

断路器采用手动操动机构,其控制与信号回路如图 12-8 所示。

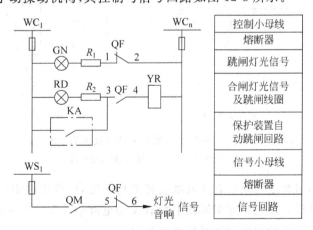

图 12-8　手动操动机构控制与信号回路

WC—控制小母线;WS—信号小母线;GN—绿色指示灯;RD—红色指示灯;R_1、R_2—限流电阻;
YR—跳闸线圈(脱扣器);KA—继电保护出口继电器触点;QF1～6—断路器 QF 的辅助触点;
QM—手动操作机构辅助触点

2）变电所的电能计量回路

变电所高压侧装设专用计量柜，装设三相有功电度表和无功电度表，分别计量全厂消耗的有功电能和无功电能，并据以计算每月工厂的平均功率因数。计量柜由上级供电部门加封和管理。

3）变电所的测量和绝缘监察回路

变电所高压侧装有电压互感器—避雷器柜。其中，电压互感器为 3 个 JDZJ-10 型，组成 Y₀/Y₀/△（开口三角）的接线，用以实现电压测量和绝缘监察。接线图如图 12-9 所示。

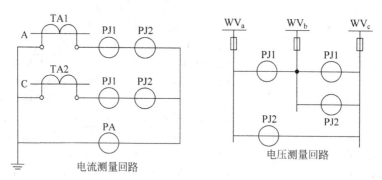

图 12-9　6～10kV 线路测量和计量仪表的原理接线

PA—电流表；PJ1—三相有功电度表（DS2，DS862）；PJ2—三相无功电度表（DX2，DX863）

作为备用电源的高压联络线上装有三相有功电度表、三相无功电度表和电流表，接线图如图 12-10 所示。高压进线上，亦装有电流表。

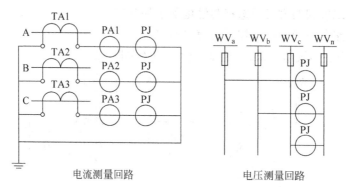

图 12-10　220/380V 线路测量和计量仪表的原理电路

PA—电流表；PJ—三相四线有功电度表

低压侧的动力出线上均装有有功电度表和无功电度表，低压照明线路上装有三相四线有功电度表。低压并联电容器组线路上装有无功电度表。每一回路均装有电流表，低压母线装有电压表。表的准确度等级按规范要求。

4）变电所的保护装置

（1）主变压器的继电保护装置。

① 装设瓦斯保护。当变压器油箱内故障，产生轻微瓦斯或油面下降时，瞬时动作于

信号;当产生大量瓦斯时,应动作于高压侧断路器。

② 装设反时限过电流保护。采用 GL15 型感应式过电流继电器,两相两继电器式接线,去分流跳闸的操作方式。

a. 过电流保护动作电流的整定。

根据附表 44,其中 $K_{gh}I_{1rT}=2\times1000/(\sqrt{3}\times10)=115(A)$,$K_{rel}=1.3$,$K_{jx}=1$,$K_r=0.8$,$n_{TA}=100/5=20$,因此动作电流 $I_{op\cdot k}=\dfrac{1.3\times1}{0.8\times20}\times115=9.3(A)$,整定为 10A。注意:$I_{op\cdot k}$ 只能整数,且不能大于 10A。

b. 过电流保护动作时间的整定。

因本变电所为电力系统的终端变电所,故其过电流保护的动作时间(10 倍动作电流动作时间)可整定为最短的 0.5s。

c. 过电流保护灵敏系数的检验。

根据附表 44,$S_p=\dfrac{I_{2k2\cdot min}}{I_{op}}\geqslant1.5$,其中 $I_{op}=I_{op\cdot k}\dfrac{n_{TA}}{K_{jx}}=10\times20/1=200A$,$I_{2k2\cdot min}=I_{22k2\cdot min}/n_T=0.866\times19.7/(10/0.4)=0.682(kA)$,因此其保护灵敏系数 $S_p=\dfrac{682}{200}=3.41>1.5$,满足灵敏系数 1.5 的要求。

③ 装设电流速断保护。利用 GL15 的速断装置。

a. 速断电流的整定。

根据附表 44,利用式 $I_{qb}=K_{rel}K_{jx}\dfrac{K''_{2k3\cdot max}}{n_{TA}}$,其中 $K''_{2k3\cdot max}=I^{(3)}_{k-2}/n_T=0.788(kA)$,$K_{rel}=1.4$,$K_{jx}=1$,$n_{TA}=100/5=20$,因此速断电流 $I_{qb}=1.4\times1\times\dfrac{788}{20}=55(A)$。

速断电流倍数整定为 $n_{qb}=\dfrac{I_{qb}}{I_{op\cdot k}}=\dfrac{55}{10}=5.5$。

注意:n_{qb} 可不为整数,但必须在 2~8 之间。

b. 电流速断保护灵敏系数的检验。

根据附表 44,利用式 $S_p=\dfrac{I''_{1k2\cdot min}}{I_{op}}$,其中 $I_{op}=I_{qb}\dfrac{n_{TA}}{K_{jx}}=55\times20/1=1100(A)$,$I''_{1k2\cdot min}=I^{(2)}_{k-1}=0.866\times1.96=1.7(kA)$,因此其保护灵敏系数 $S_p=\dfrac{1700}{1100}=1.55$。按 GB 50062—1992 的规定,电流保护(含电流速断保护)的最小灵敏系数为 1.5,因此这里装设的电流速断保护的灵敏系数达到要求。但按 JBJ 6—1996 和 JGJ/T 16—1992 的规定,其最小灵敏系数为 2,这里装设的电流速断保护灵敏系数偏低。

(2) 作为备用电源的高压联络线的继电保护装置。

① 装设反时限过电流保护。采用 GL15 型感应式过电流继电器,两相两继电器式接线,去分流跳闸的操作方式。

a. 过电流保护动作电流的整定。

根据附表 45,其中 $I_{gh}=2I_{30}$,$I_{30}=0.6\times52=31.2(A)$,$K_{rel}=1.3$,$K_{jx}=1$,$K_r=0.8$,

$n_{TA}=50/5=10$，因此动作电流 $I_{op \cdot k}=0.3\times1\times\dfrac{2\times31.2}{0.8\times10}=10.1(A)$，整定为 10A。

b. 过电流保护动作时间的整定。按终端保护考虑，动作时间整定为 0.5s。

c. 过电流保护灵敏系数。因无邻近单位变电所 10kV 母线经联络线至本厂变电所低压母线的短路数据，无法检验灵敏系数，只有从略。

② 装设电流速断保护。利用 GL15 的速断装置，但因无经邻近单位变电所和联络线至本厂变电所高低压母线的短路数据，无法整定计算和检验灵敏系数，只有从略。

（3）变电所低压侧的保护装置。

① 低压总开关采用 DW15-1500/3 型低压断路器，三相均装过流脱扣器，既可保护低压侧的相间短路和过负荷（利用其长延时脱扣器），而且可保护低压侧单相接地短路。脱扣器动作电流的整定可参看配电设计手册或其他有关手册，限于篇幅，此略。

② 低压侧所有出线上均采用 DZ20 型低压断路器控制，其瞬时脱扣器可实现对线路短路故障的保护。限于篇幅，整定计算从略，可参见其他设计手册。

8. 变电所的防雷保护与接地装置的设计

1）变电所的防雷保护

（1）直击雷防护：在变电所屋顶装设避雷针或避雷带，并引出两根接地线与变电所公共接地装置相连。

如变电所的主变压器装在室外或有露天配电装置，应在变电所外面的适当位置装设独立避雷针，装设高度应使其防雷保护范围包括整个变电所。如果变电所处在其他建筑物的直击雷防护范围以内，可不另设独立避雷针。按规定，独立避雷针的接地装置接地电阻 $R_E\leqslant10\Omega$（见表 12-9）。通常采用 3～6 根长 2.5m、ϕ50mm 的钢管，在装避雷针的杆塔附近呈一排或多边形排列，管间距离 5m，打入地下，管顶距地面 0.6m。接地管间用 40mm×4mm 的镀锌扁钢焊接相连。引下线用 25mm×4mm 的镀锌扁钢，下与接地体焊接相连，并与装避雷针的杆塔及其基础内的钢筋相焊接；上与避雷针焊接相连。避雷针采用 ϕ20mm 的镀锌圆钢，长 1～1.5m。独立避雷针的接地装置与变电所公共接地装置应有 3m 以上距离。

表 12-9　电力装置和建筑物要求的接地电阻最大值

序号	装置名称	装置特点	接地电阻/Ω
1	1kV 以上小接地电流系统	仅用于该系统的接地装置	$R_E\leqslant250/I_E$ 且 $R_E\leqslant10$
2		与 1kV 以下系统共用的接地装置	$R_E\leqslant120/I_E$ 且 $R_E\leqslant4$
3	1kV 以下系统	与总容量 100kV·A 以上的发电机或变压器相连的接地装置	$R_E\leqslant4$
4		上述（序号 3）装置的重复接地	$R_E\leqslant10$
5		与总容量 100kV·A 及以下的发电机或变压器相连的接地装置	$R_E\leqslant10$
6		上述（序号 5）装置的重复接地	$R_E\leqslant30$

续表

序号	装置名称	装置特点		接地电阻/Ω
7	变配电所和线路的防雷装置	独立避雷针和避雷线		$R_E \leqslant 10$
8		变配电所装设的避雷器	与序号3装置共用	$R_E \leqslant 4$
9			与序号5装置共用	$R_E \leqslant 10$
10		线路上装设的避雷器或保护间隙	与电机无电气联系	$R_E \leqslant 10$
11			与电机有电气联系	$R_E \leqslant 5$
12	建筑物的防雷装置	第一类防雷建筑物	防直击雷	$R_{sh} \leqslant 10$
13			防雷电感应	$R_{sh} \leqslant 10$
14			防雷电波侵入	$R_{sh} \leqslant 10$
15		第二类防雷建筑物(防直击雷、防雷电感应和防雷电波侵入共用接地装置)		$R_{sh} \leqslant 10$
16		第三类防雷建筑物	防直击雷和雷电波侵入(共用)	$R_{sh} \leqslant 30$
17			第三类中(2)款建筑物	$R_{sh} \leqslant 10$
备注	符号含义：R_E——工频接地电阻；R_{sh}——冲击接地电阻；I_E——单相接地电流(单位为A)，按 $I_E = I_C = \dfrac{U_N(l_{oh} + 35 l_{cab})}{350}$ 计算，其中 U_N——电网额定电压，kV；l_{oh}——U_N 电网中架空线路总长度，km；l_{cab}——U_N 电网中电缆线路总长度，km		

(2) 雷电侵入波的防护。

① 在 10kV 电源进线的终端杆上装设 FS4-10 型阀型避雷器。引下线采用 25mm×4mm 镀锌扁钢，下与公共接地网焊接相连，上与避雷器接地端螺栓连接。

② 在 10kV 高压配电室内装设有 GG-1A(F)-54 型开关柜，其中配有 FS4-10 型避雷器，靠近主变压器。主变压器主要靠此避雷器来保护，防护雷电侵入波的危害。

③ 在 380V 低压架空出线杆上，装设保护间隙，或将其绝缘子的铁脚接地，用以防护沿低压架空线侵入的雷电波。

2) 变电所公共接地装置的设计

(1) 接地电阻的要求。

如表 12-9 所示，此变电所的公共接地装置的接地电阻应满足以下条件：

$$R_E \leqslant 4\Omega$$
$$R_E \leqslant 120/I_E = 120/27 = 4.4(\Omega)$$

式中：

$$I_E = \frac{10 \times (80 + 35 \times 25)}{350} = 27(A)$$

因此，公共接地装置接地电阻 $R_E \leqslant 4\Omega$。

(2) 接地装置的设计。

采用长 2.5m、ϕ50mm 的钢管 16 根，沿变电所三面均匀布置(变电所前面布置两排)，管距 5m,垂直打入地下,管顶离地面 0.6m。管间用 40mm×4mm 的镀锌扁钢焊接相连。变电所的变压器室有两条接地干线,高、低压配电室各有一条接地干线与室外公共接地装置焊接相连,接地干线均采用 25mm×4mm 的镀锌扁钢。变电所接地装置平面布置图如图 12-11 所示。接地电阻的验算如下:

$$R_E = \frac{R_{E(1)}}{n\eta} = \frac{40}{16 \times 0.65} = 3.85(\Omega)$$

满足 $R_E \leqslant 4\Omega$ 的接地电阻要求。式中:n 值采用逐步渐近法计算确定;$\eta = 0.65$,可查配电手册近似地选取。

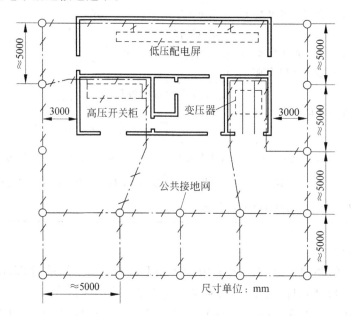

附注:垂直接地体均采用2.5m、φ50mm的镀锌钢管;钢管间接地线采用40mm×4mm的镀锌扁钢;变电所内接地线及引至公共接地树的接地干线均采用25mm×4mm的镀锌扁钢。

图 12-11　变电所接地装置平面布置图

9. 附录(略)

10. 参考文献(略)

12.3　设计图样

1. 变电所主接线电路图

机械厂降压变电所主接线电路图(A2 图样)如图 12-12 所示。这里略去图框和标题栏。

2. 变电所平、剖面图

机械厂降压变电所平、剖面图(A2 图样)如图 12-13 所示。这里略去图框、标题栏和比例。

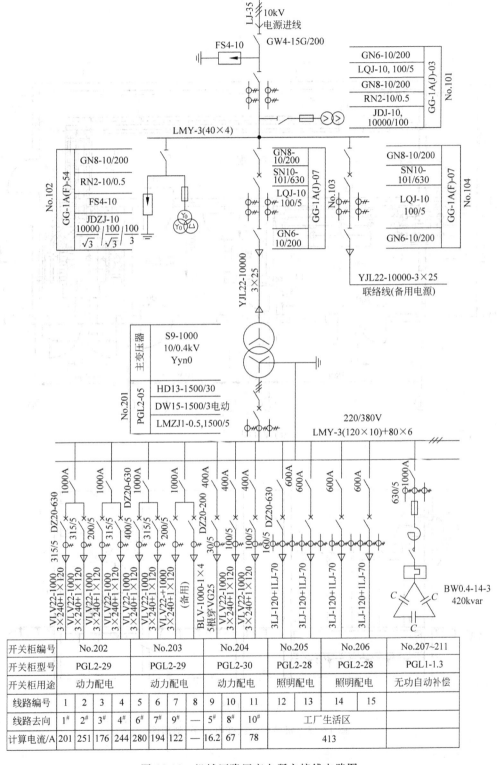

图 12-12　机械厂降压变电所主接线电路图

开关柜编号	No.202				No.203				No.204			No.205		No.206		No.207~211
开关柜型号	PGL2-29				PGL2-29				PGL2-30			PGL2-28		PGL2-28		PGL1-1.3
开关柜用途	动力配电				动力配电				动力配电			照明配电		照明配电		无功自动补偿
线路编号	1	2	3	4	5	6	7	8	9	10	11	12	13	14	15	
线路去向	1#	2#	3#	4#	6#	7#	9#	—	5#	8#	10#	工厂生活区				
计算电流/A	201	251	176	244	280	194	122	—	16.2	67	78	413				

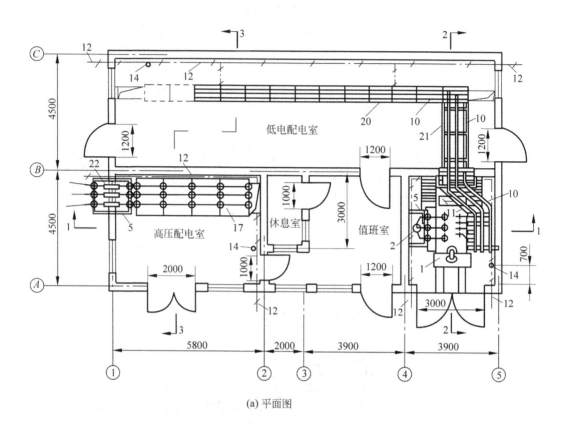

(a) 平面图

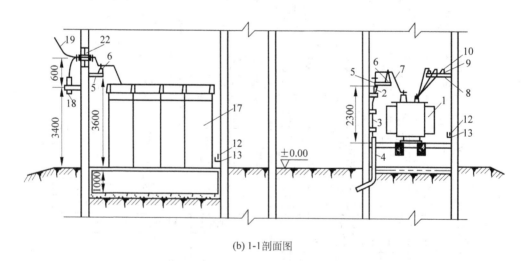

(b) 1-1剖面图

图 12-13　机械厂降压变电所平、剖面图

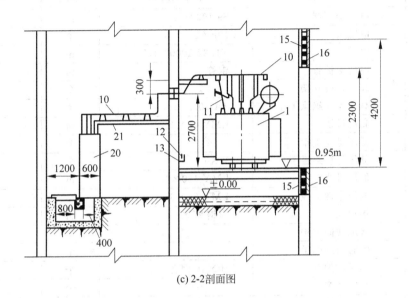

(c) 2-2剖面图

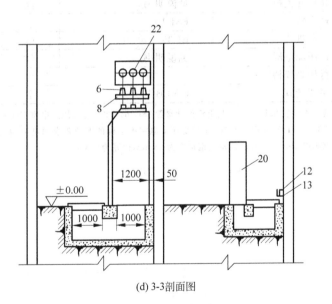

(d) 3-3剖面图

图 12-13(续)

主要设备、材料表如表 12-10 所示。

表 12-10 主要设备、材料

编号	名 称	型号及规格	单位	数量
1	电力变压器	S9-1000/10	台	1
2	电缆头	10kV	个	1
3	电缆	YJL22-10000-3×25	m	
4	电缆保护管	钢管	m	
5	高压母线支架		个	2
6	高压支柱绝缘子	ZA-10	个	6
7	高压母线	LMY-40×4	m	
8	低压母线支架		个	1
9	低压母线绝缘子	WX-01	个	12
10	低压母线	LMY-120×10	m	
11	低压中性母线	LMY-80×6	m	
12	接地线	扁钢 25×4	m	
13	接地线固定钩		个	
14	临时接地端子		个	
15	通风防护罩	10×10 网孔	个	2
16	百叶风窗		个	2
17	高压开关柜	见说明书	台	4
18	避雷器	FS4-10	个	3
19	架空进线	LJ-35	m	
20	低压配电屏	见说明书	台	11
21	低压母线桥架		个	1
22	穿墙套管	CWLB-10	个	3

注：①变压器室的布置参看 88D264-39,其土建设计参看 88D264-122;②高压配电室 GG-1A(F)开关柜的安装要求和电缆沟尺寸参看 88D263-4、5,或产品说明书;③低压配电室配电屏的安装要求和电缆沟尺寸参看 88D263-7、8,或产品说明书;④扁钢规格 25mm×4mm 表示扁钢边宽为 25mm,边厚为 4mm。

实验与实训

13.1 供配电系统常用继电器特性实验

教学目标

1. 熟悉 DL 型电流继电器、DY 型电压继电器、DS 系列时间继电器、DZ 系列中间继电器、DX 系列信号继电器以及 GL 型电流继电器的结构、工作原理和基本特性。

2. 掌握电流、电压继电器动作电流、动作电压的整定方法,理解返回系数的含义;掌握时间的整定和实验调整方法;掌握中间继电器测试和调整方法;掌握信号继电器工作参数和释放参数的测试方法。

技能要求

1. 会使用互感器以及电流表等常用电测仪表。

2. 掌握所测继电器的结构和调整方法。

3. 具备初级电工基本操作技能。

实验任务

1. 电流继电器

(1) 实验前准备。

(2) 动作电流和返回电流测试。

(3) 返回系数的调整。

(4) 动作值的调整。

2. 电压继电器

(1) 实验前准备。

(2) 过电压继电器的动作电压和返回电压测试。

(3) 低电压继电器的动作电压和返回电压测试。

(4) 返回系数的调整。

3. 时间继电器

(1) 实验前准备。

(2) 动作电压和返回电压测试。

(3) 动作时间测定。

4. 中间继电器

(1) 实验前准备。

(2) 继电器动作值与返回值检验。

(3) 保持值测试。

(4) 返回时间测试。

5. 信号继电器

(1) 实验前准备。

(2) 动作电流(电压)和释放电压测试。

(3) 观察动作时间和返回时间是否符合要求。

6. GL 型电流继电器

(1) 实验前准备。

(2) 动作电流和返回电流测试。

(3) 时间调整。

(4) 返回系数的调整。

(5) 动作值的调整。

13.2 供电线路的定时限过电流保护实验

教学目标

1. 掌握过电流保护的电路原理,深入了解继电保护二次原理接线图和展开接线图。

2. 学会识别本实验中继电保护实际设备与原理接线图和展开接线图的对应关系。

3. 进行实际接线操作,掌握过电流保护的整定调试和动作实验方法。

技能要求

1. 会使用和调整本实验使用的各种继电器。

2. 会使用和调整本实验使用的其他实验设备。

3. 熟练掌握本实验原理接线图。

4. 具备初级电工基本操作技能。

实验任务

1. 实验前准备。

2. 按实验指导书要求完成供电线路的定时限过电流保护的接线、整定、合闸(送电)、短路、跳闸、报警等整个实验过程。

13.3 供电线路的反时限过电流保护实验

教学目标

1. 掌握感应型电流继电器基本结构、工作原理、基本特性、测试方法和整定方法。
2. 掌握反时限过电流保护的整定计算方法。
3. 进行实际接线操作,掌握反时限过电流保护的整定调试和动作试验方法。

技能要求

1. 会使用和调整 GL 型继电器。
2. 会使用和调整本实验使用的其他实验设备。
3. 熟练掌握本实验原理接线图。
4. 具备初级电工基本操作技能。

实验任务

1. 实验前准备。
2. 按实验指导书要求完成供电线路反时限过电流保护的接线、整定、合闸(送电)、短路、跳闸、报警等整个实验过程。

13.4 电力变压器定时限过电流保护实验

教学目标

1. 掌握电力变压器的继电保护电路、接线方法及整定方法。
2. 进行实际接线操作,掌握电力变压器的继电保护调试和动作试验方法。

技能要求

1. 会使用和调整本实验使用的各种继电器。
2. 会使用和调整本实验使用的其他实验设备。
3. 熟练掌握本实验原理接线图。
4. 具备初级电工基本操作技能。

实验任务

1. 实验前准备。
2. 按实验指导书要求完成电力变压器定时限过电流保护的接线、整定、合闸(送电)、短路、跳闸、报警等整个实验过程。

13.5　断路器控制及二次回路实验

教学目标

1. 掌握手动和电磁操作机构的断路器控制回路的电路图、工作原理、功能及特点。
2. 通过实验,掌握常用万能转换开关的使用方法。

技能要求

1. 熟悉手动和电磁操作机构的结构及操作。
2. 会使用和调整本实验使用的其他实验设备。
3. 熟练掌握本实验原理接线图。
4. 具备初级电工基本操作技能。

实验任务

1. 实验前准备(必要操作)。
2. 按图接线,并检查接线是否正确。
3. 合闸(送电)。
4. 观察断路器的控制操作过程(合闸状态和跳闸操作)。

13.6　6～35kV 系统的绝缘监视实验

教学目标

1. 了解绝缘监视装置的作用。
2. 掌握绝缘监视装置电路的组成、工作原理和实际用途。

技能要求

1. 熟悉和使用单相双绕组电压互感器、单相三绕组电压互感器和三相五芯柱三绕组电压互感器。
2. 会使用和调整本实验使用的其他实验设备。
3. 熟练掌握本实验原理接线图。
4. 具备初级电工基本操作技能。

实验任务

1. 实验前准备。
2. 按实验指导书要求完成绝缘监视装置的接线、整定、合闸(送电),观看并测量零序电压在正常和接地时的大小变化情况。

13.7 供配电系统一次重合闸实验

教学目标

1. 熟悉电气一次重合闸装置的概念及基本原理。
2. 掌握电气一次重合闸装置的电路原理和要求。

技能要求

1. 了解电气一次重合闸装置的应用场合和分类。
2. 了解电气一次重合闸装置的结构和工作原理。
3. 具备一定的电气一次重合闸识图能力和操作技能。
4. 具备初级电工基本操作技能。

实验任务

1. 实验前准备。
2. 按照正确顺序起动实验装置。
3. 按照实验接线图接线。
4. 按照实验指导书要求进行设定。
5. 按照实验指导书要求进行操作。
6. 观看电路工作过程,并记录、填表。

13.8 备用电源自动投入实验

教学目标

1. 巩固和加深有关备用电源自动投入装置的工作原理和基本要求的知识。
2. 掌握备用电源自动投入电路的接线和工作原理。

技能要求

1. 了解备用电源自动投入的应用场合。
2. 了解备用电源自动投入的基本要求。
3. 具备一定的备用电源自动投入装置的识图能力和操作技能。
4. 具备初级电工基本操作技能。

实验任务

1. 实验前准备。
2. 按照正确顺序起动实验装置。
3. 按照实验接线图接线。

4. 按照实验指导书要求进行设定。

5. 按照实验指导书要求进行操作。

6. 观看电路工作过程,并记录、填表。

13.9　供配电系统的倒闸操作实训

教学目标

1. 了解什么是倒闸操作。

2. 熟悉倒闸操作的要求及步骤。

3. 熟悉倒闸操作的注意事项。

技能要求

1. 了解并熟悉《倒闸操作细则》和《倒闸操作票》填写方法。

2. 熟悉本实验使用的各种开关设备的操作方法。

3. 会熟练使用和调整本实验使用的其他相关实验设备。

4. 熟悉本实验主接线图(或运行图)。

5. 具备初级电工基本操作技能。

实训任务

1. 实训前准备。

2. 倒闸操作的具体要求。

3. 倒闸操作的步骤。

4. 倒闸操作的注意事项。

5. 送电操作。

6. 停电操作。

7. 断路器和隔离开关的倒闸操作。

13.10　电气主接线图认知实训

教学目标

1. 了解电气元件的代表符号。

2. 了解电气主接线图规则。

技能要求

1. 具备一定的电气主接线图识图能力。

2. 熟悉本实验使用的各种电气设备的结构及动作原理。

3. 熟悉模拟图。

4. 具备初级电工基本操作技能。

实训任务

1. 实训前准备。

2. 熟悉控制屏上的模拟图。

3. 熟悉各个电气元件(如 QF、QS、T、TA 和 TV),并找到每个电气元件在模拟屏上的位置。

附　录 ——————————————————————— **Appendix**

附表 1　用电设备组的需要系数、二项式系数及功率因数值

用电设备组名称	需要系数 K_d	二项式系数		最大容量设备台数 x[①]	$\cos\varphi$	$\tan\varphi$
		b	c			
小批生产的金属冷加工机床电动机	0.16～0.2	0.14	0.4	5	0.5	1.73
大批生产的金属冷加工机床电动机	0.10～0.25	0.14	0.5	5	0.5	1.73
小批生产的金属热加工机床电动机	0.25～0.3	0.24	0.4	5	0.6	1.33
大批生产的金属热加工机床电动机	0.3～0.35	0.26	0.5	5	0.65	1.17
通风机、水泵、空压机及电动发电机组电动机	0.4～0.8	0.65	0.25	5	0.8	0.75
非连锁的连续运输机械及铸造车间整砂机械	0.5～0.6	0.4	0.4	5	0.75	0.88
连锁的连续运输机械及铸造车间整砂机械	0.65～0.7	0.6	0.2	5	0.75	0.88
锅炉房和机加、机修、装配车间的吊车（ε＝25％）	0.1～0.15	0.06	0.2	3	0.5	1.73
铸造车间的吊车（ε＝25％）	0.15～0.25	0.09	0.3	3	0.5	1.73
自动连续装料的电阻炉设备	0.75～0.8	0.7	0.3	2	0.95	0.33
实验室用的小型电热设备（电阻炉、干燥箱等）	0.7	0.7	0	—	1.0	0
工频感应电炉（未带无功补偿装置）	0.8	—	—		0.35	2.68
高频感应电炉（未带无功补偿装置）	0.8	—	—		0.6	1.33
电弧熔炉	0.9	—	—		0.87	0.57
点焊机、缝焊机	0.35	—	—		0.6	1.33
对焊机、铆钉加热机	0.55	—	—		0.7	1.02
自动弧焊变压器	0.5	—	—		0.4	2.29
单头手动弧焊变压器	0.35	—	—		0.35	2.68
多头手动弧焊变压器	0.4	—	—		0.35	2.68
单头弧焊电动发电机组	0.35	—	—		0.6	1.38
多头弧焊电动发电机组	0.7	—	—		0.75	0.88
生产厂房及办公室、阅览室、实验室照明[②]	0.8～0.1	—	—		1.0	0
变配电所、仓库照明[②]	0.5～0.7	—	—		1.0	0
宿舍（生活区）照明[②]	0.6～0.8	—	—		1.0	0
室外照明、应急照明[②]	1	—	—		1.0	0

注：① 如果用电设备组的设备总台数 $n<2x$，则最大容量设备台数取 $x=n/2$，且按四舍五入修约规则取整数。

② 这里的 $\cos\varphi$ 和 $\tan\varphi$ 值均为白炽灯照明数据。如果是荧光灯照明，则 $\cos\varphi=0.5$，$\tan\varphi=0.48$；如为高压汞灯、钠灯，则 $\cos\varphi=0.5$，$\tan\varphi=1.73$。

附表2　部分工厂全厂需要系数、功率因数及年最大有功负荷利用小时参考值

工 厂 类 别	需要系数	功率因数	年最大有功负荷利用小时数/h	工 厂 类 别	需要系数	功率因数	年最大有功负荷利用小时数/h
汽轮机制造厂	0.28	0.88	5000	量具刃具制造厂	0.26	0.60	3800
锅炉制造厂	0.27	0.73	4500	工具制造厂	0.34	0.65	3800
柴油机制造厂	0.32	0.74	4500	电机制造厂	0.33	0.65	3000
重型机械制造厂	0.35	0.79	3700	电气开关制造厂	0.35	0.75	3400
重型机床制造厂	0.32	0.71	3700	电线电缆制造厂	0.35	0.73	3500
机床制造厂	0.2	0.65	3200	仪器仪表制造厂	0.37	0.81	3500
石油机械制造厂	0.45	0.78	3500	滚珠轴承制造厂	0.28	0.70	5800

附表3　利用系数 K_1、$\cos\varphi$ 及 $\tan\varphi$

用电设备组名称	K_1	$\cos\varphi$	$\tan\varphi$
一般工作制小批生产用金属切削机床(小型车、刨、插、铣、钻床、砂轮机等)	0.1～0.12	0.50	1.73
一般工作制大批生产用金属切削机床	0.12～0.14	0.50	1.73
重工作制金属切削机床(冲床、自动车床、六角车床、粗磨、铣齿、大型车床、刨、铣、立车、镗床)	0.16	0.55	1.51
小批生产金属热加工机床(锻锤传动装置、锻造机、拉丝机、清理转磨筒、碾磨机等)	0.17	0.60	1.33
大批生产金属热加工机床	0.20	0.65	1.17
生产用通风机	0.55	0.80	0.75
卫生用通风机	0.50	0.80	0.75
泵、空气压缩机、电动发电机组	0.55	0.80	0.75
移动式电动工具	0.05	0.50	1.73
非连锁的连续运输机械(提升机、皮带运输机、螺旋运输机等)	0.35	0.75	0.88
连锁的连续运输机械	0.50	0.75	0.88
起重机及电动葫芦($\varepsilon=100\%$)	0.15～0.20	0.50	1.73
电阻炉、干燥箱、加热设备	0.55～0.65	0.95	0.33
试验室用小型电热设备	0.35	1.00	0.00
10t 以下电弧炼钢炉	0.65	0.80	0.75
单头直流弧焊机	0.25	0.60	1.33
多头直流弧焊机	0.50	0.70	1.02
单头弧焊变压器	0.25	0.35	2.67
多头弧焊变压器	0.30	0.35	2.67
自动弧焊机	0.30	0.50	1.73
点焊机及缝焊机	0.25	0.60	1.33
对焊机及铆钉加热器	0.25	0.70	1.02
工频感应电炉	0.75	0.35	2.67
高频感应电炉(用电动发电机组)	0.70	0.80	0.75
高频感应电炉(用真空管振荡器)	0.65	0.65	1.17

附表 4　最大系数 K_m

K_{avl} \ n_{yx}	0.1	0.15	0.2	0.3	0.4	0.5	0.6	0.7	0.8	0.9
4	3.43	3.11	2.64	2.14	1.87	1.65	1.46	1.29	1.14	1.05
5	3.23	2.87	2.42	2.00	1.76	1.57	1.41	1.26	1.12	1.04
6	3.04	2.64	2.24	1.88	1.66	1.51	1.37	1.23	1.10	1.04
7	2.88	2.48	2.10	1.80	1.58	1.45	1.33	1.21	1.09	1.04
8	2.72	2.31	1.99	1.72	1.52	1.40	1.30	1.20	1.08	1.04
9	2.56	2.20	1.90	1.65	1.47	1.37	1.28	1.18	1.08	1.03
10	2.42	2.10	1.84	1.60	1.43	1.34	1.26	1.16	1.07	1.03
12	2.24	1.96	1.75	1.52	1.36	1.28	1.23	1.15	1.07	1.03
14	2.10	1.85	1.67	1.45	1.32	1.25	1.20	1.13	1.07	1.03
16	1.99	1.77	1.61	1.41	1.28	1.23	1.18	1.12	1.07	1.03
18	1.91	1.70	1.55	1.37	1.26	1.21	1.16	1.11	1.06	1.03
20	1.84	1.65	1.50	1.34	1.24	1.20	1.15	1.11	1.06	1.03
25	1.71	1.55	1.40	1.28	1.21	1.17	1.14	1.10	1.06	1.03
30	1.62	1.46	1.34	1.24	1.19	1.16	1.13	1.10	1.05	1.03
35	1.56	1.41	1.30	1.21	1.17	1.15	1.12	1.09	1.05	1.02
40	1.50	1.37	1.27	1.19	1.15	1.13	1.12	1.09	1.05	1.02
45	1.45	1.33	1.25	1.17	1.14	1.12	1.11	1.08	1.04	1.02
50	1.40	1.30	1.23	1.16	1.14	1.11	1.10	1.08	1.04	1.02
60	1.32	1.25	1.19	1.14	1.12	1.11	1.09	1.07	1.03	1.02
70	1.27	1.22	1.17	1.12	1.10	1.10	1.09	1.06	1.03	1.02
80	1.25	1.20	1.15	1.11	1.10	1.10	1.08	1.06	1.03	1.02
90	1.23	1.18	1.13	1.10	1.09	1.09	1.08	1.05	1.02	1.02
100	1.21	1.17	1.12	1.10	1.08	1.08	1.07	1.05	1.02	1.02
120	1.19	1.16	1.12	1.09	1.07	1.07	1.07	1.05	1.02	1.02
160	1.16	1.13	1.10	1.08	1.05	1.05	1.05	1.04	1.02	1.02
200	1.15	1.12	1.09	1.07	1.05	1.05	1.05	1.04	1.01	1.01
240	1.14	1.11	1.08	1.07	1.05	1.05	1.05	1.03	1.01	1.01

注：表中的 K_m 数据是按 0.5h 最大负荷计算的。计算以中小截面导线为基准,其发热时间 τ 为 10min,温升达到稳态的持续时间约为 3τ,即 0.5h。

附表 5　并联电容器的无功补偿率

补偿前的功率因数	补偿后的功率因数				补偿前的功率因数	补偿后的功率因数			
	0.85	0.90	0.95	1.00		0.85	0.90	0.95	1.00
0.60	0.713	0.849	1.004	1.322	0.76	0.235	0.371	0.526	0.85
0.62	0.646	0.782	0.937	1.266	0.78	0.182	0.318	0.473	0.80
0.64	0.581	0.717	0.872	1.206	0.80	0.130	0.266	0.421	0.75
0.66	0.518	0.654	0.809	1.138	0.82	0.078	0.214	0.369	0.69
0.68	0.458	0.594	0.749	1.078	0.84	0.026	0.162	0.317	0.64
0.70	0.400	0.536	0.691	1.020	0.86	—	0.109	0.264	0.59
0.72	0.344	0.480	0.635	0.964	0.88	—	0.056	0.211	0.54
0.74	0.289	0.425	0.580	0.909	0.90	—	0.000	0.155	0.48

附表 6　BW 型并联电容器的技术数据

型　　号	额定容量/kvar	额定电容/μF	型　　号	额定容量/kvar	额定电容/μF
BW0.4-12-1	12	240	BWF6.3-30-1W	30	2.4
BW0.4-12-3	12	240	BWF6.3-40-1W	40	3.2
BW0.4-13-1	13	259	BWF6.3-50-1W	50	4.0
BW0.4-13-3	13	259	BWF6.3-100-1W	100	8.0
BW0.4-14-1	14	280	BWF6.3-120-1W	120	9.63
BW0.4-14-3	14	280	BWF10.5-22-1W	22	0.64
BW6.3-12-1TH	12	0.96	BWF10.5-25-1W	25	0.72
BW6.3-12-1W	12	0.96	BWF10.5-30-1W	30	0.87
BW6.3-16-1W	16	1.28	BWF10.5-40-1W	40	1.15
BW10.5-12-1W	12	0.35	BWF10.5-50-1W	50	1.44
BW10.5-16-1W	16	0.46	BWF10.5-100-1W	100	2.89
BWF6.2-22-1W	22	1.76	BWF10.5-120-1W	120	3.47
BWF6.2-25-1W	25	2.0			

注：①额定频率均为 50Hz；②并联电容器全型号表示和含义。

附表 7　10kV 级部分配电变压器的主要技术数据

额定容量/(kV·A)	空载损失/W	短路损失/W	阻抗电压/%	空载电流/%	额定容量/(kV·A)	空载损失/W	短路损失/W	阻抗电压/%	空载电流/%
1. SL7 系列配电变压器的主要技术数据									
100	320	2000	4	2.6	500	1080	6900	4	2.1
125	370	2450	4	2.5	630	1300	8100	4.5	2.0
160	460	2850	4	2.4	800	1540	9900	4.5	1.7
200	540	3400	4	2.4	1000	1800	11600	4.5	1.4
250	640	4000	4	2.3	1250	2200	13800	4.5	1.4
315	760	4800	4	2.3	1600	2650	16500	4.5	1.3
400	920	5800	4	2.1	2000	3100	19800	5.5	1.2
2. SL9 系列配电变压器的主要技术数据									
100	290	1500	4	2.0	500	1000	5000	4.5	1.4
125	350	1750	4	1.8	630	1230	6000	4.5	1.2
160	420	2100	4	1.7	800	1450	7200	4.5	1.2
200	500	2500	4	1.7	1000	1720	10000	4.5	1.1
250	590	2950	4	1.5	1250	2000	11800	4.5	1.1
315	700	3500	4	1.5	1600	2450	14000	4.5	1.0
400	840	4200	4	1.4					

注：本表所示变压器的额定一次电压为 6～10kV，额定二次电压为 230/400V，连接组为 Yyn0。

附表 8　S9、SC9 型配电变压器的主要技术数据

型　号	额定容量 /(kV·A)	额定电压/kV		连接组标号	损失/W		空载电流/%	阻抗电压/%
		高压	低压		空载	负载		
1. S9 系列铜线配电变压器的主要技术数据								
S9-250/10(6)	250	11,10.5,10,6.3,6	0.4	Yyn0	560	3050	1.2	4
				Dyn11	600	2900	3.0	4
S9-315/10(6)	315			Yyn0	670	3650	1.1	4
				Dyn11	720	3450	3.0	4
S9-400/10(6)	400			Yyn0	800	4300	1.0	4
				Dyn11	870	4200	3.0	4
S9-500/10(6)	500			Yyn0	960	5100	1.0	4
				Dyn11	1030	4950	3.0	4
S9-630/10(6)	630			Yyn0	1200	6200	0.9	4.5
				Dyn11	1300	5800	3.0	5
S9-800/10(6)	800			Yyn0	1400	7500	0.8	4.5
				Dyn11	1400	7500	2.5	5
S9-1000/10(6)	1000			Yyn0	1700	10300	0.7	4.5
				Dyn11	1700	9200	1.7	5
S9-1250/10(6)	1250			Yyn0	1950	12000	0.5	4.5
				Dyn11	2000	11000	2.5	5
S9-1600/10(6)	1600			Yyn0	2400	14500	0.6	4.5
				Dyn11	2400	14500	2.5	6
S9-2000/10(6)	2000			Yyn0	3000	18000	0.8	6
				Dyn11	3000	18000	0.8	6
S9-2500/10(6)	2500			Yyn0	3500	2500	0.8	6
				Dyn11	3500	2500	0.8	6
2. SC9 系列环氧树脂浇注干式铜线配电变压器								
SC9-30/10	30	11,10.5,10,6.6,6.3,6	0.4	Yyn0 Dyn11	200	560	2.8	4
SC9-50/10	50				260	860	2.4	
SC9-80/10	80				340	1140	2	
SC9-100/10	100				360	1440	2	
SC9-125/10	125				420	1580	1.6	
SC9-160/10	160				500	1980	1.6	
SC9-200/10	200				660	2240	1.6	

附表 9　部分高压断路器的主要技术数据

类型	型号	额定电压/kV	额定电流/A	开断电流/kA	断流容量/(MV·A)	动稳定电流/kA 峰值	热稳定电流/kA	固有分闸时间/s≤	合闸时间/s≤	配用操动机构型号
少油户外	SW2-35/1000	35	1000	16.5	1000	45	16.5(4s)	0.06	0.4	CT2-XG
	SW2-35/1500		1500	24.8	1500	63.1	24.8(4s)			
	SN10-35 I	35	1000	16	1000	45	16(4s)	0.06	0.2	CT10
	SN10-35 II		1250	20	1200	50	20(4s)		0.25	CD10
少油户内	SN10-10 I	10	630	16	300	40	10(4s)	0.06	0.15	C18
	SN10-10 I		1000	16	300	40	16(4s)		0.2	CD10 I
	SN10-10 II		1000	31.5	500	80	31.5(4s)		0.2	CD10 I,CD10 II
	SN10-10 III		1250	40	750	125	40(4s)	0.07	0.2	CD10 III
			2000	40	750	125	40(4s)			
			3000	40	750	12	40(4s)			
真空户内	ZN12-35　I	35	1250	25	—	63	25(4s)	0.075	0.09	CT(专用)
	II		1600	31.5		80	31.5(4s)			
	III		2000							
	ZN12-10　IV	10	1250	31.5	—	80	31.5(4s)	0.065	0.075	CT(专用)
	V		1600							
	VI		2000							
	VII		2500							
	ZN12-10　VIII		1600		—	100	40(3s)	0.065	0.075	CT(专用)
			2000							
			3150							
	ZN12-10　IX		1600		—	125	50(3s)	0.065	0.075	CT(专用)
	X		2000							
			3150							
六氟化硫(SF₆)户内	LN2-35　I	35	1250	16	—	40	16(4s)	0.06	0.15	CT12 II
	II		1250	25		63	25(4s)			
	III		1600	25		63	25(4s)			
	LN2-10	10	1250	25	—	63	25(4s)	0.06	0.5	CT12 I

附表 10 部分高压隔离开关的主要技术数据

序号	型号	额定电压/kV	额定电流/A	极限通过电流峰值/kV	热稳定电流/kV 4s	5s
1	GW2-35G	35	600	40	20	—
2	GW2-35GD					
3	GW4-35	35				
4	GW4-35G		600	50	15.8	
5	GW4-35W		1000	80	23.7	
6	GW4-35D		2000	104	46	
7	GW4-35DW					
8	GW5-35G	35	600	72	16	—
9	GW5-35GD		1000	83	25	
10	GW5-35GW		1600	100	31.5	
11	GW5-35GDW		2000			

附表 11 RN1、RN2 型室内高压熔断器技术数据

1. RN1 型室内高压熔断器的技术数据

型号	额定电压/kV	额定电流/A	熔体电流/A	额定断流容量/(MV·A)	最大开断电流有效值/kA	最小开断电流(额定电流倍数)	过电压倍数(额定电压倍数)
RN-6	6	25	2，3，5，7.5，10，15，20，25，30，40，50，60，75，100	200	20	1.3	2.5
		50					
		100					
RN1-10	10	25			11.6	—	
		50					
		100					

2. RN2 型室内高压熔断器的技术数据

型号	额定电压/kV	额定电流/A	三相最大断流容量/(MV·A)	最大开断电流有效值/kA	最小开断电流(额定电流倍数)	过电压倍数(额定电压倍数)
RN2-6	6	0.5	1000	85	3000	2.5
RN2-10	10			50	1000	

附表 12 RW 型室外高压熔断器技术数据

型号	额定电压/kV	额定电流/A	断流容量/(MV·A) 上限	下限
RW3-10/50	10	50	50	5
RW3-10/100		100	100	10
RW3-10/200		200	200	20
RW7-10/100		100	100	30
RW4-10G/50	10	50	89	7.5
RW4-10G/100		100	124	10
RW4-10G/50		50	75	—
RW4-10G/100		100	100	—
RW11-10G/100		100	100	10
RW5-30/50	35	50	200	15
RW5-35/100-400		100	400	10
RW5-35/200-800		200	800	30
RW5-35/100-400GY		100	400	30

附表 13　常用高压电流互感器主要技术数据

型号	额定电流比/(A/A)	级次组合	准确值	二次负载值/Ω				10%倍数		1s热稳定倍数	动稳定倍数
				0.5级	1级	3级	B	二次负载/Ω	倍数		
LA-10	5、10、15、20、30、40、								10	90	160
	50、75、100、150、200、								10	75	135
	300、400、500、600、750、1000/5								10	50	90
LFZ1-10	5~200/5	0.5/1		0.4	0.4			0.4	2.5~10	90	160
	300~400/5	0.5/3						0.6		75	130
LFX-10	5~400/5	1/3								60	
LFX-10	5~200/5		0.5	0.4					10	90	225
	300、400/5		1			0.6			10	75	160
	500、600、750、1000/5		1						10	50	90
LFZB6-10	5~300/5			0.4			0.6	0.6		150~80	103
LFZJB6-10	100~300/5			0.1				0.6		80	103
LFSQ-10	5~200/5			0.4				0.6		150	230
	400~1500/5							1.2		42	60
LFZJ	5~150/5	0.5/B		0.4	0.2			0.6	10	106	180
	200~800/5			0.6				0.8	10	40	70
	1000~3000/5			0.8				1	10	20	35
LZZB6-10	5~300/5			0.4				0.6	15	150~80	103
	100~300/5			0.4				0.6	15	150~80	103
LZZJB6-10	400~800/5			0.4				0.6	15	55	70
	1000、1200、1500/5			0.4				0.6	15	27	35
LZZQB6-10	100~300/5			0.6				0.8	15	148	188
	400~800/5			0.8				1.2	15	55	70
	1000~1500/5			1.2				1.6	15	40	50

续表

型 号	额定电流比/(A/A)	级次组合	二次负载值/Ω 准确值 0.5级	1级	3级	B	10%倍数 二次负载/Ω	倍数	1s热稳定倍数	动稳定倍数
LDZB6-10	400~1500/5		0.8			1.2		15	28	52
LDJ-10	5~150/5	0.5/B	0.4			0.6			106	188
	200~300/5		0.4			0.6			100~13	23
LMZB6-10	1500~4000/5		2			2		15		
LMZB1-10	150~1250/5	0.5/3	0.4	0.2		0.8			35	45
LQJ-10	5~400/5		0.4						75	100
	50,100/5	1			1.2	B_1	B_1	6	480	1400
LQZQ-10	5~300/5	0.5/B_1	1.6			1.6	1.2	20	100	180
LB6-35	400~2000/5	B_2	1.6			1.6	1.2	20	20	36
LCW-35	15~1000/5		2	4	2	4	0.8	28	65	100
LCWD-35	15~1000/5		1.2	3	3		1.2	35	65	150
LCW-60	20~600/5		1.2	1.2			0.8	15	75	150
LCWD-60	20~600/5		1.2	1.2			1.2	30	75	150
LCW-110	50~600/5		1.2	1.2			0.8	15	75	150
LCWD-110	20~600/5		1.2	1.2			1.2	30	75	150

附表 14　常用高压电压互感器主要技术数据

型　号	额定电压/kV			二次额定容量/(V·A)			最大容量/(V·A)	质量/kg
	一次线圈	二次线圈	剩余电压线圈	0.5 级	1 级	3 级		
JDG6-0.38	0.38	0.1		15	25	60	100	
JDZ6-3	3	0.1		25	40	100	200	
JDZ6-6	6	0.1		50	80	200	400	
JDZ6-10	10	0.1		50	80	200	400	
JDZ6-35	35	0.1		150	250	500	1000	
JDZX6-3	$3/\sqrt{3}$	$0.1/\sqrt{3}$	0.1/3	25	40	100	200	
JDZX6-6	$6/\sqrt{3}$	$0.1/\sqrt{3}$	0.1/3	50	80	200	400	
JDZX6-10	$10/\sqrt{3}$	$0.1/\sqrt{3}$	0.1/3	50	80	200	400	
JDX6-35	$35/\sqrt{3}$	$0.1/\sqrt{3}$	0.1/3	150	250	500	1000	
JDJ-3	3	0.1		30	60	120	240	23
JDJ-6	6	0.1		50	80	200	400	23
JDJ-10	10	0.1		80	150	320	640	36.2
JDJ-13.8	13.8	0.1		80	150	320	640	95
JDJ-15	15	0.1		80	150	320	640	95
JDJ-35	35	0.1		150	250	600	1200	248
JSJB-3	3	0.1		50	80	200	400	48
JSJB-6	6	0.1		80	150	320	640	48
JSJB-10	10	0.1		120	200	480	960	105
JSJW-6	$3/\sqrt{3}$	0.1	0.1/3	50	80	200	400	115
JSJW-6	$6/\sqrt{3}$	0.1	0.1/3	80	150	320	640	115
JSJW-10	$10/\sqrt{3}$	0.1	0.1/3	120	200	480	960	190
JSJW-13.8	$13.8/\sqrt{3}$	0.1	0.1/3	120	200	480	960	250
JSJW-15	$15/\sqrt{3}$	0.1	0.1/3	120	200	480	960	250
JDJJ1-35	$35/\sqrt{3}$	$0.1/\sqrt{3}$	0.1/3		250	600	1000	120
JCC-60	$60/\sqrt{3}$	$0.1/\sqrt{3}$	0.1/3		500	1000	2000	350
JCC1-110	$110/\sqrt{3}$	$0.1/\sqrt{3}$	0.1/3		500	1000	2000	530
JCC1-110$_{\text{TH}}^{\text{GY}}$	$110/\sqrt{3}$	$0.1/\sqrt{3}$	0.1/3	150	500	1000	2000	600
JCC2-110	$110/\sqrt{3}$	$0.1/\sqrt{3}$	0.1		500	1000	2000	350
JCC2-220	$220/\sqrt{3}$	$0.1/\sqrt{3}$	0.1		500	1000	1000	750
JCC1-220$_{\text{TB}}^{\text{GY}}$	$220/\sqrt{3}$	$0.1/\sqrt{3}$	0.1		500	1000	2000	1120

附表 15　常用高压开关柜的主要技术数据

开关柜型号技术数据	JYN1-35	JYN2-35	KYN-10	KGN-10	GFG15(F)	GFG7B(F)
类别形式		单母线移开式		单母线固定式		单母线手车式
电压等级/kV	35		10			
额定电流/A	1000	630～2500	630～2500	630,1000	630,1500	630,1000
断路器型号	SN10-35	SN10-10 Ⅰ SN10-10 Ⅱ SN10-10 Ⅲ	SN10-10 Ⅰ SN10-10 Ⅱ SN10-10 Ⅲ	SN10-10 Ⅰ SN10-10 Ⅱ SN10-10 Ⅲ	SN10-10 Ⅰ SN10-10 Ⅱ SN10-10 Ⅲ	SN10-10 Ⅰ SN10-10 Ⅱ SN10-10 Ⅲ ZN3-10 ZN5-10

续表

操动机构型号	CD10 CT8	CD10 CT8	CD10 CT8	CD10 CT8	CD10 CT8	CD10 CT8
电流互感器型号	LCZ-35	LZZB6-10 LZZQB6-10	CDJ-10	LA-10 LAJ-10	LZXZ-10 JDZJ-10	LZJG10 LJ1-10
电压互感器型号	JDJ2-35 JDZJJ2-35	JDZ6-10 JDZJ6-10	JDZ-10 JDZ-10		JDZ-10 JDZJ-10	JDE-10 JDEJ-10
高压熔断器型号	RN2-35	RN2-10	RN2-10		RN2-10	RN1-10 RN2-10
避雷器型号	FZ-35 FYZ1-35	FCD3				FS FZ FCD3
接地开关型号		JN-101	JN-10		JN-10	
外形尺寸/mm (长×宽×高)	1818× 2400× 2925	(1000) 840×1500× 2200	(1500) 800×1650× 2200 (1800)	1180×1600× 2800	800×1500× 220 (2100)	840×1500× 2200

附表 16 DZ10 型低压断路器的主要技术数据

序号	型号	额定电压/V	额定电流/A	脱扣器类别	复式脱扣器 额定电流/A	复式脱扣器 电磁脱扣器动作电流整定倍数	电磁脱扣器 额定电流/A	电磁脱扣器 动作电流倍数	极限分断电流(峰值)/kA 交流380V	极限分断电流(峰值)/kA 交流500V
1	DZ10-100	直流220	100	复式、电磁式、热脱扣器或无脱扣	15 20 25 30 40 50 60 80 100	10	15 20 25 30 40 50 100	10 （15～50） 5～10 （100）	7 9 12	6 7 10
2	DZ10-250	交流500	250		100 120 140 170 200 250	5～10 4～10 3～10	250	2～6 2.5～8 3～10	30	25
3	DZ10-600		600		200 250 300 350 400 500 600	3～10	400 600	2～7 2.5～8 3～10	50	40

附表 17　部分万能式低压断路器的主要技术数据

型　　号	脱扣器额定电流/A	长延时动作整定电流/A	短延时动作整定电流/A	瞬时动作整定电流/A	单相接地短路动作电流/A	分断能力	
						电流/kA	$\cos\varphi$
DW15-200	100	64~100	800~1000	300~1000 800~2000	—	20	0.35
	150	98~150	—	—			
	200	128~200	600~2000	600~2000 1600~2000			
DW15-400	200	128~200	600~2000	1600~2000	—	25	0.35
	300	192~300	—	—			
	400	256~400	1200~4000	3200~8000			
DW15-600	300	192~300	900~3000	900~3000 1400~6000	—	30	0.35
	400	256~400	1200~4000	1200~4000 3200~8000			
	600	384~600	1800~6000				
DW15-1000	600	420~600	1800~6000	6000~12000		40 (短延时30)	0.35
	800	560~800	2400~8000	800~16000			
	1000	700~1000	3000~10000	10000~20000			
DW15-1500	1500	1050~1500	3500~15000	15000~30000			
DW15-2500	1500	1050~1500	4500~9000	10500~21000		60 (短延时40)	0.2 (短延时0.25)
	2000	1400~2000	6000~12000	14000~28000			
	2500	1750~2500	7500~15000	17500~35000			
DW15-4000	2500	1750~2500	7500~15000	17500~35000		80 (短延时60)	0.2
	3000	2100~3000	9000~18000	21000~42000			
	4000	2800~4000	12000~24000	28000~56000			
DW16-630	100	64~100	—	300~600	50	30 (380V)	0.25 (380V)
	160	102~160		480~960	80		
	200	128~200		600~1200	100		
	250	160~250		750~1500	125		
	315	202~315		945~1890	158	20 (660V)	0.3 (660V)
	400	256~400		1200~2400	200		
	630	403~530		1890~3780	315		
DW16-2000	800	512~800	—	2100~4800	400	50	—
	1000	640~1000		3000~6000	500		
	1600	1024~1600		4800~9600	800		
	2000	1280~2000		6000~12000	1000		
DW16-4000	2500	1400~2500	—	7500~15000	1250	80	—
	3200	2048~3200		9600~19200	1600		
	4000	2560~4000		12000~24000	2000		

附表 18 RTO 型低压熔断器主要技术数据和保护特性曲线

1. 主要技术数据

型 号	熔管额定电压/V	额定电流/A		最大分断电流/kA
		熔管	熔 体	
RTO-100	交流 380 直流 440	100	30,40,50,60,80,100	50 ($\cos\varphi=0.1\sim0.2$)
RTO-200		200	(80,100),120,150,200	
RTO-400		400	(150,200),250,300,350,400	
RTO-600		600	(350,400),450,500,550,600	
RTP-1000		1000	100,800,900,1000	

注：表中括号内的熔体电流尽量不采用。

2. 保护特性曲线

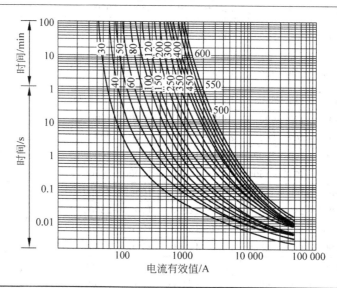

附表 19 常用架空线路导线的电阻及电抗（环境温度 20℃） 单位：Ω/km

1. LJ、TJ 型架空线路导线的电阻及正序电抗（环境温度 20℃）

号线 型号	LJ 型导 线电阻	几何均距/m										TJ 型导 线电阻	导线 型号
		0.6	0.8	1.0	1.25	1.5	2.0	2.5	3.0	3.5			
LJ-16	1.98	0.358	0.377	1.391	0.405	0.416	0.435	0.449	0.460	—	—	1.2	TJ-16
LJ-25	1.28	0.345	0.363	0.370	0.391	0.402	0.421	0.435	0.446	—	—	0.74	TJ-25
LJ-25	0.92	0.336	0.352	0.366	0.380	0.391	0.410	0.424	0.425	0.445	0.453	0.54	TJ-25
LJ-50	0.64	0.325	0.341	0.355	0.365	0.380	0.398	0.413	0.423	0.433	0.441	0.39	TJ-50
LJ-70	0.46	0.315	0.331	0.345	0.359	0.370	0.388	0.399	0.410	0.420	0.428	0.27	TJ-70
LJ-95	0.34	0.303	0.319	0.334	0.347	0.358	0.377	0.390	0.401	0.411	0.419	0.20	TJ-95
LJ-120	0.27	0.297	0.313	0.327	0.341	0.352	0.368	0.382	0.393	0.403	0.411	0.158	TJ-120
LJ-150	0.21	0.287	0.312	0.319	0.333	0.344	0.363	0.277	0.388	0.398	0.406	0.123	TJ-150

续表

2. LGJ 型架空线路导线的电阻及正序电抗(环境温度 20℃)

号线型号	导线电阻	几何均距/m							
		1.0	1.5	2.0	2.5	3.0	3.5	4.0	4.5
LGJ-35	0.85	0.366	0.385	0.403	0.417	0.429	0.438	0.446	
LGJ-50	0.65	0.353	0.374	0.392	0.406	0.418	0.427	0.425	
LGJ-70	0.45	0.343	0.364	0.382	0.396	0.408	0.417	0.425	0.433
LGJ-95	0.33	0.334	0.353	0.271	0.385	0.397	0.406	0.414	0.422
LGJ-120	0.27	0.326	0.347	0.265	0.379	0.391	0.400	0.408	0.416
LGJ-150	0.21	0.319	0.340	0.358	0.372	0.384	0.398	0.401	0.409
LGJ-185	0.17				0.365	0.377	0.386	0.394	0.402
LGJ-240	0.132				0.357	0.369	0.378	0.386	0.394

附表 20 导体在正常和短路时的最高允许温度及热稳定系数

导体种类和材料			最高允许温度/℃		热稳定系数 C /(A$\sqrt{S}$/mm²)
			额定负荷时	短路时	
母线	铜		70	300	171
	铜(接触面有锡覆盖层)		85	200	
	铝		70	200	87
	钢(不与电器直接接触)		70	400	
	钢(与电器直接接触)		70	300	
油浸纸缘绝电缆[①]	铜芯	1~3kV	80	250	148
		6kV	65(80)	250	150
		10kV	60(65)	250	153
		35kV	50(65)	175	
	铝芯	1~2kV	80	200	84
		6kV	65(80)	200	87
		10kV	60(65)	200	88
		35kV	50(65)	175	
橡皮绝缘导线和电缆	铜芯		65	150	131
	铝芯		65	150	87
聚氯乙烯绝缘导线和电缆	铜芯		70	160	115
	铝芯		70	160	76
交联聚乙烯绝缘电缆[②]	铜芯		90(80)	250	137
	铝芯		90(80)	200	77
含有锡焊中间接头的电缆	铜芯			160	
	铝芯			160	

注:①"油浸纸绝缘电缆"中加括号的数字适用于"不滴流纸绝缘电缆";②"交联聚乙烯绝缘电缆"中加括号的数字适用于 10kV 以上电压。

附表 21 架空裸导线的最小截面

线 路 类 型		导线最小截面/mm²		
		铝及铝合金线	钢芯铝线	铜绞线
35kV 及以上线路		35	35	35
3~10kV 线路	居民区	35	25	25
	非居民区	25	16	16
低压线路	一般	15	16	16
	与铁路交叉跨越档	35	16	16

附表 22　绝缘导线芯线的最小截面

线 路 类 别			芯线最小截面/mm²		
			铜芯软线	铜线	铝线
照明用灯头引下线		室内	0.5	1.0	2.5
		室外	1.0	1.0	2.5
移动式设备线路		生活用	0.75	—	—
		生产用	1.0	—	—
敷设在绝缘支持件上的绝缘导线(L 为支持点间距)	室内	$L \leqslant 2\text{m}$	—	1.0	2.5
	室外	$L \leqslant 2\text{m}$	—	1.5	2.5
		$2\text{m} < L \leqslant 5\text{m}$		2.5	4
		$5\text{m} < L \leqslant 15\text{m}$		4	6
		$15\text{m} < L \leqslant 25\text{m}$		6	10
穿管敷设的绝缘导线			1.0	1.0	2.5
沿墙明敷的塑料护套线			—	1.0	2.5
板孔穿线敷设的绝缘导线			—	1.0(0.75)	2.5
PE 线和 PEN 线	有机械保护时			1.5	2.5
	无机械保护时	多芯线		2.5	4
		单芯干线	—	10	16

附表 23　裸铜、铝及钢芯铝线的载流量(环境温度＋25℃,最高允许温度＋70℃)

铜 绞 线			铝 绞 线			钢芯铝绞线	
导线牌号	载流量/A		导线牌号	载流量/A		导线牌号	屋外载流量/A
	屋外	屋内		屋外	屋内		
TJ-4	50	25	LJ-10	75	55	LGJ-35	170
TJ-6	70	35	LJ-16、LJ-25	105	80	LGJ-50、LGJ-70	220
TJ-10	95	60	LJ-35、LJ-50	135	110	LGJ-95、LGJ-120	275
TJ-16	130	100	LJ-70	170	135	LGJ-150	335
TJ-25	180	140	LJ-95	215	170	LGJ-185	380
TJ-35	220	175	LJ-120	265	215	LGJ-240	445
TJ-50	270	220	LJ-150	325	260	LGJ-300	515
TJ-60	315	250	LJ-185	375	310	LGJ-400	610
TJ-70	340	280	LJ-240	440	370	LGJQ-300	700
TJ-95	415	340	LJ-300	500	425	LGJQ-400	800
TJ-120	485	405	LJ-400	610	—	LGJQ-500	690
TJ-150	570	480	LJ-500	680	—	LGJQ-900	825
TJ-185	645	550	LJ-625	830	—	LGJJ-300	945
TJ-240	770	650		980	—	LGJJ-400	1050
TJ-300	890	—		1140	—		705
TJ-400	1085	—					850

　　注：本表数值均系按最高温度为 70℃计算的。对于铜线,当最高温度采用 80℃时,表中数值应乘以系数 1.1；对于铝线和钢芯铝线,当温度采用 90℃时,表中数值应乘以系数 1.2。

附表 24　温度修正系数值

实际环境温度/℃	—5	0	5	10	15	20	25	30	35	40	45	50
K_θ	1.29	1.24	1.20	1.15	1.11	1.05	1.00	0.94	0.88	0.81	0.74	0.67

　　注：当实际环境温度不是 25℃时,附表 23 中的载流量应乘以本表中的温度校正系数 K_θ。

附表 25　10kV 常用三芯电缆的允许载流量

项　　目	电缆允许载流量/A							
绝缘类型	黏性油浸纸		不滴流纸		交联聚乙烯			
钢铠护套					无		有	
缆芯最高工作温度/℃	60		65		90			
敷设方式	空气中	直埋	空气中	直埋	空气中	直埋	空气中	直埋
16	42	55	47	59	—	—	—	—
25	56	75	63	79	100	90	100	90
35	68	90	77	95	123	110	123	105
50	81	107	92	111	146	125	141	120
70	106	133	118	138	178	152	173	152
缆芯截面　95	126	160	143	169	219	182	214	182
/mm² 　　120	146	182	168	196	251	205	246	205
150	171	206	189	220	283	223	278	219
185	195	233	218	246	324	252	320	247
240	232	272	261	290	378	292	373	292
300	260	308	295	325	433	332	428	328
400	—	—	—	—	506	378	501	374
500	—	—	—	—	579	428	574	424
环境温度/℃	40	25	40	25	40	25	40	25
土壤热阻系数/(C·m·W⁻¹)	—	1.2	—	1.2	—	2.0	—	2.0

注：① 本表系铝芯电缆数值,钢芯电缆的允许载流量乘以 1.29。
② 当地环境温度不同时的载流量校正系数见附表 26。
③ 当地土壤热阻系数不同时(以热阻系数 1.2 为基准)的载流量校正系数见附表 27。
④ 本表根据《电力工程电缆设计规范》(GB 50217—1994)编制。

附表 26　电缆在不同环境温度时的载流量校正系数

电缆敷设地点	空气中				土壤中			
环境温度/℃	30	35	40	45	20	25	30	35
缆芯最高工作温度/℃　60	1.22	1.11	1.0	0.86	1.07	1.0	0.93	0.85
65	1.16	1.09	1.0	0.89	1.06	1.0	0.94	0.87
70	1.15	1.08	1.0	0.91	1.05	1.0	0.94	0.88
80	1.11	1.05	1.0	0.93	1.04	1.0	0.95	0.90
90	1.09	1.05	1.0	0.94	1.04	1.0	0.94	0.92

附表 27　电缆在不同土壤热阻系数时的载流量校正系数

土壤热阻系数 /(C·m·W⁻¹)	分类特征(土壤特性和雨量)	校正系数
0.8	土壤很潮湿,经常下雨,如湿度大于 9% 的砂土,湿度大于 14% 的砂泥土等	1.05
1.2	土壤潮湿,规律性下雨,如湿度大于 7% 但小于 9% 的砂土,湿度为 12%~14% 的砂泥土等	1.0
1.5	土壤较干燥,雨量不大,如湿度为 8%~12% 的砂泥土等	0.93
2.0	土壤干燥,少雨,如湿度大于 4% 但小于 7% 的砂土,湿度为 4%~8% 的砂泥土等	0.87
3.0	多石地层,非常干燥,如湿度小于 4% 的砂土等	0.75

附表28 绝缘导线、穿钢管和穿塑料管时的允许载流量

1. BLX和BLV型铝芯绝缘线明敷时的允许载流量(导线正常最高允许温度为65℃)/A

芯线截面/mm²	BLX型铝芯橡皮线				BLV型铝芯塑料线			
	环境温度/℃				环境温度/℃			
	25	30	35	40	25	30	35	40
2.5	27	25	23	21	25	23	21	19
4	35	32	30	27	32	29	27	25
6	45	42	38	35	42	39	36	33
10	65	60	56	51	59	55	51	46
16	85	79	73	67	80	74	69	63
25	110	102	95	87	105	98	90	83
35	138	129	119	109	130	121	112	102
50	175	163	151	138	165	154	142	130
70	220	206	190	174	205	191	177	162
95	265	247	229	209	250	233	216	197
120	310	280	268	245	283	266	246	225
150	360	336	311	284	325	303	281	257
185	420	392	363	332	380	355	328	300
240	510	476	441	403	—	—	—	—

2. BLX 和 BLV 型铝芯绝缘线穿钢管时的允许载流量（导线正常最高允许温度为 65℃）/A

导线型号	芯线截面/mm²	2根单芯线 环境温度/℃				2根穿管 管径/mm		3根单芯线 环境温度/℃				3根穿管 管径/mm		4~5根单芯线 环境温度/℃				4根穿管 管径/mm		5根穿管 管径/mm	
		25	30	35	40	G	DG	25	30	35	40	G	DG	25	30	35	40	G	DG	G	DG
	2.5	21	19	18	16	15	20	19	17	16	15	15	20	16	14	13	12	20	25	20	25
	4	28	26	24	22	20	25	25	23	21	19	20	25	23	21	19	18	20	25	20	25
	6	37	34	32	29	20	25	34	31	29	26	20	25	30	28	25	23	20	25	25	32
	10	52	48	44	41	25	32	46	43	39	36	25	32	40	37	34	31	25	32	32	40
	16	66	61	57	52	25	32	59	55	51	46	32	32	52	48	44	41	32	40	40	(50)
	25	86	80	74	68	32	40	76	71	65	60	32	40	68	63	58	53	40	(50)	40	—
	35	106	99	91	83	32	40	94	87	81	74	32	(50)	83	77	71	65	40	(50)	50	—
BLX	50	133	124	115	105	40	(50)	118	110	102	93	50	(50)	105	98	90	83	50	—	70	—
	70	164	154	142	130	50	(50)	150	140	129	118	50	(50)	133	124	115	105	70	—	70	—
	95	200	187	173	158	70	—	180	168	155	142	70	—	160	149	138	126	70	—	80	—
	120	230	215	198	181	70	—	210	196	181	166	70	—	190	177	168	150	70	—	80	—
	150	260	243	224	205	70	—	240	224	207	189	70	—	220	205	190	174	80	—	100	—
	185	295	275	255	233	80	—	270	252	233	213	80	—	250	233	216	197	80	—	100	—

续表

2. BLX 和 BLV 型铝芯绝缘线穿钢管时的允许载流量(导线正常最高允许温度为 65℃)/A

导线型号	芯线截面/mm²	2根单芯线 环境温度/℃				2根穿管 管径/mm		3根单芯线 环境温度/℃				3根穿管 管径/mm		4~5根单芯线 环境温度/℃				4根穿管 径/mm		5根穿管 径/mm	
		25	30	35	40	G	DG	25	30	35	40	G	DG	25	30	35	40	G	DG	G	DG
BLV	2.5	20	18	17	15	15	15	18	16	15	14	15	15	15	14	12	11	15	15	15	25
	4	27	25	23	21	15	15	24	22	20	18	15	15	22	20	19	17	15	20	20	25
	6	35	32	30	27	15	20	32	29	27	25	15	20	28	26	24	22	20	25	25	32
	10	49	45	42	38	20	25	44	41	38	34	20	25	38	35	32	30	25	25	25	40
	16	63	58	54	49	25	32	56	52	48	44	25	32	50	46	43	39	25	32	32	(50)
	25	80	74	69	63	25	40	70	65	60	55	32	32	65	60	56	51	32	40	32	—
	35	100	93	86	79	32	50	90	84	77	71	32	40	80	74	69	63	40	(50)	40	—
	50	125	116	108	98	40	50	110	102	95	87	40	(50)	100	93	86	79	50	(50)	50	—
	70	155	144	134	122	50	(50)	143	133	123	113	40	(50)	127	118	109	100	50	—	70	—
	95	190	177	164	150	50	(50)	170	158	147	134	50	—	152	142	131	120	70	—	70	—
	120	220	205	190	174	70	(50)	195	182	168	154	50	—	172	160	148	136	70	—	80	—
	150	250	233	216	197	70	—	225	210	194	177	70	—	200	187	173	158	70	—	80	—
	185	285	266	246	225	70	—	255	238	220	201	70	—	230	215	198	181	80	—	100	—

3. BLX 和 BLV 型铝芯绝缘线穿硬塑料管时的允许载流量（导线正常最高允许温度为 65℃）/A

导线型号	芯线截面/mm²	2根单芯线 环境温度/℃				2根穿管 管径/mm	3根单芯线 环境温度/℃				3根穿管 管径/mm	4～5根单芯线 环境温度/℃				4根穿管 管径/mm	5根穿管 管径/mm
		25	30	35	40		25	30	35	40		25	30	35	40		
BLX	2.5	19	17	16	15	15	17	15	14	13	15	15	14	12	11	20	25
	4	25	23	21	19	20	23	21	19	18	20	20	18	17	15	20	25
	6	33	30	28	26	20	29	27	25	22	20	26	24	22	20	25	32
	10	44	41	38	34	25	40	37	34	31	25	35	32	30	27	32	32
	16	58	54	50	45	32	52	48	44	41	32	46	43	39	35	32	40
	25	77	71	66	60	32	68	63	58	53	32	60	56	51	47	40	40
	35	95	89	82	75	40	84	78	72	66	40	74	69	64	58	40	50
	50	120	112	103	94	40	108	100	93	86	50	95	88	82	75	50	50
	70	153	143	132	121	50	135	126	116	106	50	120	112	103	94	50	65
	95	184	172	159	145	50	165	154	142	130	65	150	140	129	118	65	80
	120	210	196	181	166	65	190	177	164	150	65	170	158	147	134	80	80
	150	250	233	215	197	65	227	212	196	179	75	205	191	177	162	80	1090
	185	282	263	243	223	80	255	238	220	201	80	232	216	200	183	100	100

续表

3. BLX 和 BLV 型铝芯绝缘线穿硬塑料管时的允许载流量（导线正常最高允许温度为 65℃）/A

导线型号	芯线截面/mm²	2根单芯线 环境温度/℃				2根穿管 管径/mm	3根单芯线 环境温度/℃				3根穿管 管径/mm	4~5根单芯线 环境温度/℃				4根穿管 径/mm	5根穿管 径/mm
		25	30	35	40		25	30	35	40		25	30	35	40		
	2.5	18	16	15	14	15	16	14	13	12	15	14	13	12	11	20	25
	4	24	22	20	18	20	22	20	19	17	20	19	17	15	15	20	25
	6	31	28	26	24	20	27	25	23	21	20	25	23	21	19	25	32
	10	42	39	36	33	25	38	35	32	30	25	33	30	28	26	32	32
	16	55	51	47	43	32	49	45	42	38	32	44	41	38	34	32	40
	25	73	68	63	57	40	65	60	56	51	40	57	53	49	45	40	50
BLV	35	90	84	77	71	50	80	74	69	63	50	70	65	60	55	50	65
	50	114	106	98	90	50	102	95	88	80	50	90	84	77	71	65	65
	70	145	135	125	114	65	130	121	112	102	65	115	107	99	90	65	75
	95	175	163	151	138	65	158	147	135	124	65	140	130	121	110	75	75
	120	206	187	173	158	75	180	168	155	142	75	160	149	138	126	75	80
	150	230	215	198	181	75	207	193	179	163	75	185	172	160	146	80	90
	185	265	247	229	209	75	235	219	203	185	75	212	198	183	167	90	100

注：① BX 和 BV 型铜芯绝缘线的允许载流量约为同截面的 BLX 和 BLV 型铝芯绝缘线导线允许载流量的 1.29 倍。

② 2 中的钢管 G 为焊接钢管，管径按内径计；DG 为电线管，管径按外径计。

③ 2 和 3 中 4~5 根单芯线穿管的载流量是指三相四线制的 TN-C 系统、TN-S 系统和 TN-C-S 系统中的相线载流量。其中性线（N）或保护中性线（PEN）中可有不平衡电流通过。如果线路是供电给电三相平衡负荷，第 4 根导线为单纯的保护线（PE），则虽有 4 根线穿管，仍应按 3 根线穿管，管径的载流量考虑，管径则应按 4 根线穿管选择。

④ 管径在工程中常用英制尺寸（英寸 in）表示，管径的国际单位制（SI）制与英制的近似对照如附表 29 所示。

附表 29　管径的国际单位制(SI制)与英制的近似对照

SI制/mm	15	20	25	32	40	50	65	70	80	90	100
英制/in	$\frac{1}{2}$	$\frac{3}{4}$	1	$1\frac{1}{4}$	$1\frac{1}{2}$	2	$2\frac{1}{2}$	$2\frac{3}{4}$	3	$3\frac{1}{2}$	4

附表 30　电磁式电流继电器的主要技术数据

型号	整定范围/A	线圈串联/A		线圈并联/A		返回系数	时间特性	最小整定值时消耗的功率/(V·A)	接点规格
		动作电流	长期允许电流	动作电流	长期允许电流				
DL-7 DL-31	0.0025～200	0.0025～100	0.02～20	0.005～200	0.04～40	0.8	1.1倍于整定电流时，$t=$0.12s；2倍时，$t=0.04$s	0.08～10	1开,1闭 1开
DL-32	0.0025～200	0.00245～100	0.02～20	0.0049～200	0.04～40	0.8			1开,1闭

附表 31　电磁式电压继电器的主要技术数据

型号	作用	刻度范围/V	长期容许电压/V		接点规格	返回系数	消耗功率/(V·A)	时间特性
			线圈串联	线圈并联				
DY-31	过电压	15～400	70～440	35～220	1常开	0.8	最小整定电流时约1V·A	1.1倍于整定电流时,$t=0.12$s；2倍时,$t=0.04$s；1/2整定电流时,$t=0.15$s
DY-32	过电压	15～400	70～440	35～220	1开,1闭	0.8		
DY-35	欠电压	12～320	70～440	35～220	1常开	1.25		
DY-36	欠电压	12～320	70～440	35～220	1开,1闭	1.25		

附表 32　电磁式时间继电器的主要技术数据

型号	电流种类	额定电压/V	整定范围/s	热稳定性/V		功率消耗	接点规格	接点容量	接点的长期容许电流/A
				长期	2min				
DS-31C～34C	直流	24,48,110,220	0.125～20	110%额定电压	110%额定电压	25W	1常开	220V,小于1A时,100W	主接点5,瞬时接点3
DS-35C～38C	交流	100,110,127,220	0.125～20	110%额定电压	110%额定电压	20V·A	1常开	220V,小于1A时,100W	主接点5,瞬时接点3

附表 33 电磁式中间继电器的主要技术数据

型号	直流额定电压/V	常开	常闭	消耗功率/W	动作电压/V	热稳定性	线圈电阻/Ω	负荷特性	直流电压/V	交流电压/V	长期通过电流/A	最大开路电流/A
DZ-203	24,110,220,380,	2	2	额定电压时 16	0.7额定电压	长时间110% 额定电压	100~10000	无感负荷	220、110		5	1、5
DZ-206	24~100	4					100~2150	有感负荷	220、110	220、110	5、5	0.5、5、10
DZB-213	24,48,110,220	2	2	电压线圈 5 电流线圈 2.5	0.7额定电压	电流线圈在3倍于额定值(1A、2A、4A)时,可历时2s		无感负荷	220、110		5	1、5
								有感负荷	220、110	220、110	5、5	0.5、5、10
DZS-216	24,48,110,220	4		电压线圈 3	0.7额定电压	长时间110% 额定电压		无感负荷	220、110		5、5	0.5、4
								有感负荷	220、110	220、110	5、5	5、10
DZS-233	24,48,110,220	2	4	电压线圈 5	0.7额定电压	长时间110% 额定电压		无感负荷	220、110		2、2	0.5、4
								有感负荷	220、110	220、110	2、3	5、10

附表 34　电磁式信号继电器的主要技术数据

型号	接点规格	功率消耗/W	接点容量	电流继电器				电压继电器				
				动作电流/A	长期电流/A	电阻/Ω	热稳定/A	额定电压/V	动作电压/V	长期电流/A	电阻/Ω	热稳定/V
DX-31	不常开	0.3（电流继电器），3（电压继电器）	220V，2A时，30W（直流），220V·A（交流）	0.01～1	0.03～3	0.2～2200	0.062～6.25	220～12	132～7.2	242～13.5	28000～87	110%额定电压
DX-41	不常开	0.3（电流继电器），2.2（电压继电器）	220V，2A时，30W（直流），220V·A（交流）	0.01～1	0.03～3	0.2～2200	0.062～6.25	220～12	132～7.2	242～13.5	28000～87	110%额定电压

附表 35　GL-11、GL-15、GL-21、GL-25 型电流继电器的主要技术数据及动作特性曲线

1. 主要技术数据

型　号	额定电流/A	整　定　值		速断电流倍数	返回系数
		动作电流/A	10 倍动作电流的动作时间/s		
GL-11/10、GL-21/10	10	4,5,6,7,8,9,10	0.5,1,2,3,4	2～8	0.85
GL-11/5、GL-21/5	5	2,2.5,3,3.5,4,4.5,5			
GL-15/10、GL-25/10	10	4,5,6,7,8,9,10	0.5,1,2,3,4		0.8
GL-15/5、GL-25/5	5	2,2.5,3,3.5,4,4.5,5			

2. 动作特性曲线

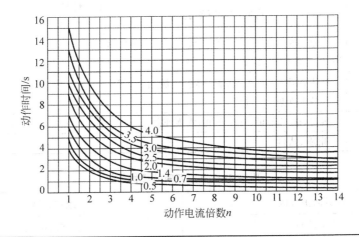

注：速断电流倍数＝电磁元件动作电流（速断电流）/感应元件动作电流（整定电流）。

附表 36　企业配照灯的比功率参考值　　　　　　单位：W/m²

灯在工作面上的高度/m	被照面积/m²	白炽灯平均照度/lx						
		5	10	15	20	30	50	70
3～4	10～15	4.3	7.5	9.6	12.7	17	26	36
	15～20	3.7	6.4	8.5	11.0	14	22	31
	20～30	3.1	5.5	7.2	9.3	13	19	27
	30～50	2.5	4.5	6.0	7.5	10.5	15	22
	50～120	2.1	3.8	5.1	6.3	8.5	13	18
	120～300	1.8	3.3	4.4	5.5	7.5	12	16
	300 以上	1.7	2.9	4.0	5.0	7.0	11	15
4～6	10～17	5.2	8.9	11	15	21	33	48
	17～25	4.1	7.0	9.0	12	16	27	27
	25～35	3.4	5.8	7.7	10	14	22	32
	35～50	3.0	5.0	6.8	8.5	12	19	27
	50～80	2.4	4.1	5.6	7.0	10	15	22
	80～150	2.0	3.3	4.6	5.8	8.5	12	17
	150～400	1.7	2.8	3.9	5.0	7.0	11	15
	400 以上	1.5	2.5	3.5	4.0	6.0	10	14

附表 37　普通照明白炽灯的主要技术数据

额定电压/V	220									
额定功率/W	15	25	40	60	100	150	200	300	500	1000
光通量/lm	110	220	350	630	1250	2090	2920	4610	8300	18600
平均寿命/h	1000									

注：本表所用灯泡为 PZ220 型。

附表 38　维护系数

环境污染特征		房间或场所举例	灯具最少擦拭次数/(次/年)	维护系数值
室内	清洁	卧室、办公室、餐厅、阅览室、教室、病房、客房、电子装配间、仪表装配间、检验室	2	0.8
	一般	商店营业厅、候车室、影剧院、机械加工车间、机械装配车间、体育馆	2	0.7
	污染严重	厨房、锻工车间、铸工车间、水泥车间	3	0.6
室外		雨篷、站台	2	0.65

附表 39　道路照明的维护系数

灯具防护等级	维护系数
＞IP54	0.70
≤IP54	0.65

附表 40 利用系数表（格式示例）

有效顶棚反射比/%		80				70	50				30	0
墙反射比/%		70	50		30	50	50		30		30	0
地面反射比/%		10	30	10	30	10	20	30	10	30	10	10	0
室形系数 RI	0.6	42	32	31	28	27	31	32	31	28	27	27	24
	0.8	47	39	38	35	34	38	39	37	35	34	34	30
	1	51	45	42	40	39	43	43	42	40	39	38	35
	1.25	55	51	48	46	44	49	49	47	45	44	44	41
	1.5	57	55	51	50	48	52	52	50	49	47	47	44
	2	59	59	54	55	52	56	56	53	53	51	50	48
	2.5	61	63	57	59	54	59	59	55	56	54	53	50
	3	62	66	59	62	57	61	62	57	59	56	55	53
	4	63	68	60	65	58	63	63	58	61	57	56	54
	5	64	70	61	68	60	64	65	60	63	58	58	55

注：表中利用系数应除以 100。

附表 41 部分电力装置要求的工作接地电阻值

序号	电力装置名称	接地的电力装置特点		接地电阻值
1	1kV 以上大电流接地系统	仅用于该系统的接地装置		$Rt \leqslant \dfrac{2000v}{I_k^{(1)}}$，当 $I_k^{(1)} > 4000\text{A}$ 时，$R_E \leqslant 0.5\Omega$
2	1kV 以上小电流接地系统	仅用于该系统的接地装置		$Rt \leqslant \dfrac{250v}{I_E}$ 且 $Rt \leqslant 10\Omega$
3		与 1kV 以下系统共用的接地装置		$Rt \leqslant \dfrac{120v}{I_E}$ 且 $Rt \leqslant 10\Omega$
4	1kV 以下系统	与总容量在 100kV·A 以上的发电机或变压器相连的接地装置		$R_E \leqslant 10\Omega$
5		上述（序号 4）装置的重复接地		$R_E \leqslant 10\Omega$
6		与总容量在 100kV·A 及以下的发电机或变压器相连的接地装置		$R_E \leqslant 10\Omega$
7		上述（序号 6）装置的重复接地		$R_E \leqslant 30\Omega$
8	避雷装置	独立避雷针和避雷器		$R_E \leqslant 10\Omega$
9		变配电所装设的避雷器	与序号 4 装置共用	$R_E \leqslant 4\Omega$
10			与序号 6 装置共用	$R_E \leqslant 10\Omega$
11		线路上装设的避雷器或保护间隙	与电机无电气联系	$R_E \leqslant 10\Omega$
12			与电机有电气联系	$R_E \leqslant 5\Omega$
13	防雷建筑物	第一类防雷建筑		$R_{sh} \leqslant 10\Omega$
		第二类防雷建筑物		$R_{sh} \leqslant 10\Omega$
		第三类防雷建筑物		$R_{sh} \leqslant 3.0\Omega$

注：R_E 为工频接地电阻；R_{sh} 为冲击接地电阻；$I_k^{(1)}$ 为流经接地装置的单相短路电流；I_E 为单相接地电容电流。

附表 42　土壤电阻率参考值

土 壤 名 称	电阻率/(Ω·m)	土 壤 名 称	电阻率/(Ω·m)
陶黏土	10	砂质黏土、司耕地	100
泥炭、泥灰岩、沼泽地	20	黄土	200
捣碎的木炭	40	含砂黏土、砂土	300
黑土、田园土、陶土	50	多石土壤	400
黏土	60	砂、砂砾	1000

附表 43　垂直管形接地体的利用系数值

管间距离与管子长度之比 a/l	管子根数 n	利用系数 ηk	管间距离与管子长度之比 a/l	管子根数 n	利用系数 ηk
1. 敷设成一排时（未计入连接扁钢的影响）					
1		0.83～0.87	1		0.67～0.72
2	2	0.90～0.92	2	5	0.79～0.83
3		0.93～0.95	3		0.85～0.88
1		0.76～0.80	1		0.86～0.62
2	3	0.85～0.88	2	10	0.72～0.77
3		0.90～0.92	3		0.79～0.83
2. 敷设成环形时（未计入连接扁钢的影响）					
1		0.66～0.72	1		0.44～0.50
2	4	0.76～0.80	2	20	0.61～0.66
3		0.82～0.86	3		0.68～0.73
1		0.58～0.65	1		0.41～0.47
2	6	0.71～0.75	2	30	0.58～0.63
3		0.78～0.82	3		0.66～0.71
1		0.52～0.58	1		0.38～0.44
2	10	0.66～0.71	2	40	0.56～0.61
3		0.74～0.78	3		0.64～0.69

附表 44　电力变压器的电流保护整定计算

保护名称	计算项目和公式	符号说明
过电流保护	保护装置的动作电流（应躲过可能出现的过负荷电流） $$I_{op \cdot k} = K_{rel} K_{jx} \frac{K_{gh} I_{1rT}}{K_r n_{TA}} (A)$$ 保护装置的灵敏系数［按电力系统最小运行方式下，低压侧两相短路时流过高压侧（保护安装处）的短路电流①校验］ $$S_p = \frac{I_{2k2 \cdot min}}{I_{op}} \geqslant 1.5$$ 保护装置的动作时限（应与下一级保护动作时限相配合），一般取 $0.5 \sim 0.7s$	K_{rel}——可靠系数，用于过电流保护时 DL 型和 GL 型继电器分别取 1.2 和 1.3，用于电流速断保护时分别取 1.3 和 1.5，用于低压侧单相接地保护时（在变压器中性线上装设的）取 1.2，用于过负荷保护时取 $1.05 \sim 1.1$； K_{jx}——接线系数，接于相电流时取 1，接于相电流差时取 $\sqrt{3}$； K_r——继电器返回系数，取 0.85（动作电流）； K_{gh}——过负荷系数②，包括电动机自起动引起的过电流倍数，一般取 $2 \sim 3$，当无自起动电动机时取 $1.3 \sim 1.5$； n_{TA}——电流互感器变比； I_{1rT}——变压器高压侧额定电流，A； $I_{2k2 \cdot min}$——最小运行方式下变压器低压侧两相短路时，流过高压侧（保护安装处）的稳态电流，A； $I_{2k2 \cdot min} = I_{22k2 \cdot min}/n_T$ (Yyn) $I_{2k2 \cdot min} = \frac{2}{\sqrt{3}} I_{22k2 \cdot min}/n_T$ (Dyn) $I_{22k2 \cdot min}$——最小运行方式下，变压器低压侧两相短路稳态短路电流，A； I_{op}——护装置一次动作电流，A，$I_{op} = I_{op \cdot k} \frac{n_{TA}}{K_{jx}}$； $I''_{2k3 \cdot max}$——最大运行方式下变压器低压侧三相短路时，流过高压侧（保护安装处）的超瞬态电流，A； $I''_{1k2 \cdot min}$——最小运行方式下保护装置安装处两相短路超瞬态电流，A； $I_{2k1 \cdot min}$——最小运行方式下变压器低压侧母线或母干线单相接地短路时，流过高压侧（保护安装处）的稳态电流，A；
电流速断保护	保护装置的动作电流（应躲过低压侧短路时，流过保护装置的最大短路电流） $$I_{op \cdot k} = K_{rel} K_{jx} \frac{I''_{2k3 \cdot max}}{n_{TA}} (A)$$ 保护装置的灵敏系数（按系统最小运行方式下，保护装置安装处两相短路电流校验） $$S_p = \frac{I''_{1k2 \cdot min}}{I_{op}} \geqslant 2$$	
低压侧单相接地保护（利用高压侧三相式过电流保护）	保护装置的动作电流和动作时限与过电流保护相同 保护装置的灵敏系数［按最小运行方式下，低压侧母线或母干线末端单相接地时，流过高压侧（保护安装处）的短路电流③校验］ $$S_p = \frac{I_{2k1 \cdot min}}{I_{op}} \geqslant 1.5$$	

续表

保护名称	计算项目和公式	符号说明
低压侧单相接地保护④（采用在低压侧中性线上装设专用的零序保护）	保护装置的动作电流（应躲过正常运行时，变压器中性线上流过的最大不平衡电流，其值按国家标准 GB 1094.1-5《电力变压器》规定，不超过额定电流的 25%⑤） $$I_{op \cdot k} = 0.25^⑤ \times K_{rel} \frac{I_{2rT}}{n_{TA}} \quad (A)$$ 保护装置的动作电流尚应与低压出线上的零序保护相配合 $$I_{op \cdot k} = K_{co} \frac{I_{op \cdot fz}}{n_{TA}} \quad (A)$$ 保护装置的灵敏系数（按最小运行方式下，低压侧母线或母干线末端单相接地稳态短路电流校验） $$S_p = \frac{I_{22k1 \cdot min}}{I_{op}} \geqslant 1.5$$ 保护装置的动作时限一般取 0.5s	$$I_{2k1 \cdot min} = \frac{2}{3} I_{22k1 \cdot min} / n_T \quad (Yyn)$$ $$I_{2k2 \cdot min} = \frac{\sqrt{3}}{3} I_{22k1 \cdot min} / n_T \quad (Dyn)$$ $I_{22k1 \cdot min}$——最小运行方式下变压器低压侧母线或母干线末端单相接地稳态短路电流，A； n_T——变压器变比； K_{co}——配合系数，取 1.1； $I_{op \cdot fz}$——低压分支线上零序保护的动作电流，A； I_{2rT}——变压器低压侧额定电流； S_p——灵敏系数
过负荷保护	保护装置的动作电流（应躲过变压器额定电流） $$I_{op \cdot k} = K_{rel} K_{jx} \frac{I_{1rT}}{K_r n_{TA}} \quad (A)$$ 保护装置的动作时限（应躲过允许的短时工作过负荷时间，如电动机起动或自起动的时间）一般定时限取 9~15s	
低电压起动的带时限过电流保护	保护装置的动作电流（应躲过变压器额定电流） $$I_{op \cdot k} = K_{rel} K_{jx} \frac{K_{gh} I_{1rT}}{K_r n_{TA}} \quad (A)$$ 保护装置的动作电压 $$U_{op \cdot k} = \frac{U_{min}}{K_{rel} K_r n_{TV}} \quad (V)$$ 保护装置的灵敏系数（电流部分）与过电流保护相同。保护装置的灵敏系数（电压部分） $$S_p = \frac{U_{op}}{U_{sh \cdot max}} = \frac{U_{opk \cdot TV}}{U_{sh \cdot max}}$$ 保护装置动作时限与过电流保护相同	K_{rel}——可靠系数，取 1.2； K_r——继电器返回系数，取 1.15（动作电压）； n_{TV}——压互感器变比； U_{min}——运行中可能出现的最低工作电压（如电力系统电压降低，大容量电动机起动及电动机自起动时引起的电压降低），一般取 $0.5 \sim 0.7 U_{rT}$（变压器高压侧母线额定电压）； $U_{sh \cdot max}$——保护安装处的最大剩余电压 V； U_{op}——保护装置一次动作电压，V

注：①Yd11、Yyn0、Dyn0 接线变压器高压侧的短路电流分布，见《工业与民用配电设计手册》第十节之五。②带有自起动电动机的变压器，其过负荷系数按电动机的自起动电流确定。当电源侧装设自动重合闸或备用电源自动投入装置时，可近似地用下式计算

$$K_{gh} = \frac{1}{u_k + \frac{S_{rT}}{K_{st} S_{M\Sigma}} \times \left(\frac{380}{400}\right)^2}$$

式中：u_k——变压器的阻抗电压相对值；S_{rT}——变压器的额定容量，MVA；$S_{M\Sigma}$——需要自起动的全部电动机的总容量，kV·A；K_{st}——电动机的起动电流倍数，一般取 5。③两相短路超瞬态电流 I''_{k2} 等于三相短路超瞬态电流 I''_{k3} 的 0.866 倍，三相短路超瞬态电流即对称短路电流初始值。④Yyn0 接线变压器采用在低压侧中性线上装设专用零序互感器的低压侧单相接地保护，而 Dyn11 接线变压器可不装设。⑤对于 Yyn0 接线的变压器为 25%，对于接线的变压器可大于 25%，一般取 35%。

附表 45　6~35kV 线路的继电保护整定计算

保护名称	计算项目和公式	符 号 说 明
过电流保护	保护装置的动作电流(应躲过线路的过负荷电流) $$I_{op \cdot k} = K_{rel} K_{jx} \frac{I_{gh}}{K_r n_{TA}}(A)$$ 保护装置的灵敏系数(按最小运行方式下线路末端两相短路电流校验) $$S_p = \frac{I_{2k2 \cdot min}}{I_{op}} \geqslant 1.5$$ 保护装置的动作时限,应较相邻元件的过电流保护大于时限阶段,一般大 0.5~0.7s	K_{rel}——可靠系数,用于过电流保护时,DL 型和 GL 型继电器分别取 1.2 和 1.3,用于电流速断保护时分别取 1.2 和 1.5,用于单相接地保护时,无时限取 4~5,有时限取 1.5~2; K_{jx}——接线系数,接于相电流时取 1,接于相电流差时取 $\sqrt{3}$; K_r——继电器返回系数,取 0.85; n_{TA}——电流互感器变比; $I_{gh}^{③}$——线路过负荷(包括电动机起动所引起的)电流,A; $I_{2k2 \cdot min}$——最小运行方式下,线路末端两相短路稳态电流,A; I_{op}——保护装置一次动作电流,A,$I_{op} = I_{op \cdot k} \frac{n_{TA}}{K_{jx}}$; $I_{2k3 \cdot max}''$——最大运行方式下线路末端三相短路超瞬态电流,A; $I_{1k2 \cdot min}''$——最小运行方式下线路始端两相短路超瞬态电流④,A; K_{co}——配合系数,取 1.1; $I_{op \cdot 3}$——相邻元件的电流速断保护的一次动作电流,A; $I_{3k3 \cdot max}$——最大运行方式下相邻元件末端三相短路稳态电流,A; I_{cX}——被保护线路外部发生单相接地故障时,从被保护元件流出的电容电流,A; $I_{c\Sigma}$——电网的总单相接地电容电流⑤,A
无时限电流速断保护	保护装置的动作电流(应躲过线路末端短路时最大三相短路电流①②) $$I_{op \cdot k} = K_{rel} K_{jx} \frac{I_{2k3 \cdot max}''}{n_{TA}}(A)$$ 保护装置的灵敏系数(按最小运行方式下线路始端两相短路电流校验) $$S_p = \frac{I_{1k2 \cdot min}}{I_{op}} \geqslant 2$$	
带时限电流速断保护	保护装置的动作电流(应躲过相邻元件末端短路时的最大三相短路电流或与相邻元件的电流速断保护的动作电流相配合,按两个条件中较大者整定) $$I_{op \cdot k} = K_{rel} K_{jx} \frac{I_{3k3 \cdot max}}{n_{TA}}(A)$$ 或　$$I_{op \cdot k} = K_{co} K_{jx} \frac{I_{op \cdot 3}}{n_{TA}}(A)$$ 保护装置的灵敏系数与无时限电流速断保护的公式相同。 保护装置的动作时限,应较相邻元件的电流速断保护大一个时限阶段,一般大 0.5~0.7s	
单相接地保护	保护装置的一次动作电流(按躲过被保护线路外部单相接地故障时,从被保护元件流出的电容电流及按最小灵敏系数 1.25 整定) $$I_{op} \geqslant K_{rel} I_{cX}(A)$$ 和　$$I_{op} \leqslant \frac{I_{c\Sigma} - I_{cX}}{1.25}(A)$$	

注:① 如为线路变压器组,应按配电变压器整定计算。
② 当保证母线上具有规定的残余电压时,线路的最小允许长度按下式计算:

$$K_x = \frac{-\beta K_1 + \sqrt{1 + \beta^2 + K_1^2}}{\sqrt{1 + \beta^2}}, \quad l_{min} = \frac{X_{xmin}}{R_1} \cdot \frac{-\beta + \sqrt{\frac{K_{rel}^2 \alpha^2}{K_x^2}(1 + \beta^2) - 1}}{1 + \beta^2}$$

式中:K_x——计算运行方式下电力系统最小综合电抗 X_{xmin} 上的电压与额定电压之比;β——每千米线路的电抗 X_1 与有效电阻 R_1 之比;K_1——母线上残余相间电压与额定相间电压之比,其值等于母线上最小允许残余电压与额定电压之比,取 0.6;R_1——每千米线路的有效电阻,Ω/km;X_{xmin}——按电力系统在最大运行方式下,在母线上的最小综合电抗,Ω;K_{rel}——可靠系数,一般取 1.2;α——表示电力系统运行方式变化的系数,其值等于电力系统最小运行方式时的综合电抗 X_{*xmax} 与最大运行方式时的综合电抗 X_{*xmin} 之比。
③ 电动机自起动时的过负荷电流按下式计算:

$$I_{gh} = K_{gh} I_{g \cdot xl} = \frac{I_{g \cdot xl}}{u_k + Z_{*II} + \frac{S_{rT}}{K_{st} S_{M\Sigma}}}$$

式中:$I_{g \cdot xl}$——线路工作电流,A;K_{gh}——需要自起动的全部电动机,在起动时所引起的过电流倍数;u_k——变压器阻抗电压相对值;Z_{*II}——以变压器额定容量为基准的线路阻抗标幺值;S_{rT}——变压器额定容量,$kV \cdot A$;$S_{M\Sigma}$——需要自起动的全部电动机容量,$kV \cdot A$;K_{st}——电动机起动时的电流倍数。
④ 两相短路超瞬态电流 I_{k2}'' 等于三相短路超瞬态电流 I_{k3}'' 的 0.866 倍,三相短路超瞬态电流即对称短路电流初始值。
⑤ 电网单相接地电容电流计算,详见《工业与民用配电设计手册》(第 3 版)。

参 考 文 献

[1] 张祥军.工厂变配电技术[M].北京:中国劳动社会保障出版社,2004.
[2] 张祥军.企业供电系统及运行[M].北京:中国劳动社会保障出版社,2007.
[3] 关大陆.工厂供电[M].北京:清华大学出版社,2006.
[4] 刘介才.工厂供电[M].北京:机械工业出版社,2015.
[5] 江文,许慧中.供配电技术[M].北京:机械工业出版社,2009.
[6] 陈小荣,叶海蓉.供配电系统运行管理与维护[M].北京:人民邮电出版社,2004.
[7] 周瀛,李鸿儒.工业企业供电[M].2版.北京:冶金工业出版社,2002.
[8] 刘介才.工厂供用电实用手册.北京:中国电力出版社,2000.
[9] 姚锡禄.工厂供电[M].北京:电子工业出版社,2003.
[10] 梅俊涛.企业供电系统及运行[M].3版.北京:中国劳动社会保障出版社,2001.
[11] 徐滤非.供配电系统[M].北京:机械工业出版社,2007.
[12] 李友文.工厂供电[M].北京:化学工业出版社,2001.
[13] 杨其富.供电与照明线路及设备维护[M].北京:中国劳动社会保障出版社,2000.
[14] 何首贤,葛廷友,姜秀玲.供配电技术[M].北京:中国水利水电出版社,2005.
[15] 柏学恭.电力生产知识[M].2版.北京:中国电力出版社,2004.
[16] 路文梅.变电站综合自动化技术[M].北京:中国电力出版社,2004.
[17] 张惠刚.变电站综合自动化原理与系统[M].北京:中国电力出版社,2005.
[18] 黄益庄.变电站综合自动化技术[M].北京:中国电力出版社,2000.
[19] 孟昭军,关大陆.工厂供电学习指导[M].北京:清华大学出版社,2014.
[20] 张祥军,关大陆.供配电应用技术[M].北京:科学出版社,2011.